Maya
2016 中文版标准教程

睢丹 等编著

清华大学出版社
北京

内 容 简 介

本书采用基础理论和实例相结合的方式讲解 Maya 2016 的操作方法与技巧，全书共分为 9 章，分别介绍 Maya 2016 的基本操作，Maya 建模，灯光和摄像机，材质与纹理，动画、变形器等内容，帮助读者由浅入深地掌握 Maya 建模、动画、特效等基本功能。本书最后添加了 4 个综合案例，进一步深化和巩固各章的内容，加深读者的理解。本书结构编排合理，图文并茂，实例丰富，适合三维造型、动画设计、影视特效的初级读者，也可以作为高等院校相关专业的教材。

图书在版编目（CIP）数据

Maya 2016 中文版标准教程/睢丹等编著. —北京：清华大学出版社，2017（2022.5 重印）

（清华电脑学堂）

ISBN 978-7-302-44566-1

Ⅰ. ①M… Ⅱ. ①睢… Ⅲ. ①三维动画软件–教材 Ⅳ. ①TP391.41

中国版本图书馆 CIP 数据核字（2016）第 175220 号

责任编辑：冯志强　薛　阳
封面设计：杨玉芳
责任校对：徐俊伟
责任印制：沈　露

出版发行：清华大学出版社
　　　　网　　　址：http://www.tup.com.cn, http://www.wqbook.com
　　　　地　　　址：北京清华大学学研大厦 A 座　　　邮　　编：100084
　　　　社　总　机：010-83470000　　　　　　　　邮　　购：010-62786544
　　　　投稿与读者服务：010-62776969, c-service@tup.tsinghua.edu.cn
　　　　质量反馈：010-62772015, zhiliang@tup.tsinghua.edu.cn
印　装　者：三河市龙大印装有限公司
经　　销：全国新华书店
开　　本：185mm×260mm　　　印　张：19.25　　　　字　数：457 千字
版　　次：2017 年 2 月第 1 版　　　　　　　　　印　次：2022 年 5 月第 8 次印刷
定　　价：39.80 元

产品编号：055130-01

前　言

Maya 是一款三维建模和动画制作软件，集成了 Alias、Wavefront 等先进的动画及数字效果技术，不仅包括一般三维和视觉效果制作的功能，而且还与先进的建模、数字化布料模拟、毛发渲染、运动匹配技术相结合，是数字和三维制作的首选方案。Maya 2016 功能完善，工作灵活，易学易用，制作效率极高，渲染真实感极强，掌握了 Maya 就能够向世界顶级动画师迈进。

Autodesk 公司还推出了 Maya 2016 LT 中文版，它是 Maya 的简易版，与完整版相比，去掉了如 Animation Layer、Live animation retargeting、Camera Sequencer、Paint Effects 等一些动画制作功能，但是完整保留了建模功能。Maya 2016 LT 有与 Maya 完整版相同的用户接口、工作流程以及更亲民的价格，其用户定位为个人及手机游戏的开发商。在该版本中可以看到许多 Maya 2016 的新功能，新界面看起来也简洁了不少。本书以 Maya 2016 LT 中文版（后面简称 Maya 2016）为操作平台，重点向读者介绍 Maya 动画模块的基本功能，另外，对与动画建模密切相关的建模部分也进行了讲解。

1. 本书内容

第 1 章：走入 Maya 2016。作为本书的开篇，主要介绍动画制作的基础知识，并详细介绍 Maya 的基础操作。

第 2 章：多边形建模。本章介绍 Maya 中的多边形建模，主要包括标准基本体建模、编辑多边形的方法、多边形元素的操作等方面。

第 3 章：NURBS 曲面建模。介绍利用 NURBS 生成曲面的方法，包括一般成型方法、特殊成型方法、编辑曲面的操作以及典型的编辑方法等。

第 4 章：NURBS 曲线建模。本章介绍绘制 NURBS 曲线的知识，包括创建曲线、编辑曲线，以及曲线的重构等操作。

第 5 章：灯光与摄影机。本章介绍 Maya 2016 中的灯光属性、阴影、摄影机的属性、视图指示器、景深的方式。

第 6 章：材质与贴图。本章讲解材质和纹理的理论、材质编辑器的使用方法，并重点讲解常用材质的属性和常用贴图纹理应用及编辑方法。

第 7 章：动画基础。本章主要讲解动画的基本原理、最常用的关键帧动画、动画编辑器的使用、路径动画以及动画约束的应用。

第 8 章：变形器。本章主要讲解 Maya 中常用变形器的使用，包括混合变形、簇变形、晶格变形、收缩包裹、软修改、各种非线性变形。

第 9 章：综合实例。本章开发了 4 个典型实例，介绍 Maya 建模的流程，借此提高读者的操作能力，这几个实例的操作涵盖了常用 Maya 操作。

2. 本书特色

本书是一本专业、实例效果精美而丰富的全彩图书。本书采用基础理论和实例相结合的方式讲解 Maya 的功能，使读者在了解软件理论知识的基础上，通过具体实践加深理解所学到的知识，真正掌握 Maya 建模和动画的功能。

（1）精美插图：为了完美展现 Maya 2016 的实例制作效果，本书图文并茂，版式风格活泼、紧凑美观，完美地展现了 Maya 精美的实例效果。

（2）操作练习：本书利用典型案例引导读者巩固所学内容。在每章的合适位置都提供模块，利用综合性案例来提高对 Maya 的综合操作能力。

（3）内容专业、实例制作精美：本书全面介绍 Maya 模型制作与动画制作知识，实例的制作过程展示了 Maya 命令及工具运用。

（4）思考与练习：复习题测试读者对本章所介绍内容的掌握程度；上机练习理论结合实际，引导学生提高上机操作能力。

3. 读者对象

本书的内容从易到难，将案例融入到每个知识点中，使读者在掌握理论知识的同时，动手能力也得到同步提高。本书除了针对游戏开发，还适合三维造型、动画设计、广告创意方面的读者使用，也可以作为高等院校电脑美术、影视动画相关专业的使用软件。

4. 关于读者

参与本书编写的除了封面署名人员外，还有郑路、郑国栋、和平艳、和平晓、李敏杰、余慧枫、吕单单、张伟、刘强、王晰、刘文渊等人。

由于时间仓促，水平有限，疏漏之处在所难免，欢迎读者朋友登录清华大学出版社的网站 www.tup.com.cn 与我们联系，帮助我们改进提高。

编 者

目　　录

目录

V

第 1 章

走进 Maya 2016

工欲善其事，必先利其器，Maya 2016 功能强大，模块众多，本章首先从软件的应用领域和工作流程讲起，然后带领读者熟悉软件的操作界面，接下来详细介绍了编辑对象和创建物体、自定义快捷键等操作，从基础对象入手，熟悉软件中经常使用到的操作方式和操作技巧、本章的内容都是将来使用 Maya 2016 进行建模和制作动画的基础，读者一定要反复练习，熟悉掌握。

1.1 Maya 2016 简介

时至现在，三维动画已经发展为一个比较成熟的独立产业，它被广泛应用到了游戏、影视特技、广告、军事、医疗、教育、娱乐等行业中。其中由于三维效果所具有的强大视觉冲击力被越来越多的人们所喜爱，也让很多有志的热血青年踏上了三维创造之路。但在众多的三维软件中，Maya 的大多数功能，如建模和动作，一般都在电影或高端场景中使用，而不是游戏开发。但它完整保留了建模功能，因此适用于创建实时的游戏资源。

1.1.1 Maya 应用领域

Maya 作为针对游戏开发的版本，深受业界欢迎和钟爱。Maya 集成了最先进的动画效果技术，包含独立游戏开发人员 PC、Web 和手机游戏创建资源所需的所有工具。Maya 强大的功能在游戏开发上造成了巨大的影响，已经渗入到电影、广播电视、公司演示、游戏可视化等各个领域，且成为三维动画软件中的佼佼者。不仅是游戏开发公司对 Maya 情有独钟，许多影视制作公司，并有志向影视电脑特技方向发展的朋友也为 Maya 的强大功能所吸引。那么，Maya 都应用在哪些领域呢？本节将给予详细的介绍。

1. 影视特效

使用 Maya 制作出来的影视作品有很强的立体感，写实能力较强，能够轻而易举地表现出一些结构复杂的形体，并且能够产生惊人的真实效果。如图 1-1 所示的是典型的 Maya 影视短片。

2. 电视栏目

Maya 广泛应用在电视栏目包装上，许多电视节目的片头都是使用 Maya 和后期编辑软件制作而成的，如图 1-2 所示的是一个电视片头的效果。

图 1-1　影视短片

图 1-2　栏目包装

3. 游戏角色

由于 Maya 自身所具备的一些优势，使其很快成为了全球范围内应用最为广泛的游戏角色设计与制作软件之一。除制作游戏角色外，还被广泛应用于制作一些游戏场景，例如图 1-3 所示的是一些游戏角色的原模型。

4. 广告动画

在商业竞争日益激烈的今天，广告已经成为一个热门的行业。而使用动画形式制作电视广告是目前最受厂商欢迎的一种商品促销手段。使用 Maya 制作三维动画更能突出商品的特殊性、立体效果，从而引起观众的注意，达到商品的促销目的，如图 1-4 所示。

5. 建筑效果

室内设计与建筑外观表现是目前使用

图 1-3　游戏角色

Maya 领域最广的行业之一，大多数使用 Maya 的人员首要的工作目标就是制作建筑效果。

如图 1-5 所示的是制作出来的室外以及室内效果图。

（a）

（b）

图 1-4 广告动画

（a）室外效果图

（b）室内效果图

图 1-5 建筑效果

6. 工业造型

Maya 可以成为产品造型设计中最为有效的技术手段，它可以极大地拓展设计师的思维空间。同时，在产品和工艺开发中，它可以在生产线建立之前模拟实际工作情况以检测实际的生产线运行情况，以免因设计失误而造成巨大的损失，如图 1-6 所示的是制作出来的手机和汽车造型。

7. 设计虚拟场景

虚拟现实是三维技术的主要发展方向，在虚拟现实发展的道路上，虚拟场景的构建是必经之路。通过使用 Maya 可将远古或者未来的场景表现出来，从而能够进行更深层次的学术研究，并使这些场景所处的时代更容易被大众接受。如图 1-7 所示的就是制作设计出来的虚拟场景。

（a）手机造型　　　　　　　　（b）汽车造型

图1-6　成品展示

除了上述的一些用途外，Maya 还可以用于虚拟人物、动画剧等多种领域，并随着人们精神生活的提高在不断地提高、更新，成为众多计算机行业中的一颗明星。

1.1.2　Maya 工作流程

为了能够更好、更快地学习和使用 Maya 2016，读者应该了解一些关于利用 Maya 制作模型的流程知识。根据大多数设计师的经验，一致认为：在拿到了设计方案或者自己确定了

图1-7　虚拟场景

设计方案之后，应该根据实际需要确定一个工作流程，下面进行简要介绍。

1．制定方案

制定方案有时也被称为预制作阶段，它包括设定故事情节、考虑最终的视觉效果以及考虑所要使用的技术手段等。

所有的事情都是以故事板开始的，没有故事板，也就没有方案。故事的质量是方案是否成功的关键所在，所以处理好这个阶段是至关重要的，如图 1-8 所示的是一个典型的故事板。

2．制作模型

在 Maya 中，建模是制作作品的基础，如果没有模型则以后的工作将无法展开。Maya 提供了多种建模方式，建模可以从不同的三维基本几何体开始，也可以使用二维图形通过一些专业的修改器来进行，甚至还可以将对象转换为多种可编辑的曲面类型进行建模，如图 1-9 所示的是利用 Maya 的建模功能制作出来的模型。

3．制作材质

完成模型的制作工作后，需要使用【材质编辑器】设计材质。再逼真的模型如果没有赋予合适的材质，都不是一件完整的作品。通过为模型设置材质能够使模型看起来更加逼真。Maya 提供了许多材质类型，既有能够实现折射和反射的材质，也有能够表现凹凸不平的表面的材质，如图 1-10 所示的是模型的材质效果。

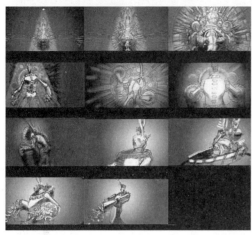

图 1-8 故事板

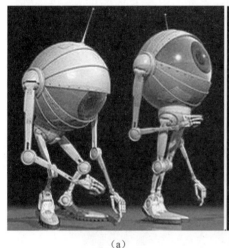

图 1-9 制作模型

（a）

（b）

图 1-10 材质表现

实际上，材质就类似于物体表面的纹理和质感表现，通常我们利用 Maya 制作出来的模型是没有任何纹理的，只有通过为其设置材质，才能使其表现出真实世界中的外观。

4．布置灯光和定义视口

照明是一个场景中必不可少的元素，如果没有恰当的灯光，场景就会大为失色，有时甚至无法表现创作的意图。在 Maya 中我们既可以创建普通的灯光，也可以创建基于物理计算的光度学灯光或者天光、日光等真实世界的照明系统。有时，我们还可以利用灯光制作一些特效，例如宇宙场景的特效等。

通过为场景添加摄影机可以定义一个固定的视口，用于观察物体在虚拟三维空间中的运动，从而获取真实的视觉效果。

1.2 认识 Maya 界面

本节将正式开始为读者介绍 Maya 的软件操作。首先介绍 Maya 的软件操作界面。其中主界面由菜单栏、状态栏、工具架、常用工具栏、视图区、通道/属性栏、命令栏、时间和范围滑块和帮助栏这 8 大模块组成。下面简要介绍各个模块的主要功能和用途。

1.2.1 Maya 界面介绍

当安装好 Maya 2016 后，双击桌面上的相应图标即可运行 Maya 软件，如图 1-11 所示是 Maya 的启动画面。

图 1-11　启动画面

当完全启动了 Maya 后，就进入到了其主界面，该界面由多个部分组成，包含所有的 Maya 工具，如图 1-12 所示。

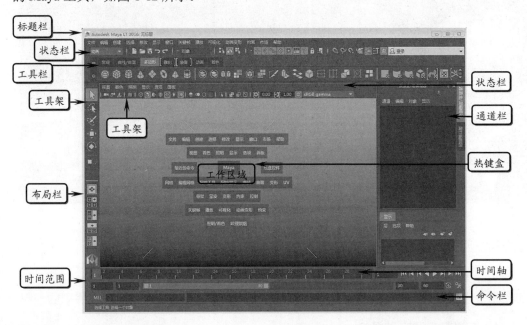

图 1-12　Maya 工作环境

1．菜单栏

Maya 的菜单被完全组合成了一系列的菜单组，每个菜单组对应一个 Maya 模块，不同的模块则可以实现不同的功能。Maya 中包括建模、装备、动画、着色、自定义等模块，如图 1-13 所示。

当在不同的菜单项间进行切换时，将会切换到相应的菜单组中，当然通用菜单组不会发生变化，包括文件、编辑、创建、选择、修改、显示、窗口等。

图 1-13 菜单栏

切换菜单组时，可以使用【状态栏】下拉菜单或者快捷键，其中 F2 键可以切换到【建模】模式、F3 键可以切换到【装备】模式、F4 键可以切换到【动画】模式、F6 键可以切换到【着色】模式。

2．状态栏

Maya 的状态栏和其他软件的状态栏稍有区别，Maya 的状态栏中包含了多种工具，如图 1-14 所示，这些工具多数用于建模，当然也有其他类型的工具。

单击展开

图 1-14 状态栏

为了能够为用户的操作提供足够的方便，这些工具都是按组排列的，读者可以通过单击相应的按钮将其展开或者关闭，如图 1-15 所示。

3．工具架

在 Maya 中，工具架可以包括三部分，如图 1-16 所示，一部分是位于状态栏下面的工具架，

单击展开

图 1-15 折叠与展开

一部分是工作区域内状态栏下面的工具架，另一部分是位于整个界面左侧的工具栏。其中，工具栏中包含了常用工具和选择工具，而工具架则是一些为了操作和视图效果而集成的工具集合。

工具架

工具架

工具栏

状态栏

图 1-16 工具架

4．布局栏

布局栏中的工具用于改变视图的布局。Maya 默认状态下仅显示透视图，通过利用布局栏中的工具则可以快速在四视图或者其他视图中切换，如图 1-17 所示的是 4 种不同的视图切换方式。

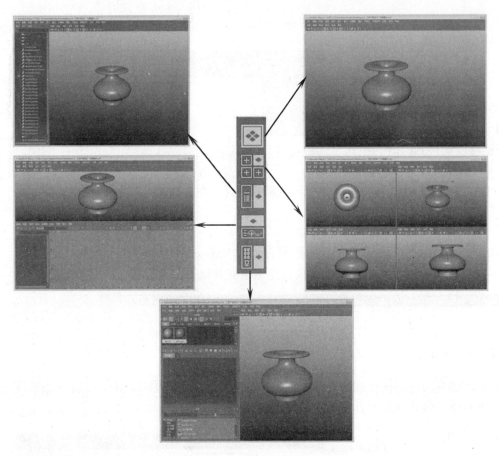

📀 图 1-17　布局栏

5．通道栏

通道栏是 Maya 所独有的工具栏，它的功能十分强大，可以利用它直接访问 Maya 的构成元素，例如属性和节点等。它还可以显示关键帧的属性，甚至还可以设置关键帧。

6．时间轴

时间轴实际上包括两个区域，分别是时间滑块和范围滑块。其中，时间滑块包括【播放】按钮和当前时间指示器。范围滑块中包括开始时间和结束时间、播放开始时间和播放终止时间、范围滑块、【自动关键帧】按钮和【动画参数设置】按钮，如图 1-18 所示。

📀 图 1-18　时间轴

时间滑块上的刻度和刻度值表示时间。如果要定义播放速率，可以单击【动画参数设置】按钮，从【选择设置】属性编辑器中的【设置】区域中选择需要播放的速率，Maya

默认的播放速率为 24 帧/每秒。

7. 命令栏

除了可以通过工具创建物体外，Maya 还允许通过输入命令来创建物体，这一功能和
AutoCAD 的键盘输入功能有点相似。在 Maya 中，命令栏分为输入命令栏、命令回馈栏
和脚本编辑器三个区域，如图 1-19 所示。

命令栏　　　　　命令回馈栏　　　　脚本编辑器

图 1-19 命令栏

当我们在输入命令栏中输入一
个 MEL 命令后，场景中将执行相应
的动作。此外，当用户执行了相应的
操作后，在命令回馈栏中将显示回馈
信息。

8. 热键盒

Maya 有着自己的独有工具，其
中之一就是热键盒。这是一种实用性
很强的工具，用户只要在视图中按住
空格键不放即可打开该工具，如图
1-20 所示。

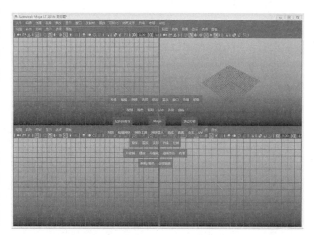

图 1-20 热键盒

把鼠标移动到需要的菜单上单
击，即可打开相应的菜单命令，然后选择自己需要的命令即可。

1.2.2　了解 Maya 专业术语

现在，三维艺术铺天盖地地向我们袭来，大到国外的科幻大片，小到游戏中的 CG
动画，无不让人看了目眩。其中的很多术语也常常出现在相关的文章中，由于这些术语
都是冷门单词，不是专业人员根本看不懂，即使拿了辞典来翻，这种新词汇在书中也很
难翻到。因此，在这里笔者收集了一些这方面的资料，帮助大家阅读。

1. 3D

3D（three-dimensional）实际上就是三维的意思。在 Maya 2016 中指的是三维图形或
者立体图形。而在一些图形图像处理软件中，看到的图形都是二维的，没有立体感。3D
图形具有纵深深度。

2. 2D 贴图

2D 表示的是二维图形和图案，关于这个概念在 3D 中曾经介绍到。而 2D 贴图则需

要贴图坐标才能进行渲染或者显示在视图中，读者也可以将其理解为没有纵深深度的一种贴图。

3．帧

动画的原理和电影的原理相同，是由一系列连续的静态图片构成的，这些图片以一定的速度连续播放，根据人眼具有视觉暂留的特性，就会认为画面是连续运动的。这些静态图片就是帧，每一幅静态画面就是一帧。

4．关键帧

关键帧是相对于帧而言的，在制作动画的过程中，需要设置几个主要帧的运动来控制对象的运行形式，例如一个小球进行变形运动就是由关键帧来实现的。

5．快捷键

所谓的快捷键实际上就是键盘上的一些功能键，使用它们可以完成使用鼠标所能完成的一些工作任务。例如按快捷键 Ctrl+C 可以复制一个物体，而按快捷键 Ctrl+V 可以粘贴一个物体。

6．法线

法线的概念和几何中的垂线相同，它垂直于多边形物体的表面，用于定义物体表面的内表面和外表面，以及表面的可见性。如果物体法线的方向设置错了，那么表面的材质将变为不可见，默认情况下模型表面的发现方向都是正确的。

7．全局坐标系

全局坐标系又被称为世界坐标。在 Maya 2016 中有一个通用的坐标系，这个坐标系以及它所定义的空间是不变的。在全局坐标系中，X 轴指向右侧，Y 轴指向观察者的前方，Z 轴指向上方。

8．局部坐标系

实际上，局部坐标系是相对于全局坐标系而言的，它指的是对象自身的坐标。有时，可以通过局部坐标系来调整对象的方位。

9．Alpha 通道

三维中的 Alpha 通道和平面图像中的 Alpha 通道相同。在制作三维效果时，可以指定图片带有 Alpha 通道信息，从而可以为其指定透明度和不透明度。在 Alpha 通道中，黑色为图像的不透明区域，白色为图像的透明区域，介于其间的灰色为图像的半透明区域。

10．布尔运算

布尔运算是通过在两个对象上执行布尔操作将它们组合起来。在 Maya 2016 中，布尔运算是通过两个重叠运算生成的。原始的两个对象是操作对象，而布尔对象本身是操作的结果。

11. 拓扑

创建对象和图形后，系统将会为每个顶点、线或者面指定一个编号。通常，这些编号是内部使用的，它们可以确定指定时间选择的顶点和面，这种数值型结构就叫做拓扑。

12. 帧速率

实际上，视频的播放速度就是帧速率，也就是在一定的时间内播放多少张静态图片。亚洲的制式为每秒播放 25 帧。

13. 连续性

这是一种曲线的属性，包括 NURBS 曲线。如果曲线没有产生断裂，则可以将其视为连续的。

关于 Maya 的概念还有很多，在学习之前基本上就让读者先了解这么多。随着讲解的深入，我们还将陆续补充一些重要的概念。

1.2.3 学会操作视图物体

视图是 Maya 的工作平台，可以创建、编辑场景元素，因此在这里将有很多的动作、应用方式产生。本节将向读者介绍视图的一些常用操作以及改变视图布局的快速方法，详细简介如下。

1. 视图布局

在 Maya 中，我们可以将视图转换为多视图状态。通常情况下，可以将视图从透视图方式转换为四视图方法，这是一种常用的转换方式，其快捷键为空格键，如图 1-21 所示。

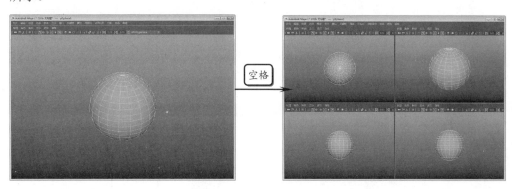

空格

图 1-21 改变视图布局

我们知道，默认情况下，Maya 的四视图包括顶、前、侧和透视图，那么如何更改这些视图呢？如果要更改一个视图，则需要按照下面的方法操作。

在视图中单击需要更改的视图，从而将其激活。然后，依次选择视图上的【面板】|【正

交】命令，在打开的菜单中选择相应的命令，即可转换视图，例如选择【顶视图】命令可以将视图转换为顶视图，选择【前视图】命令则可以将视图转换为前视图，如图1-22所示。

2. 更改视图颜色

在默认情况下，视图的背景颜色是灰色的，如果我们不喜欢使用这种颜色，那么可以把它更改为我们喜欢的颜色，下面就介绍一下如何更改视图的背景颜色。

首先，执行【窗口】|【设置/首项选择】|【颜色设置】命令，打开【颜色】对话框，如图1-23所示。

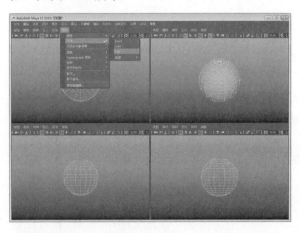

图1-22 切换视图

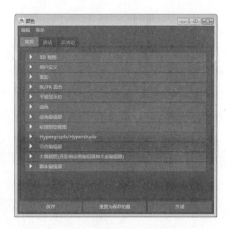

图1-23 【颜色】对话框

然后，在【颜色】对话框中展开【3D视图】面板，如图1-24所示。

通过调整【渐变顶部】和【渐变底部】右侧的滑块，可以调整视图背景颜色的亮度，例如如果将该滑块调整到最右侧，则视图的背景颜色将变为白色，如图1-25所示。

图1-24 展开【3D视图】面板

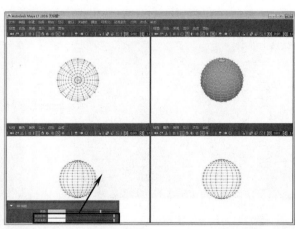

图1-25 调整背景颜色

单击【渐变顶部】和【渐变底部】右侧的颜色框，即可打开 Maya 的拾色器，并在其中调整合适的颜色，如图1-26所示。

当我们选择了两种相同的颜色后，单击拾色器底部的【完成】命令，即可将其应用到视图背景中，如图 1-27 所示。

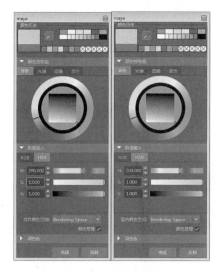 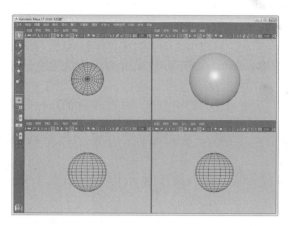

图 1-26　选择渐变顶部、渐变底部颜色　　图 1-27　视图颜色

提　示

我们还可以使用相同的方法来设置超图、渲染视图、动画编辑器、IK/FK、轮廓图的颜色等。

3．快速观察场景

视图实际上是一个通过虚拟摄影机看到的视角。Maya 中的默认视图包括透视图、前视图、侧视图和顶视图。如果需要在视图中观察一个物体的细节，则可以使用 4 种方式，关于它们的简介如下。

1）旋转视图

按住组合键 Alt+鼠标左键可以翻转视图，通过这种方法可以旋转任意角度来观察场景中的物体。

2）移动视图

按住组合键 Alt+鼠标中键可以移动视图，通过这种方法可以平移视图，以达到变换场景的目的。

3）推拉视图

这是一种既实用也十分有趣的操作，通过按住组合键 Alt+鼠标右键可以推拉视图，从而使场景中的物体放大或者缩小，能够很好地观察场景全局或者局部细节。

4）缩放边界盒

按住组合键 Alt+Ctrl+鼠标左键可以对场景进行局部放大。当按下该快捷键后，可以在视图中框选相应的区域将其放大。

1.3　编辑对象

在学习完软件的基本几何体创建命令后，我们要开始学习 Maya 2016 的基本操作，包括创建物体、选择对象、变换对象等。

1.3.1 创建物体

学习完 Maya 的界面后，本节将开始学习创建基本几何体，Maya 内设置了多种预设几何体，读者可以自行尝试创建。通过几个简单的操作，就可以在 Maya 中快速创建立方体等物体了。

首先，单击工具架上的【建模】标签，然后通过执行【创建】|【多边形基本体】|【球体】命令，打开如图 1-28 所示的对话框。

在图 1-28 所示的面板中，把【半径】的值设置为一个较大的数值，例如 15，然后在视图中单击，即可创建一个线框式的球体，如图 1-29 所示。

图 1-28　通道盒

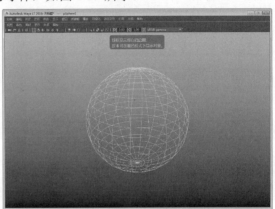

图 1-29　创建球体

提　示

上述的仅仅是一种创建方式，读者还可以直接单击工具栏上的【球体】按钮，在视图中拖动鼠标左键创建物体。

如果需要更改物体的显示模式，则可以将鼠标移动到某个视图上，按键盘上的数字键 5，从而将其转换为实体显示模式，如图 1-30 所示。

创建球体的方法适合激活所有的几何体对象，如图 1-31 所示的是利用这种方式创建的其他几何体。

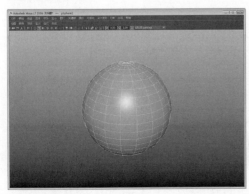

图 1-30　转换显示模式

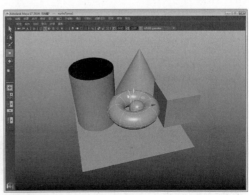

图 1-31　创建物体

对于 NURBS 物体来说，还可以使用【显示】｜NURBS｜【自定义平滑度】子菜单中的命令来控制物体显示的平滑度，其对应的快捷键是 1、2 和 3。

1.3.2 选择操作

Maya 2016 中的大多数操作都是针对场景中的特定对象执行的，所以我们必须实现在编辑区域中选择对象，然后才能应用一些修改操作。因此，我们说选择操作是建模和创建一切作品的基础。

在 Maya 的工具栏上有一个【选择】工具按钮，专门用于选择视图中的对象。不过，针对场景的不同，我们还可以选择选取单个对象和选取多个对象。

如果要选择一个对象，那么只需要在场景中单击需要选择的对象即可，选择的物体将会显示绿色或者白色的线框，如图 1-32 所示。

如果要取消选择对象，那么可以在视图的空白处单击。如果要选择多个物体，则可以在视图中拖出一个方框，从而将它们框选中。但是，如果要选择其中相互交叉的物体，那么可以使用【套索】工具，如图 1-33 所示。

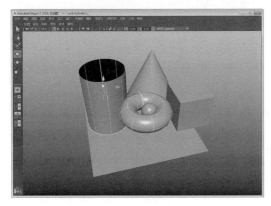

图 1-32　选择单个物体

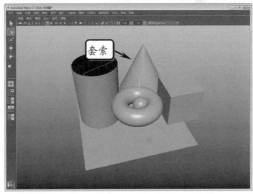

图 1-33　套索工具

如果要同时取消对多个物体的选择，那么可以在视图的空白处单击，这种方法是最常用的一种方法。

1.3.3 变换物体

所谓变换物体，实际上就是改变物体在场景的外观，包括移动物体、旋转物体和缩放物体等。这是一种很重要的操作，它们将利用专门的工具来实现，本节将重点向读者介绍如何在 Maya 中实现物体的变换。

1. 移动物体

如果要移动场景中的物体，则需要使用工具栏上的【移动】工具按钮。在移动对象时，首先需要激活该工具，并在不同的视图中选择需要移动的物体，然后按需要沿着特定的方向拖动即可，如图 1-34 所示。

2. 旋转物体

如果要旋转场景中的物体，则可以在工具栏上单击【旋转】工具按钮 ，然后在视图中选择物体，按照需要的轴向拖动即可，如图 1-35 所示。

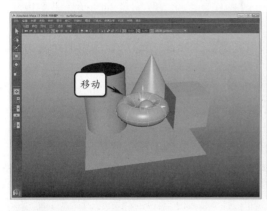 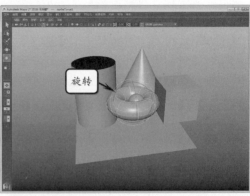

图 1-34　移动物体　　　　　图 1-35　旋转物体

3. 缩放物体

单击工具栏上的【缩放】工具按钮 可以启用缩放物体工具。在缩放对象时，需要读者在视图中选择需要缩放的对象，然后按照一定的轴向拖动缩放手柄，即可执行缩放操作。利用该工具我们不仅可以执行缩放操作，还可以执行放大操作，如图 1-36 所示。

 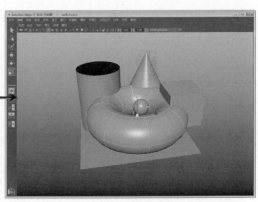

（a）缩小　　　　　　　　　　（b）放大

图 1-36　缩小与放大

1.3.4 复制对象

在创建场景时,有时需要创建许多相同的物体,而且它们都具有相同的属性,这时就可以使用复制的方法进行创建。在 Maya 2016 中,系统向用户提供了三种不同的复制方法,本节将向读者分别介绍它们的使用方法。

1. 使用快捷键复制

和所有的应用软件相同,Maya 也提供了一组用于复制物体的快捷键,即 Ctrl+C 和 Ctrl+V。下面介绍一下它的具体使用方法。

在视图中选择需要复制的物体,按快捷键 Ctrl+C 进行复制,此时场景将不会发生变化。然后,再按快捷键 Ctrl+V 即可复制一个物体,如图 1-37 所示。

（a）复制前　　　　　　　　　　　　（b）复制后

图 1-37 复制前后的场景

此外,如果需要复制多个物体,则可以框选要复制的多个物体,再按快捷键 Ctrl+C 和 Ctrl+V 进行多个物体的复制。

技 巧

除了这些以外,还可以通过按 Ctrl+D 快捷键进行复制,不过同样需要使用移动工具调整复制的物体,从而来观察复制的结果。

2. 使用复制命令

除了上述的复制方式外,还可以使用菜单命令来复制对象,操作的方法如下:在视图中选择要复制的物体,依次执行【编辑】|【复制】命令即可复制物体,最后利用移动工具调整复制物体的位置。

3. 镜像复制

当需要创建具有对称性的模型时(例如人头等),就需要使用到镜像复制,这种复制方法也是非常方便的，其操作方法如下。

首先，选择一个需要镜像复制的对象，例如图 1-38 所示的场景中的小房子。

依次执行【网格】|【镜像几何体】命令，打开镜像参数设置面板，在这里我们可以根据实际需要设置镜像的轴向，如图 1-39 所示。

图 1-38　选择物体

图 1-39　设置参数

设置完毕后，单击【镜像】按钮完成镜像物体的操作，此时的场景如图 1-40 所示。

镜像的复制功能非常有用，在很多情况下必须使用它才能达到完美的效果。例如在制作具有对称性的物体时，只需要制作物体的一半，然后利用镜像工具镜像出另外一侧的造型，就可以制作出完美的物体，如图 1-41 所示。

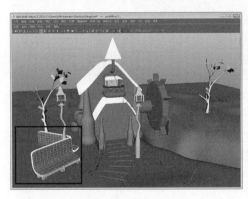

图 1-40　镜像操作后

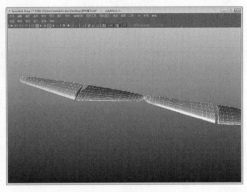

图 1-41　框选视图物体

1.3.5　组合物体

在 Maya 中，创建出的对象都具有独立性，如果需要同时编辑多个物体，那就需要将其组合在一起。组合物体的最大优点就在于可以将多个物体视为一个物体进行处理。在下面的例子中，我们将使用组合的方法将三个物体组合到一起。

首先，使用框选的方法选择视图中需要组合的物体。

然后，依次执行【编辑】|【分组】命令，即可将它们组合为一组。此外，还可以

直接按快捷键 Ctrl+G 来执行分组操作，此时即可同时对组合的物体进行移动、旋转或者缩放，如图 1-42 所示。

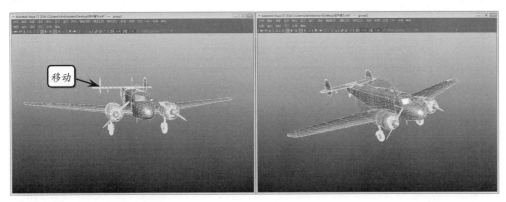

图 1-42　对组执行操作

在 Maya 中，必须在组模式下才能选择组中的所有物体。组内的物体还具有独立的属性，如果编辑其中一个对象的属性时，不会影响其他的物体，只有选择整个组后才能影响到其他的物体。

此外，读者还可以直接在视图中选择组，也可以依次执行【窗口】|【大纲视图】命令，打开【大纲视图】对话框，并在其中选择相应的组，即可选择对象，如图 1-43 所示。

图 1-43（a）中是展开组的状态，此时通过【大纲视图】对话框可以查看该组中包含的组物体，而图 1-43（b）则是选择组的效果。

（a）展开组　　　（b）选择组

图 1-43　选择组

当我们将某些物体组合后，可能在某些情况下需要将其解组，此时可以依次执行【编辑】|【解组】命令将它们解组，如图 1-44 所示。

1.3.6　创建父子关系

在 Maya 2016 中，会经常创建一些父子级关系的对象，这样可以为制作动画提供很大的便利。鉴于它的重要性，本节将向读者介绍如何在 Maya 中对两个物体实施父子关系，详细操作如下。

选择一个有物体的场景，当然这里仅仅是为了创建父子关系，因此读者可以创建一个临时场景来练习一下。如图 1-45 所示的是一个简单的练习场景。

在视图中首先选择圆锥体，然后按住 Shift 键不放，在视图中选择不规则造型。依次

图 1-44　解组

执行【编辑】|【父对象】命令，或者按键盘上的 P 键，这样就可以在选择的物体之间定义一个父子关系，其中圆锥体为子对象，不规则物体为父对象，如图 1-46 所示。

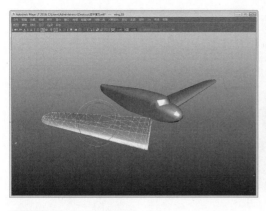

图 1-45　选择场景

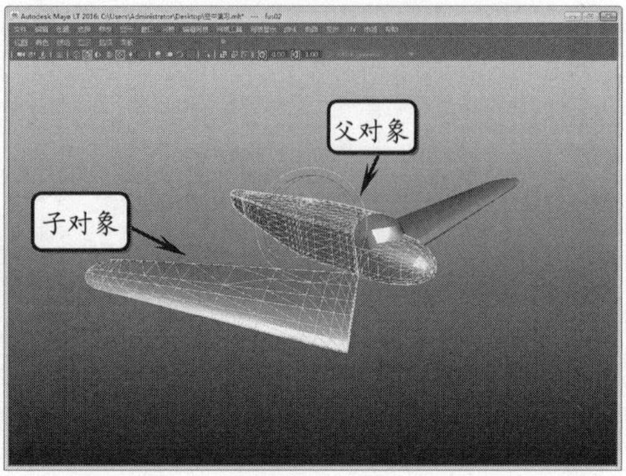

父对象

子对象

图 1-46　父子关系

注　意

在定义父子关系时需要注意，在视图中首先选择的物体将被定义为子物体，而按住 Shift 键选择的物体则将是父物体。

设置好父子关系后，在视图中使用移动工具移动机翼，可以发现不规则多边形将不会随着圆锥体的移动而移动，如图 1-47 所示。

然后，再在视图中移动不规则多边形，此时作为子物体的机翼将随着多边形的移动而发生变化，如图 1-48 所示。

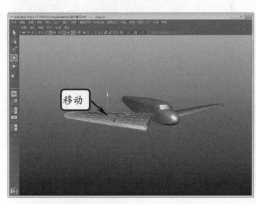

移动

图 1-47　移动子物体

移动

图 1-48　移动父物体

如果需要将绑定的父子关系解除，则可以按键盘上的快捷键 P 进行解除，当然也可以依次选择【编辑】|【断开父子关系】命令来进行解除。

1.3.7　捕捉设置

捕捉工具是每个三维软件中所必需的一种辅助工具，它将直接制约建模的精度。在

Maya 中，捕捉工具包括 4 个命令，分别是栅格捕捉、边线捕捉、点捕捉和曲面捕捉，本节将分别介绍它们的特性以及使用方法。

1. 栅格捕捉

栅格捕捉是一种特殊的捕捉形式，它可以使物体的顶点或者边线吸附到栅格的交叉点上，从而进行精确绘制。下面我们以一条曲线为例，向大家介绍栅格捕捉的具体使用方法。

首先，单击工具栏上的【四视图】按钮或者按键盘上的空格键，切换到四视图显示方式，如图 1-49 所示。

依次执行【创建】|【EP 曲线工具】命令，或者单击工具架上的按钮，启用 EP 曲线创建工具。按住 X 键不放，在【前视】图中依次单击几次，绘制一条如图 1-50 所示的曲线。

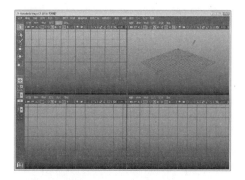

图 1-49 切换到四视图

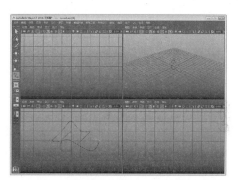

图 1-50 绘制曲线

提 示

此时，读者可以观察【前视】图中顶点的放置位置，此时所有的放置位置都将落在栅格的交叉点上。

然后，松开 X 键，再通过单击创建顶点的位置。此时，创建的顶点不再位于栅格的交叉点上，如图 1-51 所示。

图 1-51 观察顶点

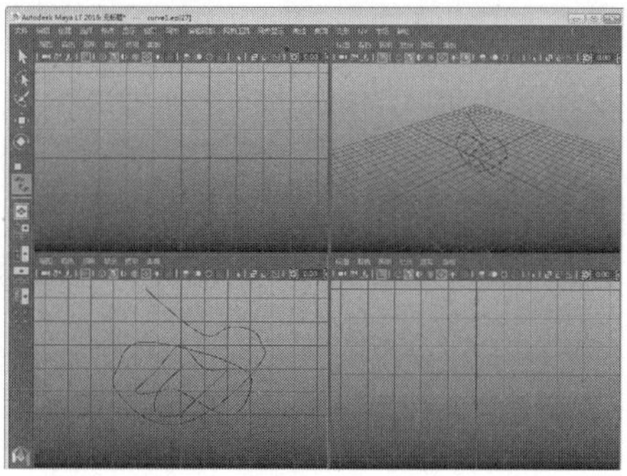

除了上述方法外，我们还可以在绘制完曲线后使曲线顶点吸附到栅格上，下面我们就来实现此类的操作。

清除场景中的曲线。单击工具架上的按钮，在视图中绘制一条曲线，曲线形状自定义，如图 1-52 所示。然后，在曲线上按住鼠标右键不放，在打开的热盒中选择【控制顶点】选项，这样就可以进入顶点编辑模式，如图 1-53 所示。

在视图中框选所有的顶点。在工具栏上双击【移动工具】按钮，打开其通道盒，并禁用其中的【保留组件间距】复选框，如图 1-54 所示。

按住 X 键不放，在【前视】图中沿某一轴向移动曲线，则 Maya 会自动把曲线捕捉到栅格上，如图 1-55 所示。

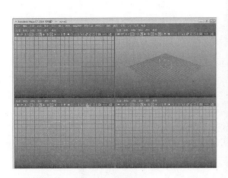

图 1-52　创建曲线　　　　图 1-53　切换编辑状态

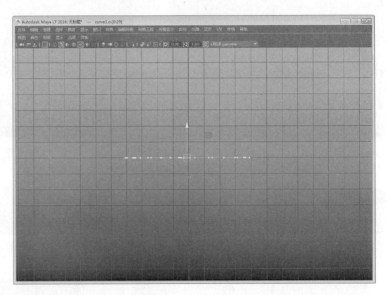

图 1-54　设置参数　　图 1-55　对齐到栅格

警　告

这种操作方法将会把视图中的所有顶点都吸附到栅格上，从而使原来的物体产生变形，因此在实际操作时要慎重考虑。

2．边线捕捉

顾名思义，边线捕捉是一种与边线相关的捕捉形式。事实上，边线捕捉主要应用在绘制曲线的过程中，它可以使曲线的顶点或者对象都捕捉到边线上，这里将向读者介绍边线捕捉的使用方法。

打开一个已经包含场景物体的场景文件，没有场景文件的读者可以在场景中任意创建一个几何体，并按空格键切换到四视图显示模式，如图 1-56 所示。

下面我们将要在已有的物体表面创建一条曲线。单击工具架上的按钮，启用 EP

曲线创建工具。然后，按住 C 键不放，在视图中连续单击，即可创建一条捕捉到曲线的曲线，如图 1-57 所示。

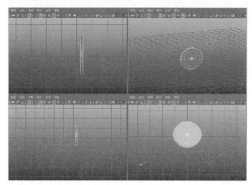

图1-56 四视图　　　　　　　　　图1-57 曲线捕捉

注 意

在使用曲线捕捉时，当场景中的模型产生自动闪动时，表示捕捉已经产生作用，捕捉后，还可以自由移动该模型。

3．点捕捉

点捕捉可以把目标点和目标对象捕捉到其他对象上，这也是一种很有意思的捕捉方式，读者可以根据下面的讲解操作一下。

使用点捕捉的方法也是十分简便的，在视图中选择需要对齐的物体，例如图 1-58 所示的方体，按住 V 键不放，在视图中将方体拖动到多边形附近，此时它将自动对齐到多边形。

对齐操作完成后，读者可以在视图中选择方体，单击鼠标右键，在打开的热盒中选择【顶点】命令，显示出物体的顶点，从而观察此时的捕捉情况，如图 1-59 所示。

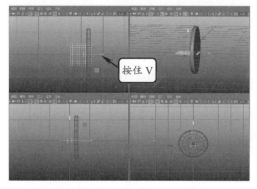 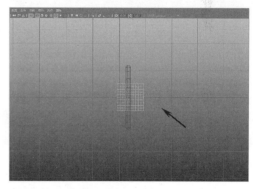

图1-58 捕捉试验　　　　　　　　　图1-59 观察顶点

4．曲面捕捉

曲面捕捉可以把曲线捕捉到其他曲面的表面，从而产生一种投影的重叠效果，而且这种捕捉方式还具有映射曲面的所有属性。它的操作非常简单，读者只需要在视图中创建好 NURBS 物体和曲线后，单击状态栏上的【捕捉】按钮即可进行捕捉，如果再次单

击该按钮则可以停止捕捉，或者也可以依次执行【修改】|【激活】命令来进行捕捉。

1.4 自定义快捷键

在 Maya 中，相比通过选择【显示】|【UI 元素】菜单来选择切换专家模式，快捷键更加便捷。Maya 提供了 Ctrl+Space 快捷键来快速切换专家模式和默认界面模式。但是对于大多数中国用户来讲，使用这一命令无效。所以，需要利用 Maya 提供的快捷键编辑器，自定义视图的方法。

1. 设置快捷键

快捷键是软件中所必备的，Maya 也不例外。读者可以通过选择【窗口】|【设置/首项选择】|【热键编辑器】命令，打开【热键编辑器】对话框，在该对话框中可以为命令自定义快捷键，如图 1-60 所示。

2. 快捷菜单

和热键盒有点相似，快捷菜单也是一种显示各种命令的菜单，而且包含一些菜单中没有的命令，打开快捷菜单的方式是在视图中单击鼠标右键，如图 1-61 所示的就是一个快捷菜单。

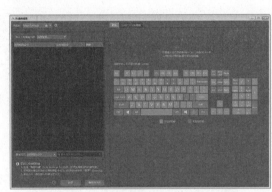

图 1-60　设置快捷键

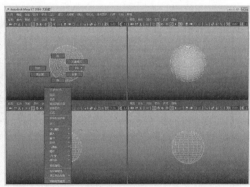

图 1-61　快捷菜单

1.5 课堂练习：使用图片素材

在三维软件中，不管是 3ds Max 还是 Maya，对于图片素材的使用都是不能忽视的，将图片素材导入到 Maya 中，作为我们制作模型时的参考，为制作带来更多的方便。本节为大家分享一下怎么将图片素材导入到 Maya 之中，希望大家认真学习。

1.5.1 选择图片

参考图片的作用很大，在制作模型时，如果能提供好的参考图片，则可以大大降低制作模型的难度，从而像对着模特画画的大师一样，轻松完成自己的作品，本节主要向大家介绍如何在 Maya 中导入参考图片。

首先，需要搜集相关的图片，例如制作火枪就需要有火枪的一些造型照片。然后，依次选择【视图】|【图像平面】|【导入图像】命令，打开如图 1-62 所示的对话框。

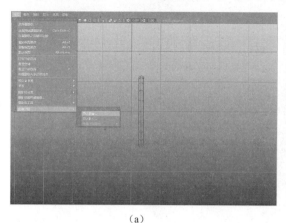
（a）

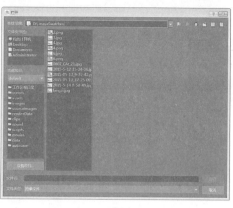
（b）

图 1-62　导入图像

然后，在打开的对话框中指定一个图像文件的保存路径，并在相应的目录下选择需要导入的图像文件，单击 Open 按钮即可将其导入到 Maya 中，如图 1-63 所示。

当然，图 1-63 导入的是关于火枪的三个视图，读者还可以将其分开，并放置到不同的面上，从而形成一个前、侧视图相交的形状，这样更有助于模型的创建。

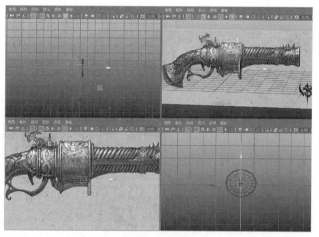

图 1-63　导入图片

1.5.2　设置背景

Maya 的默认背景颜色是黑色。有时由于环境的需要，或者为了产生更好的效果，就需要利用一些真实的图片作为整个场景的环境，此时就需要使用本节所介绍的知识了。下面将以一个具体的实例为例向读者介绍如何设置环境的背景。

首先，新建一个场景，也可以直接打开本书配套资料中本章目录下的【整理家居.mlt】，这是一个已经制作好场景的简单场景，如图 1-64 所示。

然后，在透视图中依次执行【视图】|【选择摄影机】命令。然后，再在该视图中依次执行【视图】|【摄影机属性编辑器】命令，此时将打开摄影机的参数盒，如图 1-65 所示。

展开【环境】卷展栏单击【图像平面】右侧的【创建】按钮，在打开的通道栏中单击【图像名称】右侧的█按钮，然后在打开的对话框中检索一幅图片，将其作为整个场景的背景，如图 1-66 所示。

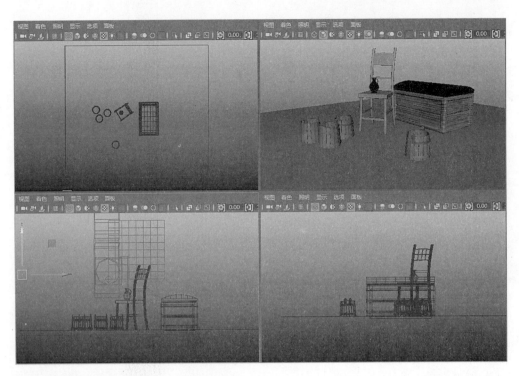

图 1-64 打开场景

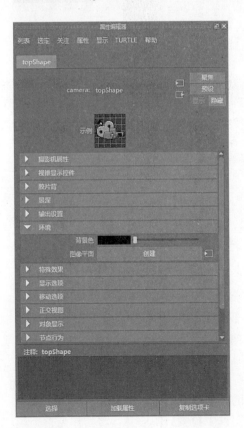

图 1-65 参数盒

图 1-66 设置环境

设置完毕后，快速渲染透视图，观察此时的渲染效果，如图 1-67 所示。

图 1-67 渲染效果

提 示

如果与背景产生不协调，例如场景小、而背景大的问题，那么就可以利用缩放工具适当调整场景的大小，从而来改变这种状况。

1.6　思考与练习

一、填空题

1. _____实际上就是三维的意思，它

是英文单词 three-dimensional 的缩写。在 Maya 2016 中指的是三维图形或者立体图形。

2. _____实际上就是键盘上的一些功

能键，使用它们可以完成使用鼠标所能完成的一些工作任务。

3. _____的概念和几何中的垂线相同，它垂直于多边形物体的表面，用于定义物体表面的内表面和外表面，以及表面的可见性。

4. _____又被称为世界坐标。在 Maya 2016 中，有一个通用的坐标系，这个坐标系以及它所定义的空间是不变的。

5. _____是通过在两个对象上执行布尔操作将它们组合起来。

二、选择题

1. Maya 是_____公司的产品，作为三维动画软件的后起之秀，深受业界欢迎和钟爱。

A. Adobe

B. Autodesk

C. Alias

D. Microsoft

2. 如果要移动场景中的物体，则需要使用工具栏上的_____工具。

A. 选择

B. 缩放

C. 旋转

D. 移动

3. 如果要复制一个物体，则可以使用快捷键_____。

A. Ctrl+鼠标左键

B. Ctrl+鼠标右键

C. Ctrl+F

D. Ctrl+D

4. 下列选项中，不属于捕捉设置的选项是_____。

A. 顶点捕捉

B. 边线捕捉

C. 曲线捕捉

D. 工具捕捉

5. 下列各选项中可以建立父子关系的快捷键是_____。

A. W

B. S

C. P

D. T

三、问答题

1. 对比其他三维软件，说说你对 Maya 环境的认识。

2. 说说你对父子关系的认识。

3. 可以使用图片作为场景的背景吗？如果能，应该怎么操作？

4. 翻阅资料，说说 Maya 都可以干什么。

四、上机练习

1. 调整视图布局

在 Maya 中，系统允许我们根据需要调整视图的布局。本练习要求读者根据本章的知识点做下面的调整。

（1）使用空格键实现透视图和四视图的相互切换，并取消显示网格，如图 1-68 所示分别是四视图和透视图。

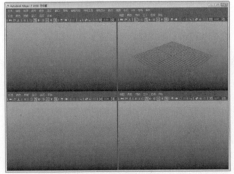
（a）四视图

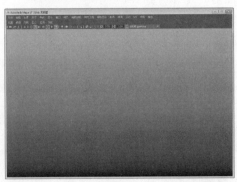
（b）透视图

图 1-68　四视图与透视图

（2）利用工具栏下方的视图控制工具 ▓▓ 将视图分别切换到【透视】/【大纲视图】方式，以及利用工具栏下方的视图控制工具 ▓▓ 将视图分别

切换到【透视】/【曲线图】视图方式，如图1-69所示。

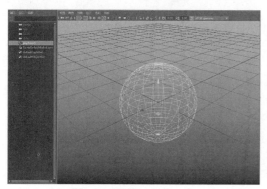
（a）大纲视图

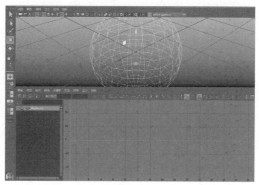
（b）曲线图

图1-69 切换视图方式

2. 编辑物体

在本章中向大家介绍了对于物体的一些编辑操作，例如选择操作、变换操作、复制操作、组合物体等。本节要求大家按照下面的提示完成上机练习。

（1）利用【多边形】中的【球体】工具在视图中创建一个球体；

（2）利用移动工具调整它的位置；

（3）利用旋转工具调整它的角度；

（4）利用缩放工具调整它的大小；

（5）调整完毕后，分别使用复制和镜像的方法产生两个副本；

（6）最后，将它们组合起来。

第 2 章

多边形建模

由于 Maya 是针对游戏开发的版本，在众多复杂的建模构建中，创建模型是创作者的前期工作，在模型创作中具有十分重要的地位。在游戏和影视动画领域，模型创建已成为一门非常重要的学科。而在众多建模方式中，多边形建模无疑是最为常用的方式。相较于 3ds Max，Maya 中的多边形建模也逐渐趋于完美。

本章通过详细介绍多边形模型的基本创建方法以及多边形编辑工具的使用，让读者学会在实例中的具体应用。

2.1　多边形建模概述

Maya 的多边形建模方法比较容易理解，非常适合初学者学习，这是一种非常直观的建模方式，通过控制三维空间中物体的点、线和面来塑造物体的外形。对于有机生物，多边形建模方式有着不可替代的优势，在塑造过程中，可以直观地对物体进行修改。多边形建模方式有许多不可替代的优势，物体是由多个面组成的，面与面之间的连接不像NURBS 物体那样有着严格的限制，遵循简单的规律就可以创造复杂的有机物。

多边形建模在角色建模方面有着不可取代的优势，在许多游戏和动画公司，仍然是优先使用的技术手段。本节将向读者详细介绍多边形建模常用工具的使用方法和技巧，使读者对多边形建模有一个清晰的认识。

2.1.1　多边形的概念和构成元素

多边形是指由顶点和顶点之间的边构成的 N 边形，多边形对象就是由 N 个边构成的集合。多边形对象可以封闭的也可以是开放的，如图 2-1 所示。

多边形对象的组成元素有顶点、边和面。另外还包括多边形的 UV 坐标，简称 UVs。在编辑多边形的时候可以分别在这些构成元素层级中进行各种编辑以达到我们想要的效果。

2.1.2 构成元素的简单操作

进入多边形构成元素的方法很简单，在视图中选中创建的多边形对象，按鼠标右键，这时会弹出快捷菜单，在该快捷菜单中显示了对象的各个构成元素，以及其他一些操作选项。拖动鼠标到要编辑的构成元素选项上即可进入该构成元素编辑模式，如图 2-2 所示。

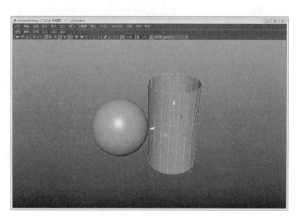

我们还可以使用快捷键进入多边形的构成元素层级。选择多边形对象，按快捷键 F9 就可以进入到顶点编辑状态，在顶点编辑状态下使用移动工具移动顶点就可以改变多边形对象的形状，如图 2-3 所示。

图 2-1　开放的和封闭的多半形

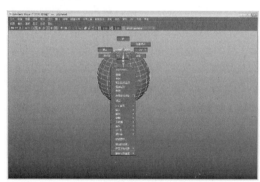

图 2-2　进入多边形构成元素

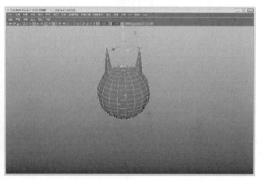

图 2-3　移动点

按快捷键 F10 进入边编辑状态，按快捷键 F11 进入面编辑状态。在这两种模式下都可以使用移动、旋转、和缩放工具来改变多边形的形状，如图 2-4 所示。

按快捷键 F12 可以进入多边形对象的 UVs 编辑状态，注意，在 UVs 编辑状态下，UV 点是不可编辑操作的，要编辑 UV 需要在 UV 编辑器中进行，关于 UV 的概念和用法我们将在介绍纹理编辑时进行详细解释。

在这里我们补充一个比较重要的概念——法线。法线是垂直于面的矢量线，具有一定的方向。法线分为面法线和顶点法线，位于面上的法线就是面法线，位于顶点上的法线就是顶点法线。在创建完一个物体后，是不显示法线的。执行【显示】|【多边形】|【面法线】可显示面法线，执行【显示】|【多边形】|【顶点法线】可显示顶点法线，如图 2-5 所示。

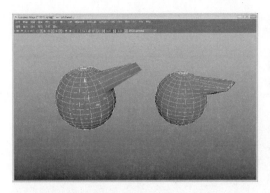

图 2-4　调整边和面

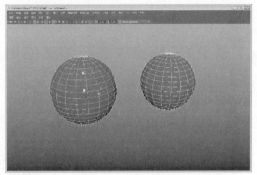

图 2-5　面法线和顶点法线

2.2　创建多边形

在 Maya 2016 中我们可以使用三种方法创建多边形对象。一是使用菜单命令，二是使用工具架上的创建工具，最后一种是使用 Maya 特有的热盒功能进行创建，具体使用哪种方法要根据个人的习惯而定。

2.2.1　使用菜单命令

在 Maya 2016 中我们可以直接使用菜单命令创建多边形物体。在主菜单中执行【创建】|【多边形基本体】命令可以看到所有多边形物体的名称，如图 2-6 所示。

例如要创建一个球体，在主菜单栏中执行【创建】|【多边形基本体】|【球体】命令，然后在视图中单击并拖动鼠标即可，如图 2-7 所示。

图 2-6　多边形菜单

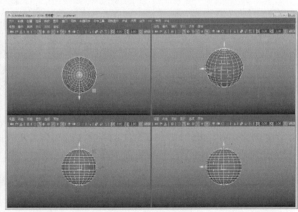

图 2-7　创建球体

在创建完一个多边形球体后，在右侧的通道栏中可以设置球体的移动、旋转、缩放、半径和分段等属性值，还可以设置可见属性，对于其他多边形对象也是一样，如图 2-8 所示。

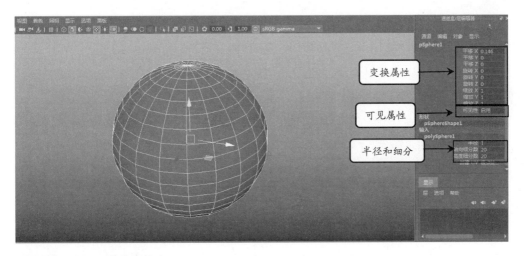

変換属性

可見属性

半径和細分

图 2-8 设置对象属性

提 示

我们可以用两种方法改变多边形对象的属性值，一是直接在输入框中输入数值，二是选择属性名称后按住鼠标中键在视图中拖动鼠标。此外，通道栏中对象的【可见属性】后面是字母 on 而不是数字，当我们在后面输入 0 时会自动变成 off，这时对象将不可见，输入 1 后又会变成可见。

在使用菜单命令创建多边形对象时，如果选择创建多边形对象命令后面的小方框，那么将会在工作界面的右侧打开一个带有多个参数选项的面板，一般我们把它称作通道盒，如图 2-9 所示。我们可以根据需要在通道盒中设置创建对象的参数，例如长度、宽度、半径、分段等，然后在视图中单击即可创建对象。

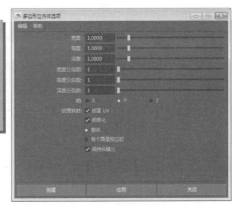

图 2-9 对象通道盒

2.2.2 使用工具架和热盒创建多边形

在 Maya 2016 中，使用工具架创建多边形对象更加直观。例如要创建一个长方体，在工具架中选择【多边形】选项卡，单击【立方体】图标，然后在视图中单击并拖动鼠标即可创建长方体，如图 2-10 所示。

最后一种方法是通过热盒进行创建，将鼠标指向视图，按住空格键不放即可弹出热盒，执行【创建】|【多边形基本体】命令，然后在视图中单击并拖动鼠标即

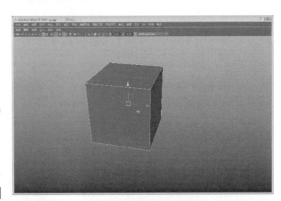

图 2-10 使用工具架创建对象

可，如图 2-11 所示。

多边形的基本物体有很多，包括球体、立方体、圆柱体、圆环、圆锥等，如图 2-12
所示。

图 2-11 使用热盒创建多边形对象

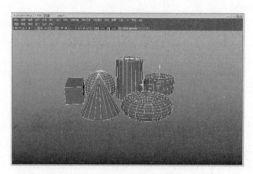
图 2-12 多边形基本对象

2.3 编辑多边形

编辑多边形，顾名思义就是多边形的基本体创建的模型不能实现我们想要的结果，
此时就需要对多边形的基本体建模进行编辑。在 Maya 中，对模型进行编辑的工具进行
了归类，其中基本多边形工具归类为【网格】和【编辑网格】，使用这些工具对模型进行
更好的编辑，下面将详细向读者介绍。

2.3.1 移除构成元素

在多变形建模过程中，我们经常需要删除多余的构成元素来简化模型，在创建完一
个多边形对象后，进入边或者面编辑状态，选中要删除的边或面，按 Backspace 键或者
Delete 键即可将其删除，在删除顶点时要使用【可编辑网格】下的【删除边/顶点】命令
才能将其删除。下面我们来看一下具体操作。

首先在视图中创建一个长方体，将长、宽、高的分段都设置为 3，适当调整大小，
如图 2-13 所示。

按照前面讲的方法进入长方体的顶点编辑状态，选中顶面上的一个顶点，先在状态
栏左端的下拉列表中选择【编辑网格】模式，然后在菜单栏中单击【删除边/顶点】命令，
将其删除，如图 2-14 所示。

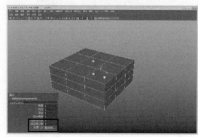
图 2-13 创建长方体

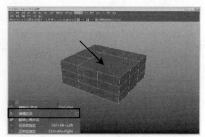
图 2-14 删除顶点

进入边编辑状态，选择顶面上的一条边，按键盘上的 Delete 键将其删除，如图 2-15 所示。

进入面编辑状态，选择顶部的一个面，按 Delete 键将其删除，删除面后会看到多边形变成一个开放的模型，如图 2-16 所示。

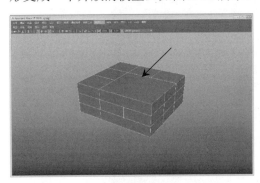

图 2-15　删除边

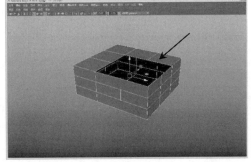

图 2-16　删除面

2.3.2　多边形布尔运算

在 Maya 2016 中，布尔运算是一种比较实用和直观的建模方法，它使一个对象作用于另一个对象，作用的方式有三种，即【并集】、【差集】和【交际】。多边形布尔运算和 NURBS 布尔运算的概念是一样的，只是操作方法有所不同。下面我们来看一下多边形布尔运算的具体操作。

首先在视图中创建一个半径为 8 的球体和一个半径为 5、高度为 10 的圆锥体，调整它们的位置，如图 2-17 所示。

同时选择两个对象，然后执行【网格】|【布尔】|【并集】命令，这时注意在四视图中观察，圆锥体和圆柱体已经结合成了一个物体，如图 2-18 所示。

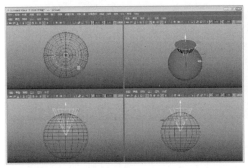

图 2-17　创建模型

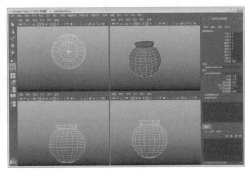

图 2-18　并集运算

在进行布尔运算之后，Maya 会保留运算历史，我们还可以对参与运算的原始物体进行操作。进入通道盒，在【输入】选项下可以看到构造历史，单击 polyCone1 选项将其展开，并将【半径】值改为 8，观察模型的变化，如图 2-19 所示。

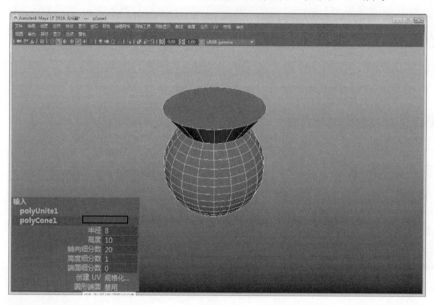

图 2-19　更改历史

提　示

除了在通道盒中修改构造历史外，还可以在大纲中进行操作，执行【窗口】｜【大纲视图】命令，打开大纲，这里的 Pcon3 就是布尔运算后的物体。

按快捷键 Z 返回布尔运算之前，同时选中两个物体，然后执行【网格】｜【布尔】｜【差集】命令，这时圆锥物体被运算掉，球体上出现一个洞，如图 2-20 所示。

按快捷键 Z 返回布尔运算之前，同时选中两个物体，然后执行【网格】｜【布尔】｜【交集】命令，观察相交运算的结果，如图 2-21 所示。

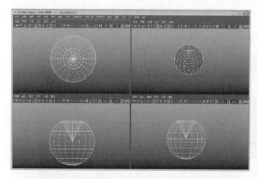

图 2-20　差集运算

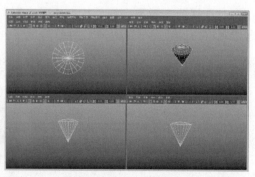

图 2-21　交集运算

Maya 的布尔运算是十分强大的，可以进行多次运算而不会出错。按快捷键 Z 返回相减运算，然后在视图中创建一个长方体，适当调整其大小和位置，如图 2-22 所示。

同时选中长方体和布尔运算物体，然后再执行【网格】|【布尔】|【差集】命令，如图 2-23 所示。

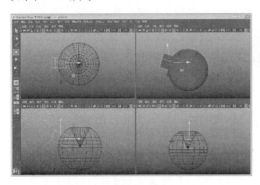

图 2-22　创建长方体

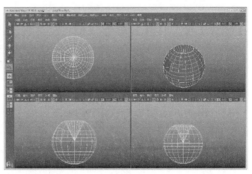

图 2-23　多次运算

2.3.3　结合多边形

在多边形建模中，我们可以使用【结合】工具将两个或两个以上的对象合并成一个对象。注意，这里的【结合】要和【合并】的概念区分开来，【结合】并不是真正意义上的无缝结合，它只是把两个或多个对象集合成一个对象，而【合并】是将物体合并成一个物体并自动焊接。

在使用合并操作时，要确保合并对象的法线一致，如果法线不一致，可以使用【法线】|【反向】命令进行纠正，否则，在映射纹理贴图的时候会出错。下面我们来讲解该工具的一些用法。

首先，在视图中创建一个圆柱体，使用快捷键 Ctrl＋D 复制一个，并移动到另一侧，如图 2-24 所示。

同时选中两个对象，执行【网格】|【结合】命令。这时它们就变成了一个对象，如图 2-25 所示。

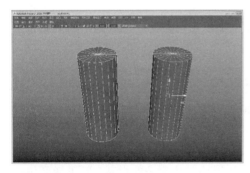

图 2-24　创建并复制对象

图 2-25　结合后

注　意

在合并之后，对象的坐标轴可能不在对象的中心上，这时可以执行【修改】|【居中枢轴】命令，将坐标轴移动到对象中心。

2.3.4 优化多边形

【减少】可以优化复杂的模型。在影视制作中一个复杂的模型，例如角色，经常用在不同的景别，在特写镜头中我们需要精度较高的模型，而在远镜头中用精度低的模型一样可以达到想要的效果，这时我们就需要优化模型的精度来提高渲染速度。下面我们使用简单的操作来介绍【减少】的使用。

在视图中创建一个平面物体，在通道盒中将【细分宽度】和【高度细分数】都设置为 10，如图 2-26 所示。

执行【网格】|【减少】命令，打开一个对话框，如图 2-27 所示，在这里可以通过设置【减少方法】的值来设置减少面的数量。下面分别对【减少选项】对话框中的各项参数进行介绍。

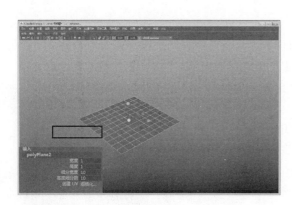

图 2-26 创建平面

图 2-27 【减少选项】对话框

1．三角化

执行【网格】|【三角化】后，简化后的面全部由三角面构成，否则，如果原来的模型是由四边面构成，则会保留部分四边面。

2．减少方法（简化百分比）

设置参数减少多边形的百分比，默认值是 50%，值越大，多边形精简得越厉害。

3．三角形限制

设置该参数靠近 0，简化多变形时 Maya 将尽量保持原来模型的形状，但可能产生尖锐不规则的三角形，这样的三角形将很难被编辑；设置该参数靠近 1，简化多变形时 Maya 将尽量生成规则的等边三角面，但简化后的形状可能和原来的有差距。

4．保持原始

启用该复选框，Maya 会自动复制一个模型，对复制的模型进行简化出来，如图 2-28 所示。

5. UV 边界

启用该复选框，可以在精简多边形的同时，尽量保持其 UV 纹理方式。

6. 颜色边界

启用该复选框，可以在精简多边形的同时，尽量保持顶点颜色的信息。

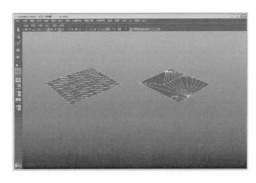

图 2-28　保持原始

2.3.5　平滑多边形

多边形建模中的【平滑】是使用率比较高的命令，它通过细分来光滑多边形。它的使用方法也很简单，选择要光滑的模型，然后执行【网格】|【平滑】命令即可，如图 2-29 中的头部模型光滑前后的对比。

执行【网格】|【平滑】命令，会弹出如图 2-30 所示的对话框。在该对话框中有几个比较重要的参数，下面进行一一介绍。

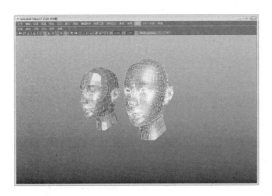

图 2-29　头部的光滑

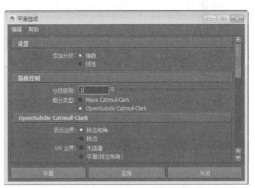

图 2-30　【平滑选项】对话框

1. 添加分段

在该选项下有两个单选按钮，其中【指数】细分方式可以将模型网格全部拓扑成为四边面，而【线性】细分方式会产生部分三角面。

2. 分段级别

该参数控制多边形对象平滑程度和细分面数目。该参数越高，对象就越平滑，细分面也就越多。最大值为 4。如图 2-31 所示是不同细分级别的不同网格密度。

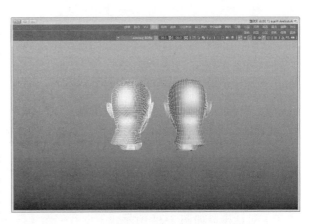

图 2-31　不同细分级别的不同网格密度

3. 连续性

该参数值也可以控制模型的平滑程度，当值为 0 时，面与面之间的转折连接都是线性的，比较硬；当值为 1 时，面与面之间的转折连接、转折都比较圆滑。

4. 平滑 UV

启用该复选框，在光滑细分模型时，模型的 UV 将一同被光滑。

> **提 示**
>
> Maya 中还有一种平滑模型的方式——【平均化顶点】，选择模型，执行【网格】｜【平均化顶点】命令即可对模型进行平滑，这种方式不会改变模型的拓扑结构，也不会增加面数，可以生成良好的 UV 分布，但平滑的效果不理想，模型会变形。

> **技 巧**
>
> 在对象面编辑状态下，选择一部分面，执行【网格】｜【平滑】命令，可以只光滑模型的一部分，这个方法在制作大的场景中经常用到，以节约渲染时间。

2.3.6 三角化和四边形化

在多边形建模中三角面和四边面的应用比较广泛，三角化面有助于提高渲染结果，尤其是对于含有较多非平面的模型。在游戏建模中，为了提高交互速度，都会使用较少的面来表现更多的细节，这时三角面就显得非常重要。

三角化的操作方法是：选中要进行三角化的模型，然后执行【网格】｜【三角化】命令即可，如图 2-32 所示是三角化前后的效果。

四边化是减少多边形面的一种方法，可以使模型中的三角形面转换为四边形面。在默认情况下，Maya 创建的多边形模型都是以四边面存在的。当我们从其他三维软件导入模型时很可能是以三角面的形式存在，这时我们可以执行【网格】｜【四边形化】命令来纠正，如图 2-33 所示。

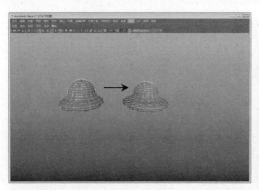

◢ 图 2-32 三角化模型

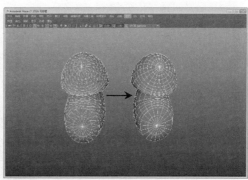

◢ 图 2-33 四边形化面

选中要四边化的模型，执行【网格】｜【四边形化】命令，可以打开【四边形化面选项】对话框，如图 2-34 所示。下面我们对【四边形化面选项】对话框中的参数的含义进行介绍。

角度阈值：该值用来设定转换四边面的极限参数，当【角度阈值】的值为 0 时，只有共面的三角面被转化。当值为 180 时，表示所有相邻三角形都可能被转换为四边形面。如图 2-35 所示是角度阈值为 10 的转换结果。该值的下面有四个复选框。

图 2-34　【四边形化面选项】对话框

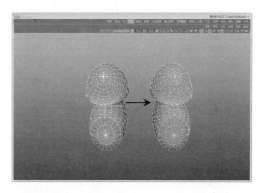

图 2-35　角度阈值为 10 的转换结果

（1）保持面组边界：当禁用该复选框时，面组的边界可能被修改。

（2）保持硬边：该复选框启用时，可以保留多边形物体中的硬边；禁用该复选框时，两个三角形面之间的硬边可能被删除。

（3）保持纹理边界：禁用该复选框时，纹理贴图边界可能被修改。

（4）世界空间坐标：该复选框启用时，【角度阈值】项的参数是处在世界坐标系中的两个相邻三角形面法线之间的角度；关闭该复选框时，【角度阈值】项的参数是处在局部坐标系中的两个相邻三角形面法线之间的角度。

2.3.7　镜像多边形和镜像剪切

在创建两边对称模型的时候，例如家具、人物等，我们只需创建一半就可以，然后使用【镜像几何体】命令镜像复制出另一半模型并合并成一个完整的模型。下面我们看一下【镜像几何体】工具的应用。

在视图中创建一个圆环对象，然后进入到面编辑状态，在顶视图中框选一半的面将其删除，如图 2-36 所示。

回到对象编辑状态，执行【网格】|【镜像几何体】命令，这时会弹出一个对话框，如图 2-37 所示。

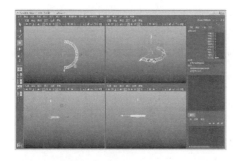

图 2-36　删除面

图 2-37　【镜像选项】对话框

在该对话框中选中【-X】单选按钮，其他使用默认值，然后单击【镜像】按钮，就得到了一个完整的圆环，而且中间的接缝也被焊接在了一起，我们可以进入到顶点编辑状态进行查看，如图 2-38 所示。

【镜像选项】对话框中的各参数的含义解释如下。

1. 镜像方向

选择镜像的方向，有【+X】、【-X】、【+Y】、【-Y】、【+Z】、【-Z】，默认方向是【+X】，如图 2-39 所示是不同轴向上的镜像效果。

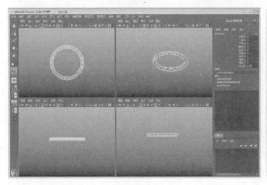

图 2-38 镜像后   图 2-39 不同轴向上的镜像效果

2. 原始合并

启用该复选框，在镜像多边形的同时，把复制的多边形和原始的多边形对象合并在一起。

3. 合并顶点

选中该单选按钮可以合并相邻的顶点。

4. 连接边界边

选中该单选按钮，可以连接原始多边形和镜像多边形的边界，得到一个封闭的对象。

在某些情况下，我们可能需要剪切掉物体的一部分并镜像，这时就可以使用另外一个镜像命令——【镜像剪切】。下面来看一下它的具体操作。

在视图中创建一个边数为 6 的圆锥体，使用旋转工具调整其角度和位置，如图 2-40 所示。

执行【网格】|【镜像切割】命令，这时会弹出一个对话框，使用默认值，单击【应用】按钮，这时视图中会出现一个剪切平面和操作手柄，我们可以通过移动、旋转、缩放、剪切平面来调整镜像物体，如图 2-41 所示。

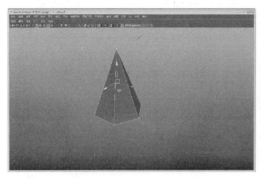

图 2-40　创建圆锥体

图 2-41　镜像剪切

2.3.8　多边形雕刻工具

在前面讲过，我们可以通过移动和旋转顶点来改变对象的形状。在 Maya 2016 中，提供了一个非常有用的工具——【雕刻几何体工具】。该工具是以绘画的方式对多边形顶点进行操作，这种方式非常直观方便，很适合创建山地等模型，如图 2-42 所示。

雕刻工具的操作方法也很简单，选择要雕刻的多边形模型，进入其顶点编辑状态，并选中顶点，然后执行【曲面】|【雕刻几何体工具】命令即可对模型进行雕刻。执行【曲面】|【雕刻几何体工具】命令，可以打开【雕刻设置】面板，该面板中的参数和曲面雕刻工具中的一样，在这里就不再赘述了，如图 2-43 所示。

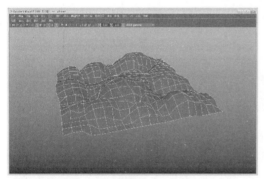

图 2-42　使用雕刻工具

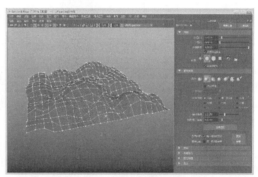

图 2-43　【雕刻设置】面板

2.3.9　创建多边形工具

【创建多边形】是非常实用的命令，我们经常使用它来创建特定的多边形或者用来描出多边形的轮廓。它的操作方法也很简单，先执行【网格工具】|【创建多边形】命令，然后在前视图或者其他视图单击即可开始创建，按 Enter 键完成操作，如图 2-44 所示是创建完成的一个多边形轮廓。

执行【网格工具】|【创建多边形工具】命令，在通道盒处会打开创建多边形的设置面板，如图 2-45 所示。这里有两个重要的参数分别介绍如下。

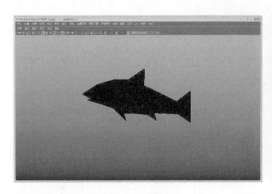

图 2-44 创建多边形轮廓

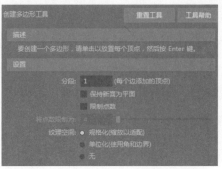

图 2-45 创建多边形的设置框

1. 分段

该数值可以设置分段数目，分段的点沿多边形的边进行分部。例如设置分段数目为3，则在创建的时候每个多边形边都将分成三段，如图 2-46 所示。

2. 限制点数

启用该复选框，可以在【将点数限制为】的后面设置所创建多边形点的数目，当设置的点等于该数目时，Maya 会自动关闭多边形来结束创建。

技 巧

使用创建多边形工具还可以创建带有洞的多变形，例如创建一个星形，在创建完成时，先不要按 Enter 键，按下 Ctrl 键，可以在星形的内部继续创建，然后再按 Enter 键，就可以创建带洞的多边形，如图 2-47 所示。

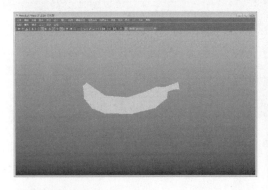

图 2-46 分段

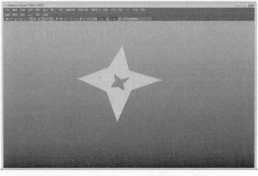

图 2-47 创建带洞的多边形

2.4 多边形构成元素的高级操作

为了实现对模型更好地编辑与操作，由于在 2.3 节学习的一些简单的多边形构成元素操作、模型结构的调整不是很完美，这就需要进一步通过本节来学习一些较复杂且具有技巧性的操作。为物体添加线的时候要注意，一定要添加在关键的结构上，尽量用较少的线组织出更为复杂的模型，这是多边形建模的重要原则。

2.4.1 倒角操作

现实生活中绝大部分物体都有倒角，所以【倒角】工具在多边形建模中经常用到，下面介绍一下具体的操作。

使用【创建多边形】工具在视图中创建一个 E 字多边形，如图 2-48 所示。

进入到面编辑状态，选中面，然后执行【编辑网格】｜【挤出】命令，使用操纵手柄移动面，结果如图 2-49 所示。

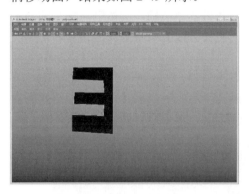

图 2-48　创建多边形

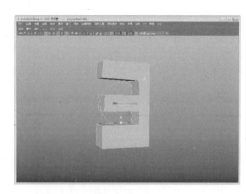

图 2-49　挤出面

接着选择需要【倒角】的边，执行【编辑网格】｜【倒角】命令，这时字体就出现了倒角，如图 2-50 所示。在 Maya 2016 中选项模型的面或边都可进行倒角处理。

执行【编辑网格】｜【倒角】命令，会弹出【倒角选项】对话框，如图 2-51 所示。下面我们将具体介绍这里的参数的含义。

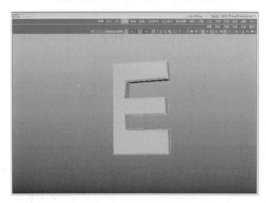

图 2-50　倒角操作

图 2-51　【倒角选项】对话框

1．偏移类型

该选项后面有两个单选按钮，【分形（防止出现由内到外的倒角）】是指以倒角的边为中心向两边扩展，【绝对】是指以倒角的边为起点向外进行扩展。

2．偏移空间

偏移空间可以设定倒角的坐标系，可以选择【世界（在对象上忽略缩放）】和【局部】两种坐标系。

3．宽度

该值决定倒角距离的大小，值越大倒角越大。

4．分段

设定细分倒角面的段数，值越大，得到倒角的效果就越精确，当然倒角面上的边数也就越多，如图 2-52 所示是将【宽度】设置为 1、将【分段】设置为 3 的结果。

5．圆度

该参数可以设定倒角的圆滑度，值越大倒角越圆滑。只有禁用【自动适配倒角到对象】选项后才能使用，如图 2-53 所示是将分段设置为 8，然后进行圆角的效果。

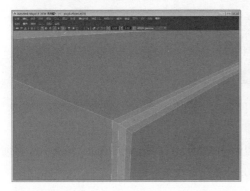

图 2-52　倒角分段

图 2-53　倒角平滑

2.4.2　挤出操作

【挤出】是多边形建模的重要手段之一，它的知识点包括挤出面、挤出点、挤出边，为了便于讲解我们使用简单的操作进行介绍。

在视图中创建一个球体，然后在通道盒中将半径设置为 5，并将圆周和高度上的分段数都改为 10，如图 2-54 所示。

进入到模型的面编辑状态，选择如图 2-55 所示的 6 个面，然后执行【编辑网格】|【挤出】命令，这时视图中会出现挤出命令的操纵手柄，方块代表放缩，箭头代表移动，蓝色的圆圈代表旋转，另外单击黄色的操作钮可以在世界坐标空间和局部坐标空间进行转换。

接下来，单击任意一个方块切换到放缩模式，使用鼠标左键按住中间的方块进行拖动即可等比例挤出并缩放选中的面，如图 2-56 所示。

按下快捷键 G，重复刚才的操作，再次缩放面然后选择 Z 轴上的箭头使用向内移动面，结果如图 2-57 所示。

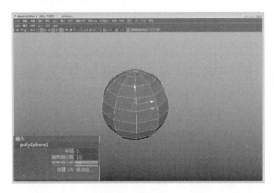

图 2-54 创建球体模型

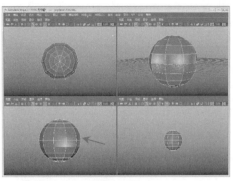

图 2-55 选中面

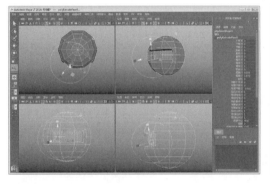

图 2-56 缩放面

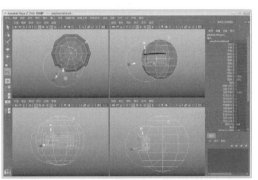

图 2-57 挤出并移动面

执行【编辑网格】|【挤出】命令，会弹出挤出面的对话框，在该对话框中将【分段】设置为 3，单击【应用】按钮，然后在视图中再次缩放面，可以看到挤出的面自动进行了三次细分，如图 2-58 所示。

在多边形挤出面的操作过程中有一种比较独特的挤出方法——沿曲线挤出。按快捷键 F8，进入对象编辑状态，然后在工具架上选择【曲线/曲面】选项卡，单击【EP 曲线工具】，左视图中绘制一条曲线并在其他视图调整位置，如图 2-59 所示。

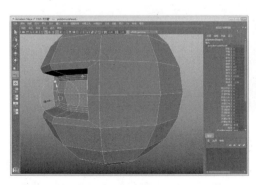

图 2-58 挤出面

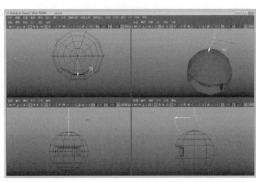

图 2-59 创建曲线

同时选择曲线和球体模型，然后进入面编辑状态，配合 Shift 键选中对着曲线的两个面，执行【编辑网格】|【挤出】命令，结果如图 2-60 所示。

进入到通道盒中，将【分段】值改为 12、【扭曲】值改为 50、【锥化】值改为 0，结果如图 2-61 所示。

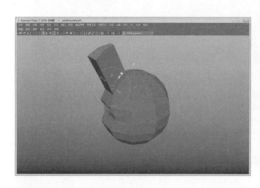

图 2-60　曲线挤出操作　　　　　图 2-61　曲线挤出设置

选中模型北部的一组面，执行【编辑网格】|【挤出】命令，在【通道盒/层编辑器】中将【保持面的连接性】改为【禁用】状态，默认情况下该命令处于启用状态。然后再移动挤出的面，结果如图 2-62 所示。

进入模型的顶点编辑状态，选择模型中部的一组顶点，执行【编辑网格】|【刺破】命令，使用挤出命令挤出顶点时不会出现操作手柄，我们可以使用移动工具对挤出的顶点进行编辑，如图 2-63 所示。

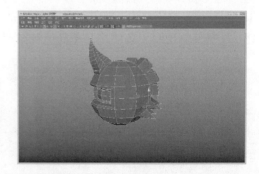

图 2-62　挤出面　　　　　　　　图 2-63　挤出并调整顶点

进入模型的边编辑状态，选择模型底部的一组边，然后再执行【编辑网格】|【挤出】命令，启用【保持面的连接性】命令，使用操纵手柄移动柄缩放边，结果如图 2-64 所示。

技 巧

在选择边的时候，有两个十分方便的选择工具。执行【选择】|【软化当前选择】|【到环形边】命令，然后在模型上双击一条边，就会快速选中一圈环形边。执行【选择】|【软化当前选择】|【到循环边】命令，然后在模型上双击一条边，就会快速选中一圈循环边。

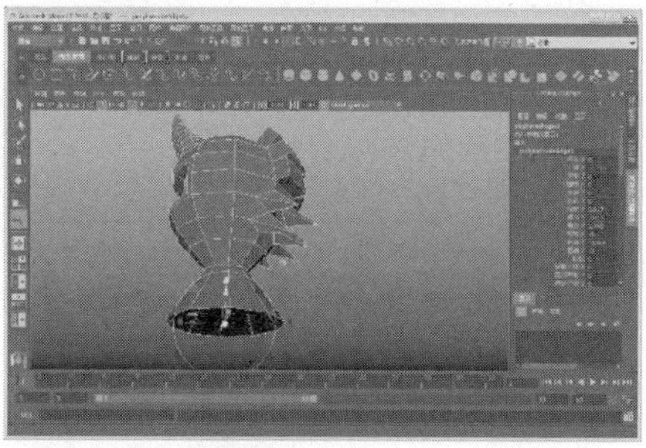

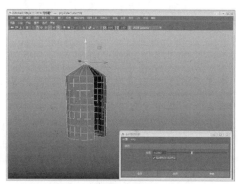

图 2-64　编辑边

2.4.3　合并操作

使用【合并】命令可以将模型上的两个或多个点、面合并成一个点、面。使用【合并】工具可以将两个或多个边合并成一个边。它们的操作方法有所不同，下面我们分别进行介绍。

在视图中创建一个圆柱体，然后进入到面编辑状态，删除一组面，结果如图 2-65 所示。我们就用这个简单的模型来学习合并工具的操作。

进入模型的顶点编辑状态，选中模型顶部的一组顶点，执行【编辑网格】|【合并】命令，在弹出的对话框中设置【阈值】为 4，然后单击【合并】按钮，这时选中的顶点就合并成了一个顶点，然后使用移动工具向上移动顶点，结果如图 2-66 所示。

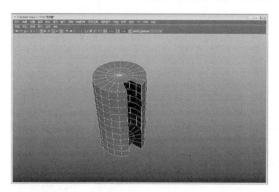

图 2-65　删除面

图 2-66　合并移动顶点

进入面编辑状态，选中模型底部的一组面，执行【编辑网格】|【合并】命令，使用刚才设置的【阈值】，然后单击【合并】按钮，结果如图 2-67 所示。

下面我们来学习合并边，合并边要求必须是模型上打开的边。进入到边编辑状态，在模型上单击一条要合并的边，这时，选择的边变成橘黄色，单击与它合并的边，执行【编辑网格】|【合并】命令，如图 2-68 所示。

再单击鼠标，即可将两个边合并在一起，如图 2-69 所示。

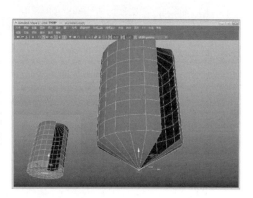

图 2-67　合并面

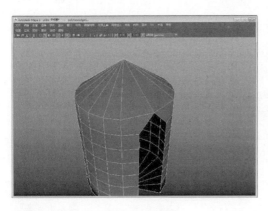

图 2-68　单击要合并的边

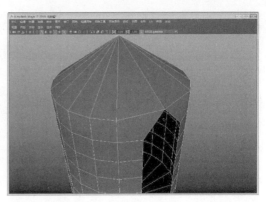

图 2-69　合并边

2.4.4　切角顶点

前面讲了倒角面、倒角边的方法，其实，顶点也是可以倒角的，我们更贴切地称之为切角。它的使用方法很简单，选择模型上的顶点，然后执行【编辑网格】|【切角顶点】命令即可，如图 2-70 所示。

执行【编辑网格】|【切角顶点】命令，可以打开【切角顶点选项】对话框，如图 2-71 所示，这里的【宽度】值可以设置切角的大小。

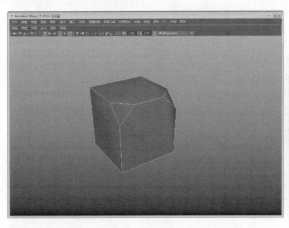

图 2-70　切角顶点

图 2-71　【切角顶点选项】对话框

2.4.5　楔形

最后介绍多边形建模的另外一个特殊命令——【楔形】，该命令可以基于面和一条边挤出并旋转得到一组面，下面我们来学习它的操作方法。

在视图中创建一个长方体，进入面编辑状态，选择顶部的面，然后使用右键快捷菜单进入边编辑状态，配合 Shift 键加选一条边，如图 2-72 所示。

执行【编辑网格】|【楔形】命令，结果如图 2-73 所示。

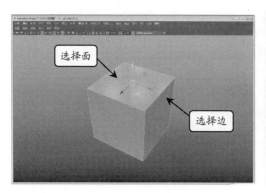

图 2-72　选择面和边

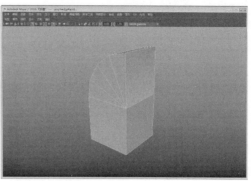

图 2-73　楔形

执行【编辑网络】|【楔形】命令，可以打开【楔入面选项】对话框，如图 2-74 所示，在这里设置【弧形角度】和【分段】值。

另外还可以在执行命令之后进入倒通道盒中，修改【弧形角度】和【分段】值，如图 2-75 所示。

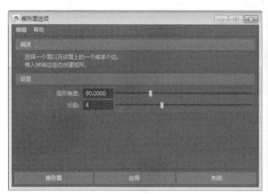

图 2-74　【楔形面选项】对话框

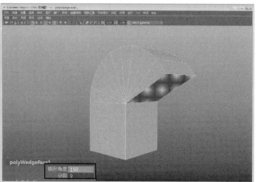

图 2-75　设置角度和细分

2.4.6　插入循环边和偏移循环边

【插入循环边】工具和【偏移循环边】工具是 Maya 中的两个选择添边工具，下面我们介绍这两个工具的用法。

在视图中创建一个球体，然后在通道盒中将半径设置为 3，并将圆周和高度上的分段数都改为 6，如图 2-76 所示。

进入到边编辑状态，执行【网格工具】|【插入循环边】命令，然后在球体 U 向的边上按下鼠标左键不放，这时会出现绿色的虚线，可以用鼠标拖动来决定插入的位置，如图 2-77 所示，单击就会添加一组 V 向的边。

继续在 V 向的边上单击则会在 U 向上添加一组边，如图 2-78 所示。

执行【网格工具】|【偏移循环边】命令，然后选择模型上的一条边拖动，则会添加两组边，如图 2-79 所示。

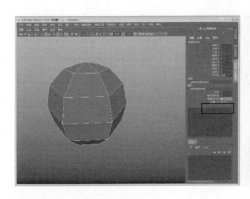

图 2-76 创建球

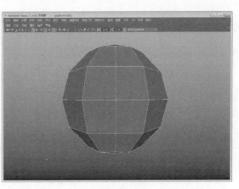

图 2-77 插入 V 向循环边

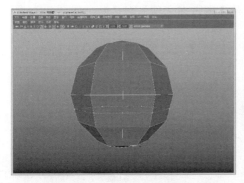

图 2-78 插入 U 向循环边

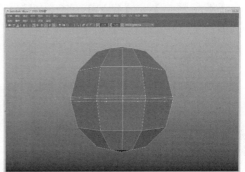

图 2-79 偏移循环边

2.4.7 多切割多边形

在使用多边形建模时，我们经常使用【多切割】工具来对模型进行细分，在需要添加细节的地方进行切割，直到最终得到满意的模型。该工具的使用方法是：选择要编辑的多边形模型，执行【网格工具】|【多切割】命令，然后在多边形边上连续单击即可创建切割边，单击鼠标右键结束操作，如图 2-80 所示。

执行【编辑工具】|【多切割】命令，会在通道盒中显示设置参数，如图 2-81 所示。

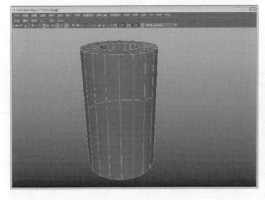

图 2-80 多切割多边形

图 2-81 多切割工具设置参数

其中【细分】可以设定创建面的每一条边的细分数目，细分点沿着边放置，如图 2-82 所示是将【细分】设置为 3 然后再多切割的结果。

2.4.8　切割面

切割工具都可以切割多边形面，可以沿着一条线切割模型上的所有面，但有一定的局限性。

它的使用方法是：选择要切割的模型，执行【网格编辑】|【多切割】命令，然后模型上按住鼠标左键不放，会出现一条直线，如图 2-83 所示。松开鼠标即可得到切割的边。

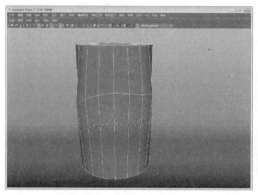
图 2-82　设置细分

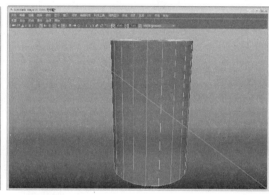
图 2-83　切割面

当进入面编辑状态使用该工具的时候，只会对选中的面进行切割，如图 2-84 所示。

当执行【网格编辑】|【多切割】命令时会弹出该工具的设置对话框，在该对话框中如果启用【删除面】或者【提取面】都可以将切割的面删除，如图 2-85 所示。

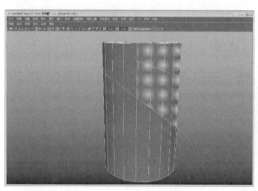
图 2-84　进入面级别进行切割

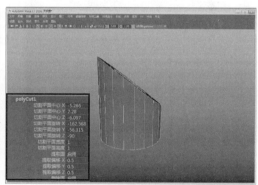
图 2-85　切割的面被删除

2.5　课堂练习：创建卡通飞船模型

多边形是一种非常适合于创建有机模型的建模方式，因为有机模型有着复杂的表面，要建立这些表面需要灵活地调整每一个面片的位置和朝向，本节通过一个卡通飞船模型的创建过程来学习 Maya 中的多边形建模工具的使用。具体操作步骤如下。

1 在 Maya 中新建一个场景,在工具架上的【多边形】选项卡中单击【多边形范围】按钮,然后在前视图中创建一个球体,在通道栏中设置参数,如图 2-86 所示。

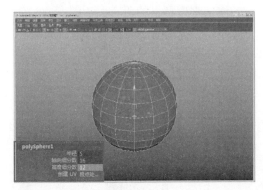

图 2-86　创建球体

2 使用缩放工具在 Z 轴方向上缩放球体,然后进入顶点编辑状态,选择球体顶部的一个顶点,在垂直工具栏中单击软选择工具，这时会在顶点处出现一个字母,在通道盒中将【衰减半径】设置为 7,使用软选择的操纵手柄向下移动,如图 2-87 所示。

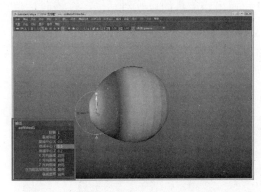

图 2-87　使用软选项工具调整球体

3 进入到面编辑状态,使用选择工具在顶视图选择模型左侧一半的面,将其删除,然后进入对象编辑状态,执行【编辑】|【特殊复制】命令,这时会弹出一个对话框,选中【实例】选项,并将 X 轴上的【缩放】值设置为 −1,单击【特殊复制】按钮,结果如图 2-88 所示。

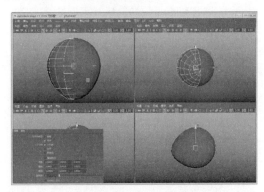

图 2-88　特殊复制

4 进入面编辑状态,选择如图 2-89 所示的一组面（当我们在一侧的模型上选择元素时,另一侧模型上对称的元素也同时被选择,这就是关联复制的作用）。

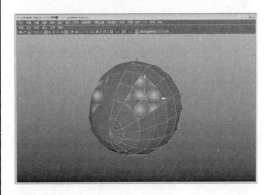

图 2-89　选择面

5 执行【编辑网格】|【挤出】命令,挤出面并使用操纵手柄缩放和移动面,如图 2-90 所示。

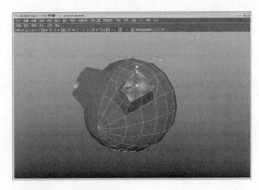

图 2-90　挤出面

6 进入顶点编辑状态，使用移动工具调整挤出面上的顶点，使挤出的面拉长，结果如图2-91所示。

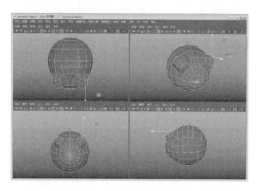

图 2-91 调整顶点

7 进入面编辑状态，选择模型尾部的一组面，然后执行【网格编辑】|【挤出】命令，并使用移动工具调整，如图2-92所示。

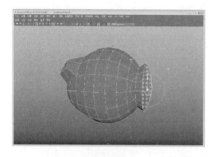

图 2-92 挤出面

8 按 G 键重复上次的操作再挤出一个面，并移动。使用同样的方法再挤出两个面，最后一次挤出的面移动的距离要非常小，如图2-93所示，因为需要在光滑模型之后保持一个棱角。

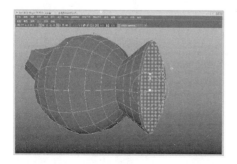

图 2-93 挤出调整面

9 选择模型侧面的一组面，使用右键菜单进入边编辑状态，配合 Shift 键加选尾部的一条边，如图2-94所示。

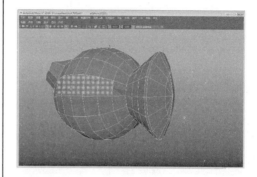

图 2-94 选择面和边

10 执行【编辑网格】|【楔形】命令，结果如图2-95所示。

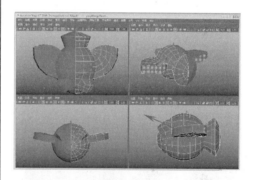

图 2-95 创建翅膀

11 现在翅膀太厚了，进入顶点编辑状态，通过调整顶点的位置来调整翅膀的厚度，然后使用移动工具调整如图2-96所示的一组顶点使飞船的"下颚"鼓起。

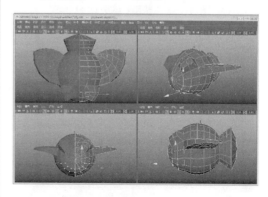

图 2-96 调整顶点

12 进入边编辑状态,执行【插入循环边】命令,然后单击模型的前端的一条 U 向边以加入一圈边,如图 2-97 所示。

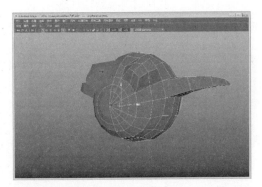

图 2-97 插入边

13 进入顶点编辑状态,调整前部顶点的位置,然后进入面编辑状态,选择飞船"眼睛"处的 4 个面,如图 2-98 所示。

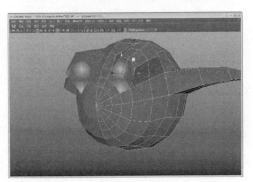

图 2-98 选择面

14 使用挤出命令将选择的面挤出并稍微缩小,然后继续使用挤出命令挤出两次并配合移动、缩放工具调整面,结果如图 2-99 所示。

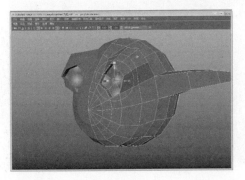

图 2-99 编辑面

15 选择眼睛顶部和翅膀边沿的面,使用挤出命令挤出一次并适当缩小,结果如图 2-100 所示。我们这样做的目的是让这些边在光滑之后有明显的棱角。

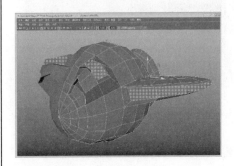

图 2-100 挤出面

16 进入对象编辑状态,删除关联复制的模型,如图 2-101 所示。选择模型,执行【编辑】|【删除类型】|【历史】命令,将模型的构建历史删除。

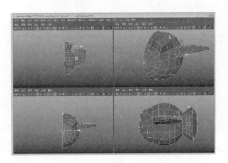

图 2-101 删除关联模型

17 执行【网格】|【镜像几何体】命令,这时会弹出一个对话框,在该对话框中选中【-X】单选按钮,其他使用默认值,然后单击【镜像】按钮,结果如图 2-102 所示。

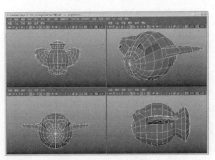

图 2-102 镜像模型

18 进入面编辑状态，选择飞船顶部的一组面，然后继续使用挤出命令挤出两次并配合移动、缩放工具调整面，结果如图 2-103 所示。

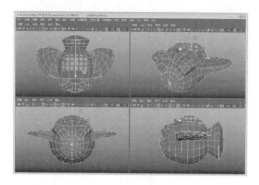

图 2-103 挤出编辑

19 选中模型尾部的面，使用挤出命令进行调整，使尾部多出一个层次，注意每次挤出的距离，结果如图 2-104 所示。

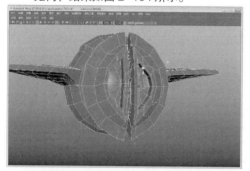

图 2-104 挤出编辑

20 进入边编辑状态，选择模型尾部的两组边，将其删除，再进入到面编辑状态，选择删除边的两个面，使用挤出命令进行调整，结果如图 2-105 所示。

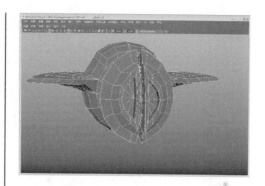

图 2-105 编辑面

21 进入对象编辑状态，选择整个模型，执行【网格】|【平滑】命令，在弹出的对话框中设置【分段级别】的值为 2，单击【平滑】按钮，结果如图 2-106 所示（注：由于光滑之后头顶和翅膀的棱角不好看，在光滑之前我们把构建棱角的边给去掉了）。

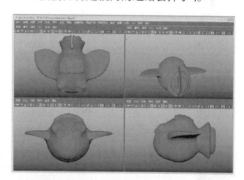

图 2-106 平滑之后

22 最后，为了增加细节，我们给眼睛处添加了 4 个球体，给尾部添加了 4 个圆管物体，并做了简单的调整，最终效果如图 2-107 所示。

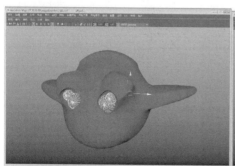
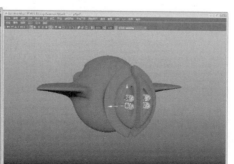

图 2-107 添加物体

2.6 课堂练习：梦幻水晶鞋

多边形使用多边形建模，除了要掌握建模工具以外，还要考虑到以后模型在做动画时的问题，如结构线的分布、模型复杂程度等，这些都会影响最终的画面效果，不同的模型要根据设计稿建模，在 Maya 中随时调整模型的结构，根据模型的结构不同，布线的方法也不尽相同。模型结构的调整不是马上就能熟练应用的，这需要用户有很强的三维空间思维能力，要对物体的立体感有很好的把握。

本节将带领大家创建一只梦幻水晶鞋，通过该练习学习如何根据模型的结构创建多边形，以及如何使用合适的工具快速创建模型。具体操作步骤如下。

1. 创建鞋子

1 打开本书配套资料中提供的"耐克皮鞋.mb"场景文件，在前视图中已经创建好了一个参考图片，如图 2-108 所示，在创建写实模型的时候最好能有实物作为参考，在这里我们主要讲的是方法。

图 2-108 场景文件

2 在前视图中创建一个长方体，进入通道盒中设置参数，切换到透视图观察效果，如图 2-109 所示。

图 2-109 创建长方体

3 进入点编辑状态，在前视图中使用移动工具编辑顶点，使其和鞋底的曲率一致，然后切换到顶视图继续编辑顶点，读者可以参照其他皮鞋底来调整模型的形状，结果如图 2-110 所示。

图 2-110 编辑鞋底

4 现在鞋底有点厚，进入到对象编辑状态，使用缩放工具调整，然后再切换到顶点编辑状态，在左视图中进行编辑，如图 2-111 所示。

图 2-111 调整模型

5 进入面编辑状态，选择鞋后跟的一组面，执行【编辑网格】|【挤出】命令，然后向下多次挤出移动的面，结果如图 2-112 所示。

图 2-112　挤出面

6 选择模型的面，然后执行一次挤出命令，使用缩放工具调整模型，如图 2-113 所示。

图 2-113　挤出缩小面

7 进入顶点编辑状态，切换到顶视图，使用移动工具调整挤出面周围的顶点，使其分布均匀，如图 2-114 所示，每做一步都要进行必要的调节，调整点的时候，还要检查顶点是否在对应的水平面上。

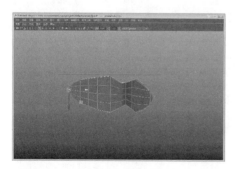

图 2-114　调整顶点

8 依然选择顶部的面，然后使用挤出命令挤出移动 4 次，结果如图 2-115 所示。

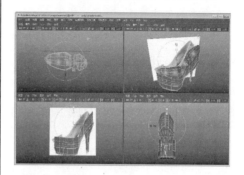

图 2-115　挤出面

9 进入顶点编辑状态，参照图片，先在左视图中调整顶点，然后在透视图中调整顶点，注意鞋面的过渡，结果如图 2-116 所示。

图 2-116　调整顶点

10 选择模型顶部的一组面，执行【网格编辑】|【挤出】命令，这时我们发现，控制手柄的坐标变成了局部坐标，单击控制手柄上浅蓝色的圆点，将坐标系改成世界坐标系，然后使用移动工具移动挤出面，如图 2-117 所示。

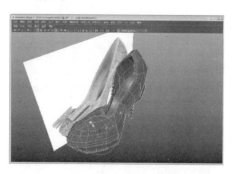

图 2-117　纠正坐标系并挤出

11　进入模型对象编辑状态，选择模型，执行【网格】|【平滑】命令，观察平滑后的效果，发现鞋的模型缺少棱角，如图 2-118 所示。

2-120 所示。

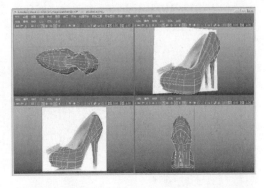

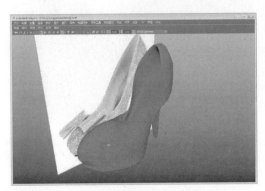

图 2-118　光滑测试

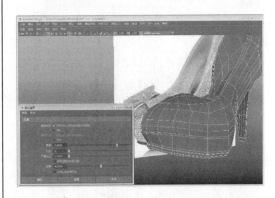

图 2-119　选择边

12　撤销光滑操作，进入边编辑状态，执行【选择】|【软化当前选择】|【到循环边】命令，选择需要有棱角过渡的边，如图 2-119 所示。

13　执行【网格编辑】|【倒角】命令，在弹出的对话框中将【宽度】值设置为 0.8、【分段】值设置为 1，单击【倒角】按钮，结果如图

图 2-120　倒角

提　示

在多边形建模中要牢记一条规律：布线越密的地方，在光滑处理之后棱角就越明显；布线越疏的地方，光滑之后模型就越平滑。

---

2. 创建鞋子的装饰物体

1　进入对象编辑状态，在左视图中先将鞋子模型移动到一侧，执行【创建】|【多边形基本体】|【立方体】命令，参照图片创建一个装饰物体的轮廓平面，如图 2-121 所示。

2　进入面编辑状态，参照图片选中面将其删除，如图 2-122 所示。

3　选中图形，然后执行【网格】|【镜像几何体】命令，这时会弹出一个对话框，在该对话框中选中【-Z】单选按钮，其他使用默认值，然后单击【镜像】按钮，结果如图 2-123 所示。

图 2-121　创建轮廓

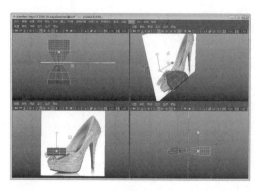

图 2-122 保留的面

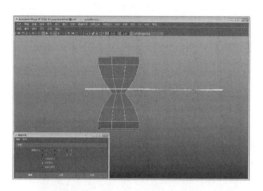

图 2-123 镜像模型

4 进入面编辑状态，选择模型的面，仍然执行【挤出】命令，使用缩放工具对挤出的面进行多次调整，然后进入面编辑状态，选中前后两面将其删除，结果如图 2-124 所示。

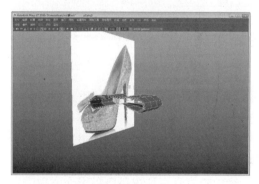

图 2-124 挤出面

5 通过菜单栏创建一个圆柱集合体，并将上下两面删除，如图 2-125 所示。

6 根据参考图片使用缩放工具对模型进行调整，然后进入边编辑状态，使用【网格工具】|【插入循环边】工具，如图 2-126

所示。

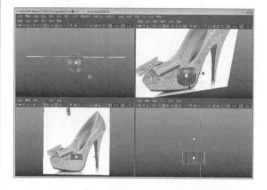

图 2-125 删除面

图 2-126 插入边

7 接着进入边编辑状态，通过挤出工具对其多次挤出并进行调整，如图 2-127 所示。

图 2-127

8 接着进入点编辑状态，使用移动工具对其进行调整，如图 2-128 所示。

9 参照图片使用挤出工具编辑出装饰物体凸出的面，在挤出面后要进行调整，结果如图 2-129 所示。

图 2-128 点编辑

图 2-129 挤出面

⑩ 进入顶点编辑状态，使用移动工具调整挤出面的点位置，如图 2-130 所示。

图 2-130 点编辑

⑪ 再次进入边编辑状态，插入循环边，结果如图 2-131 所示。

图 2-131 插入边

⑫ 关于鞋子的模型就讲到这里，读者还可以继续创建其他的装饰物体，方法就是这样，这里不再赘述。最后选中创建的所有模型，执行【网格】|【平滑】命令，使模型光滑，如图 2-132 所示。图 2-133 是简单添加材质之后的效果。

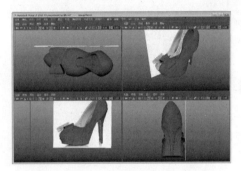

图 2-132 光滑处理

图 2-133 最终效果

2.7 思考与练习

一、填空题

1. 多边形是指由_____构成的 N 边形，多边形对象就是由 N 个多边构成的集合。多边形对象可以是封闭的也可以是开放的。

2. 多边形对象的组成元素有顶点、_____

和面。另外还包括多边形的 UV 坐标，简称 UVs。在编辑多边形的时候可以分别进入这些构成元素层级中进行各种编辑以达到我们想要的效果。

3. 在影视制作中一个复杂的模型，例如角色，经常用到不同的景别，在特写镜头中我们需要精度较高的模型，而在远镜头中用精度低的模型一样可以达到想要的效果，这时我们就需要使用_____工具来优化模型的精度以提高渲染速度。

4. 在 Maya 2016 中，布尔运算是一种比较实用和直观的建模方法，它是使一个对象作用于另一个对象，作用的方式有三种，即并集、_____和交集。

5. 在创建两边对称模型的时候，例如家具、人物等，先创建模型的一半，然后使用_____命令镜像复制出另一半模型并合并成一个完整的模型。

二、选择题

1. 在使用 Maya 的多边形建模过程中，在某些情况下，我们可能需要剪切掉物体的一部分并镜像，这时最适合的工具是_____。

　　A．镜像几何体

　　B．镜像切割

　　C．复制

　　D．特殊复制

2. 当我们要将开放的多边形上的两个或多个顶点焊接到一块时，要使用_____工具。

　　A．结合

　　B．合并

　　C．多切割

　　D．切角顶点

3. 对模型使用倒角操作时，在【倒角设置】对话框中有一个参数可以控制倒角的大小，该参数是_____。

　　A．分形

　　B．偏移空间

　　C．宽度

　　D．分段

4．进入多边形顶点编辑状态的快捷键是_____。

　　A．F8

　　B．F9

　　C．F10

　　D．F11

5．下列选项中，不能添加多边形边的工具是_____。

　　A．多切割

　　B．插入循环边

　　C．偏移循环边

　　D．雕刻工具

6．下列各选项中使用挤出工具不能做到的是_____。

　　A．偏移挤出面

　　B．扭曲挤出面

　　C．细分挤出面

　　D．分离挤出面

三、问答题

1．什么是多边形建模，和 NURBS 建模相比，它的优缺点各是什么？

2．在多边形建模中，使用【平滑】光滑模型和使用【平均化顶点】光滑模型有什么区别？

3．挤出工具在多边形建模中使用频率比较高，请详细阐述挤出工具的具体操作。

4．说说多边形建模中比较特殊的建模工具，以及它们的具体用法。

四、上机练习

1. 创建酒吧椅子模型

本练习要求读者根据本章的知识点创建一个酒吧椅子的模型，在这里我们给出了参考图，图 2-134 是光滑前后的模型效果，读者可以参照进行创建。

（a）光滑前

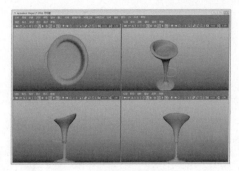

（b）光滑后

图 2-134 光滑前后

提示：

该模型可以分为 4 个部分进行创建，即底座、椅腿、脚凳、椅座。在建模过程中用到的重要工具有：

（1）倒角；

（2）挤出；

（3）软化当前选择；

（4）插入循环边。

2．创建打火机模型

本练习要求读者创建一个较为复杂的模型，通过本练习使读者进一步掌握多边形建模工具的用法。如图 2-135 所示是最终效果。

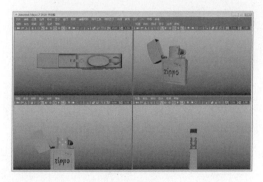

图 2-135 最终效果

提示：

该练习在建模过程中用到的重要工具有：

（1）倒角；

（2）挤出；

（3）软化当前选择；

（4）插入循环边；

（5）多切割；

（6）创建多边形；

（7）布尔运算。

第 3 章

NURBS 曲面建模

NURBS 是一种非常优秀的建模方式，在大多数高级三维软件当中都支持这种建模方式。NURBS 建模方式能够完美地表现出曲面模型，并且易于修改和调整，能够比传统的网格建模方式更好地控制物体表面的曲线度，从而创建出更逼真、生动的造型，最适于表现有光滑的曲面造型。

本章将重点向读者介绍 Maya 中的 NURBS 曲面建模方法。

3.1 创建曲面基本体

在前文中，主要向读者介绍的是 Maya 中关于 NURBS 曲线的一些创建及编辑的方法。本节将向读者介绍创建曲面的方法。在 Maya 2016 中，关于曲面的创建有两种方法：一种方法是使用命令或者工具架上的创建工具创建曲面基本体，也就是 NURBS 基本体；另一种方法是使用曲线来生成一些比较复杂的曲面。本节将介绍如何利用工具创建曲面基本体。

Maya 提供了其他用于建模的 NURBS 物体，基本元素是常用的几何形状。例如球体、立方体、圆柱体、圆锥台、平面、圆环、圆形和方形，如图 3-1 所示。

在实际介绍曲面的创建之前，首先在这里要让大家明白一个问题——曲线和曲面。我们知道，NURBS 是用数学方式描述包含在物体表面上的曲线或样条。而 NURBS 表面的基础是 NURBS 曲线。如果想成为 NURBS 建模高手，那么必须先成为 NURBS 曲线高手。在 Maya 中，曲线不被渲染，只能通过它来控制表面。NURBS 是所有曲线中表现最好的。当你想要调节这些表面时，使用 NURBS 曲线可以很容易将它们放到恰当的位置。在 Maya 2016 中，不管用什么工具创建曲线，创建的就是 NURBS 曲线，这样可以保证通用性，并且更加容易控制。

关于曲面基本体而言，所有的几何体的创建方法基本一致，下面以球体为例向大家介绍曲面基本体的创建方法。

1．创建球体

依次执行【创建】｜【NURBS 基本体】命令，单击【球体】右侧的小方块按钮▢，在打开的面板中进行参数设置。设置完成后单击【创建】按钮，即可创建一个球体，如图 3-2 所示。

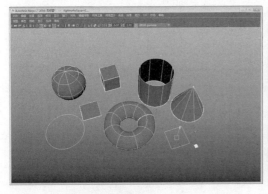 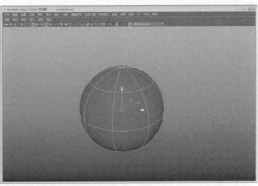

图 3-1　曲面基本体　　　　　　　　　图 3-2　创建球体

如果现有的选项合理，可以直接单击菜单本身，例如直接选择【创建】｜【NURBS 基本体】｜【球体】命令。

下面介绍一些与曲面基本体相关的参数设置，以及概念的含义。

1）枢轴

通常，【枢轴】是设置给物体的，而基本元素是建立在原点的。如果要自己定义轴心，可以自己输入轴心的 X、Y、Z 值来确定轴心的位置。

2）轴

【轴】用于定义一个物体在场景中的具体位置，可以通过选择 X、Y、Z 来确定物体的轴坐标。具体方法是在其面板中选中【自由】单选按钮，启动 X、Y、Z 轴定义，然后在其下的文本框中输入新的值来确定自己的轴方向，如图 3-3 所示。选择【激活视图】来建立物体垂直与当前正交视窗。当前视窗是摄影机或透视视窗时，【激活视图】选项没有效果。

3）开始扫描角度

该选项主要用于设置球体的形成程度，我们把一个球体看作是一条曲线围绕轴心旋转 360° 后的产物，那么修改该数值可以设置开始产生旋转的位置，默认为 0°，如图 3-4 所示的是将该值设置为 20 的球体效果。

4）结束扫描角度

和上面的一个选项类似，不过该选项主要控制球体的结束边，默认设置为 360°，如图 3-5 所示的是将其更改为 220° 的球体效果。

5）半径

半径用于设置球体半径的大小，该数值越大，球体就越大。

6）曲面次数

【曲面次数】用于设置球体表面的曲度，Maya 提供了两种基本的方式，分别是【线性】和【立方】，它们的效果如图 3-6 所示。

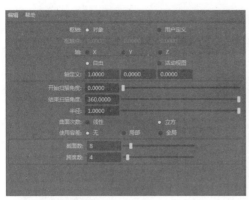

图 3-3 调整参数

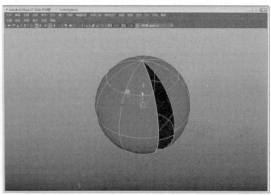

图 3-4 球体效果

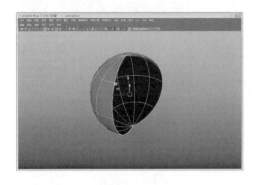

图 3-5 结束旋转角度

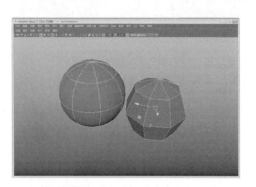

图 3-6 不同的球体效果

7）使用容差

读者可以用这个选项改进图形的精度。如果要设置【全局容差】，则可以依次选择【创建】｜【NURBS 基本体】｜【球体】按钮，在打开的对话框中选中【全局】。

8）截面数

该选项用于设置球体在【截面数】纵向上曲线的数量。表面曲线，用于显示球体的轮廓。表面的段数越多，看上去也越平滑。图 3-7 显示了两个球体，左边一个段数为 8，而右边一个段数为 16，观察它们的效果。

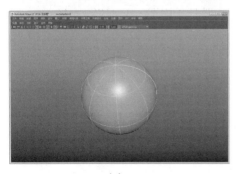

（a）

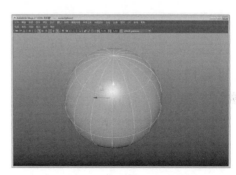

（b）

图 3-7 球体

9）跨度数

该选项用于设置球体表面在【跨度数】上曲线的数量，图 3-8 所示的是不同横向线条数量所产生的不同球体效果。

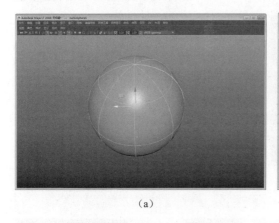 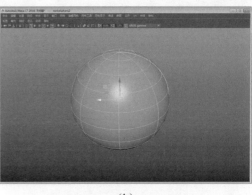

（a）　　　　　　　　　　　　　　　（b）

图 3-8 不同横向线条效果

2. 立方体

立方体有 6 个侧面，每个都是可选的，如图 3-9 所示。可以在视图中选择立方体的一个侧面，或在【窗口】的【大纲视图】中选择它的名称。

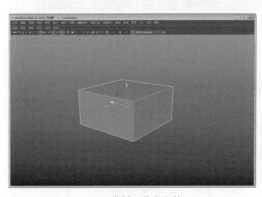 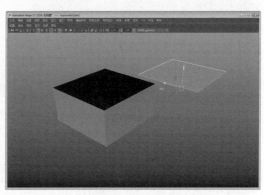

（a）带封口的立方体　　　　　　　　　　（b）不带封口的立方体

图 3-9 立方体

3. 圆柱体

【圆柱体】命令用于创建圆柱体。在 Maya 中，可以借助这个工具创建两种类型的圆柱体，分别是带有封口的圆柱体和不带封口的圆柱体，如图 3-10 所示。

4. 圆锥体

除了外形外，该工具的使用方法与其他基本体的使用方法相同，它也可以创建出两种类型的圆锥体，分别是带底面的圆锥体和不带底面的圆锥体，如图 3-11 所示。

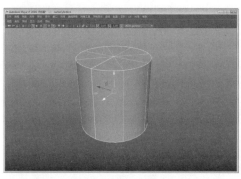

（a）带封口的圆柱体

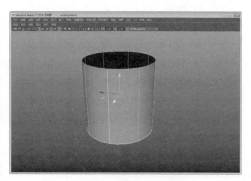

（b）不带封口的圆柱体

图 3-10　圆柱体

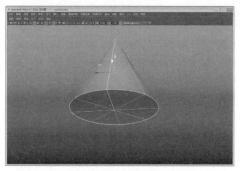

（a）带底面的圆锥体

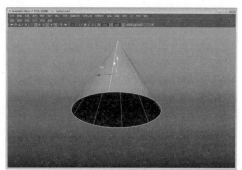

（b）不带底面的圆锥体

图 3-11　圆锥体

5. 平面

利用【平面】工具可以在视图中绘制一个平面物体，注意平面物体是一种特殊的三维实体，之所以说它特殊是因为它没有厚度，如图 3-12 所示。

6. 圆环

利用【圆环】工具可以创建出一个三维的圆环效果，如图 3-13 所示。

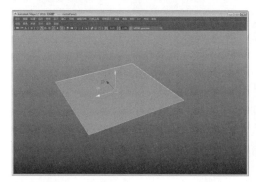

图 3-12　平面

图 3-13　圆环

7. 圆形和方形

这个工具是两个二维图形绘制工具，它们创建出来的物体没有立体高度，图 3-14 所示的分别是圆的效果和方形的效果。

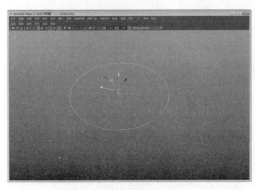

（a）圆形

（b）方形

图 3-14 圆形与方形

关于曲面基本体的知识就介绍到这里。在后面的介绍中，我们将介绍关于 NURBS 建模的高级编辑功能。

3.2 一般成型

在 Maya 中创建 NURBS 物体有两种途径，用户可以通过修改由软件提供的基本模型，创建出属于自己的模型，也可以通过在三维空间中构建形成物体的基本曲线框架，使用各种 NURBS 成面工具创建出各种造型。只有在熟练使用 NURBS 的各种工具的基础上，才能创建出复杂的 NURBS 模型。本节我们将学习如何利用曲线成型的一般方法，包括车削成型、放样成型、平面成型以及挤出成型等，它们的简介如下。

3.2.1 放样曲面

放样建模可以使一个二维图形沿某条路径扫描，进而形成复杂的三维对象。通过在同一路径上的不同位置设置不同的剖面，可以利用放样来实现很多复杂模型的建模。在 Maya 中，利用一系列曲线就可以放样出一个结构复杂的曲面，这些曲线可以是曲面上的曲线、曲面或等参线等。如图 3-15 所示的就是利用放样创建出来的造型。

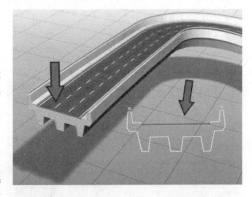

图 3-15 大桥

在 Maya 中可以利用【放样】工具对已有的图形执行放样操作，下面按照放样过程的形成方式来讲解它的使用方法以及要点所在。

1. 创建放样

首先，需要事先创建两条或者两条以上的曲线，用于作为放样的图形，利用移动、缩放、旋转工具调整它的位置，如图 3-16 所示。

然后，框选所有的图形，依次执行【曲面】|【放样】命令即可构建曲面，如图 3-17 所示。

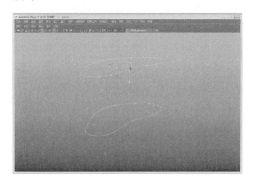

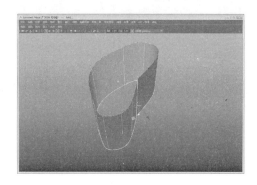

图 3-17 　放样曲面　　　　　　　　　图 3-16 　绘制图形

2. 进行多图形放样

当我们对定义的图形执行【放样】操作形成放样曲面后，如果还需要在曲面上产生新的放样细节应该怎么办？实际上，我们只需要在视图中选择需要添加的图形，然后按住 Shift 键再选择已经产生的放样曲面，依次执行【曲面】|【放样】命令，即可在已有的曲面上添加新的图形。如图 3-18 所示，在曲面上产生了一个新的圆形放样。

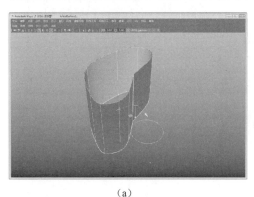

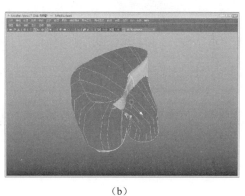

（a）　　　　　　　　　　　　　　　　（b）

图 3-18 　多图形放样

3. 使用放样连接曲面

除了上述的功能外，Maya 中的放样还可以连接两个曲面，从而使它们形成一个连接效果，下面我们就以一个圆锥体和一个球体来制作一个连接的试验，详细操作方法如下。

首先，打开本书配套资料中本章目录下的练习文件，因为这个场景中的两个物体已经经过简单的处理，如图 3-19 所示。

然后，在视图中框选两个物体，单击鼠标右键，在弹出的快捷菜单中选择【等参线】命令，然后在视图中选择如图 3-20 所示的两条等参线。

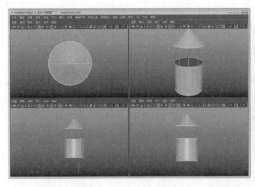
图 3-19 练习文件

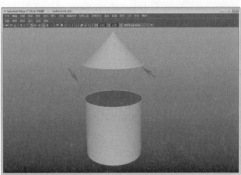
图 3-20 选择等参线

接着，执行【曲面】|【放样】命令，即可产生一个连接曲面的效果，如图 3-21 所示。

注 意

虽然可以使用这种方式连接两个曲面，但是它们仍然是相互独立的曲面，并没有真正连接到一起，如图 3-22 所示。

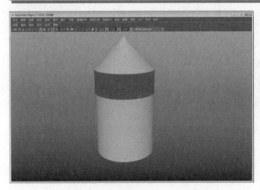
图 3-21 连接曲面

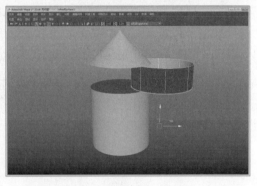
图 3-22 独立曲面

3.2.2 形成平面

对于 NURBS 建模来说，将曲线形成曲面是最为关键的所在。除了上述功能外，还可将一条封闭的曲线直接转换为一个平面。本节将向读者介绍利用平面将曲线形成平面的方法。

如果需要将一条曲线形成一个平面，首先必须保证当前的曲线是一条封闭的曲线，如图 3-23 所示。如果曲线是一条开放的曲线，则可以使用【曲面】|【开放】/【闭合】命令将其闭合。

在视图中选择曲线，依次执行【曲面】|【平面】命令，即可将其转换为曲面，如图 3-24 所示。

Maya 2016 中文版标准教程

图 3-23 闭合曲线

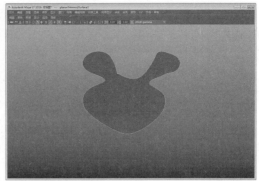

图 3-24 形成曲面

另外，还可以将文本对象直接转换为曲面。当我们在场景中创建好文本图形后，按照上述的操作即可将其转换为曲面，如图 3-25 所示。

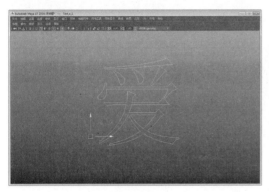

（a）文本

（b）曲面

图 3-25 文本转换为曲面

3.2.3 旋转曲面

所谓的【旋转】工具，实际上就是我们所说的"旋转"。利用一个二维图形，通过某个轴向进行旋转可以产生一个三维几何体，这是一种常用的建模方法，例如使用这种方法可以制作一个苹果、茶杯等具有轴对称特性的物体。

要创建【旋转】曲面，需要使用【曲面】|【旋转】命令。通过该命令，我们还可以设置对象旋转的度数，例如旋转 180°等。下面介绍一下制作【旋转】曲面的方法。

首先，在视图中绘制一条曲线，并调整曲线的形状，如图 3-26 所示，这条曲线将作为旋转的轮廓。

然后，依次执行【曲面】|【旋转】命令，即可创建出一个曲面造型，如图 3-27 所示。

在执行车削操作时，如果选择了【曲面】|【旋转】命令右侧的小方块按钮▢，则可以打开如图 3-28 所示的对话框。

如果需要自定义物体的旋转角度，则可以设置其中的【结束扫描角度】参数，例如将其设置为 180°，则物体将旋转 180°，而不是默认的 360°，如图 3-29 所示。

图 3-26 绘制曲线

图 3-27 旋转效果

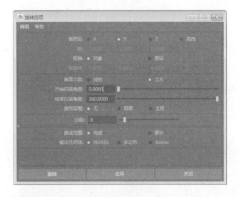

图 3-28 参数设置

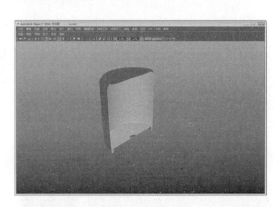

图 3-29 自定义旋转角度

如果当前旋转物体的轴向不正确，则可以在其参数设置对话框中修改【轴预设】参数，例如选中其右侧的【Y】单选按钮，则表示旋转操作将围绕 Y 轴进行，选中【X】单选按钮，则表示旋转轴向将围绕 X 轴进行。如图 3-30 所示的是围绕三个不同的轴向所创建的不同旋转效果。

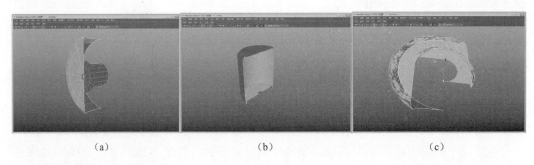

（a）　　　　　　　　　　　（b）　　　　　　　　　　　（c）

图 3-30 不同的旋转效果

3.2.4 挤出曲面

【挤出】命令可以沿着一条路径移动一个轮廓线从而构成一个曲面，这是一种十分常用的曲面构成方法。实际上，在类似的三维软件中也都存在这样的工具，例如 3ds Max 中的挤出修改器等。图 3-31 所示的是利用【挤出】工具制作出来的挤出效果，要注意【挤出】和【平面】的区别。

所谓的轮廓线，实际上就是沿路径挤压的曲线，它可以是开放的，也可以是闭合的，甚至还可以是曲面等位线、曲面上的曲线或者修剪边界线等，下面将介绍如何挤出一个曲面。

1. 创建曲线

首先，在视图中根据实际的设计要求绘制一条曲线或者多条曲线作为挤出剖面，如图 3-32 所示。

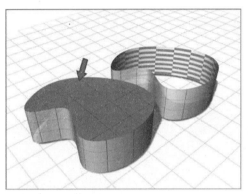

图 3-31　挤出曲面　　　　　图 3-32　绘制剖面

然后，再在场景中绘制一条用于作为路径的曲线，从而定义挤出曲面的纵向形状，如图 3-33 所示。

在视图中框选三条曲线，依次执行【曲面】|【挤出】命令，即可形成一个挤出曲面，如图 3-34 所示。

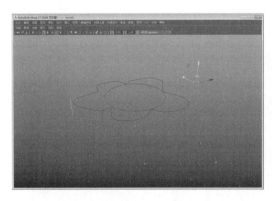
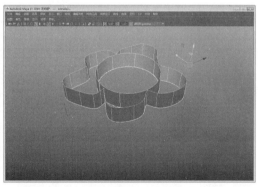

图 3-33　绘制路径　　　　　图 3-34　挤出曲面

在挤出曲面时，如果挤出路径有比较明显的凸起或者凹陷，可能会出现围绕路径的局部曲面产生交叉扭曲。一旦发生这样的情况，则需要考虑向路径中添加控制点，使路径曲线的方向平滑改变，从而解决扭曲问题。

2．挤出参数详解

事实上，Maya 为我们提供的挤出工具并不是上述的那么简单，通过利用该工具还可以制作出很多类似的变形，这些参数完全都集中在【挤出选项】对话框，可以选择【曲面】|【挤出】右侧的小方块按钮打开它，如图 3-35 所示，其中的一些参数介绍如下。

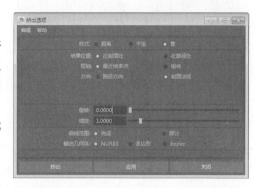

图 3-35　【挤出选项】对话框

1）样式

该选项组用于设置挤出的样式，它包括三种基本类型，分别是【距离】、【平坦】和【管】。

（1）距离：如果选中该单选按钮，则会打开一些新的选项，包括长度设置和方向等，如图 3-36 所示。使用这种方法创建挤出曲面时不需要挤出路径，只定义一个挤出轮廓即可创建曲面，但是这种方式产生的曲面和轮廓相同，不会发生局部变化。

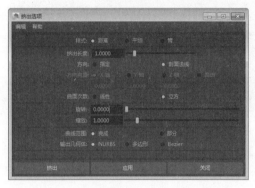
（a）

（b）效果

图 3-36　距离方式和效果

（2）平坦：如果选中该单选按钮，则轮廓线不会跟随路径曲线的弯曲而进行扫描，仅仅是在扫描过程中产生适当的变形，如图 3-37 所示。

（3）管：如果选中该单选按钮，挤出的曲线会跟随路径曲线的弯曲而进行相应的扫描，其形状如图 3-38 所示。

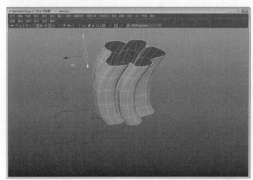

图 3-37　平坦挤出方式

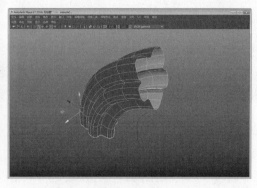

图 3-38　圆管挤出方式

2）结果位置

该选项区域中有两个选项，分别是【在剖面处】和【在路径处】。它们主要用于控制曲面的产生位置，如图 3-39 所示的是不同的选择方式产生的不同效果。

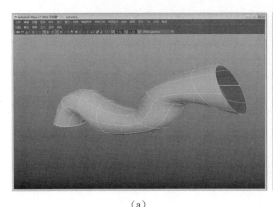 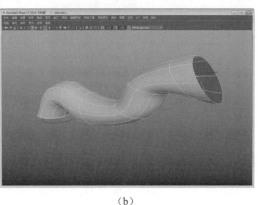

（a）   （b）

图 3-39　挤出位置对比

3）枢轴

该选项只有在选中了【管】单选按钮后才能被使用，它主要用于调整挤出曲面的位置。

4）方向

定义挤出曲面的方向。该选项区域中有两个选项，分别是【路径方向】和【剖面法线】。如果选中了【路径方向】则按路径曲线挤出曲面，如果选择【剖面法线】则按照轮廓法线挤出曲面，如图 3-40 所示。

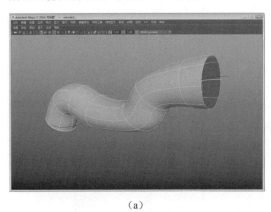 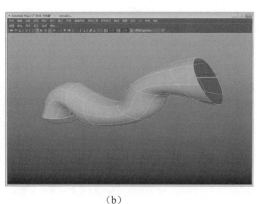

（a）   （b）

图 3-40　挤出方向效果

5）旋转

该选项用于设置挤出的曲面是否可以产生旋转角度，可以通过其右侧的文本框设置旋转的数值，也可以通过拖动其右侧的滑块来设置旋转的角度值，如图 3-41 所示的是不同的旋转数值所创建的不同效果。

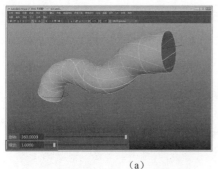 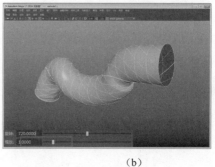

（a） （b）

图 3-41 旋转角度

6）缩放

该参数用于设置挤出的曲面是否可以被缩放，读者可以通过其右侧的文本框设置缩放的数值，也可以通过拖动右侧的滑块来设置缩放的数值，如图 3-42 所示的是不同的缩放值所创建的效果。

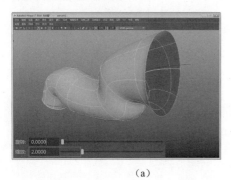 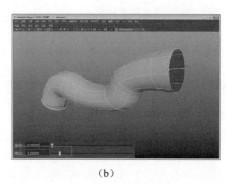

（a） （b）

图 3-42 缩放效果

7）曲线范围

该选项区域包含两个选项，分别是【完成】和【部分】。其中，如果选中了【完成】则会将轮廓曲线全部挤出，如果选择了【部分】则会将轮廓曲线部分挤出。

8）输出几何体

这个选项区域有三个选项，分别是 NURBS、【多边形】和 Bezier。其中，如果选中 NURBS 单选按钮则挤出为曲面；选中【多边形】单选按钮则挤出为多边形；如果选中 Bezier 则挤出为贝塞尔曲面，效果如图 3-43 所示。

（a）曲面 （b）多边形 （c）贝塞尔曲面

图 3-43 输出几何体类型

3.3 特殊成型

有时，创建的表面并不都是规则的，此时，利用上述方法就很难实现了，为此 Maya 提供了一系列曲线成型命令，使用这些工具可以创建出复杂的曲面，本节我们来学习一些常用的命令，包括双轨扫描曲面、边界曲面、方形曲面以及倒角面，下面将逐一介绍它们的使用方法。

3.3.1 双轨扫描曲面

双轨扫描可以沿着两条轨迹曲线进行扫描，并在它们的中间形成一个曲面。Maya 中的双轨扫描实际上是一个工具集，它包含一条曲线扫描、两条曲线扫描和三条或多条曲线扫描工具，如图 3-44 所示。

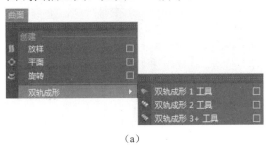
（a）

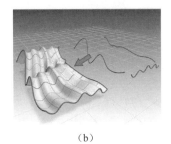
（b）

图 3-44　扫描工具

1. 使用【双轨成形 1 工具】

下面介绍如何使用【双轨成形 1 工具】创建曲面。使用该工具前，需要事先创建两条轨迹曲线和一条轮廓线。

在视图中创建一条轨迹曲线，这里为了便于观察我们创建了一条平滑的曲线，然后再复制一条曲线出来，如图 3-45 所示。

框选两条曲线，依次执行【显示】|NURBS|【编辑点】命令，进入点编辑状态，如图 3-46 所示。

图 3-45　绘制曲线

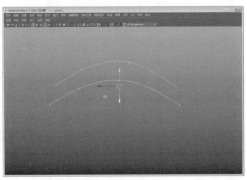
图 3-46　点编辑状态

单击工具栏上的【捕捉到点】按钮，然后使用 EP 曲线工具在视图中创建一条曲线，这样创建的曲线将自动与另外两条曲线上的顶点重合，如图 3-47 所示。

轮廓线编辑好后，选择该曲线，依次执行【曲面】|【双轨成形】|【双轨成形 1 工具】命令。注意观察此时的鼠标指针的变化，依次在视图中拾取两条轨迹线，即可形成双轨扫描效果，如图 3-48 所示。

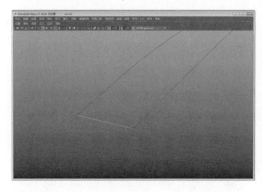

图 3-47　绘制曲线

图 3-48　双轨曲线

这种方法适合制作横截面不发生变化的模型，例如车外胎，以及一些机械护罩等。

2. 使用【双轨成形 2 工具】

使用这个工具创建出来的曲面要比上一个工具创建的复杂一些，它允许使用两个完全不同的界面形成曲面轮廓。也就是说，这个工具需要有两条扫描轨迹线和两条轮廓线才能产生曲面。

按照上述的方法利用曲线工具在视图中绘制两条曲线，如图 3-49 所示。为了便于观察操作，我们在这里绘制了两条直线。当然，在实际操作中可以将其调整为任意曲线。

然后，再在两条扫描轨迹线的两端分别绘制两条不同的轮廓线，从而完成线条的编辑，如图 3-50 所示。

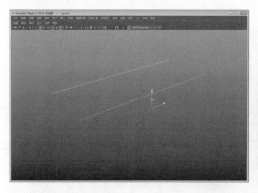

图 3-49　绘制路径

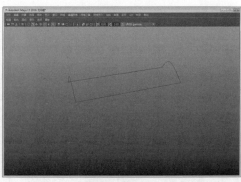

图 3-50　绘制轮廓线

在视图中选择两条轮廓线，依次执行【曲面】|【双轨成形 2 工具】命令。此时，鼠标指针将改变形状，依次在视图中拾取两条轨迹线，从而形成双轨扫描效果，如图 3-51 所示。

这种方式创建的曲面应用范围很广，利用可以使用这种方法创建窗帘模型、飞机表面等。

3. 使用【双轨成形 3 工具】

【双轨成形 3 工具】的使用方法和前两种工具相似，只不过在轮廓线的要求上有了新的变化，它要求当前至少要有三条轮廓

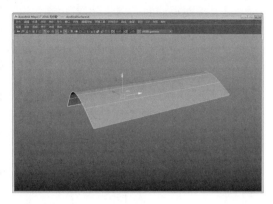

图 3-51 创建曲面

线，当然可以是 4 条、5 条甚至更多，这种工具创建出来的曲面结构将更加复杂。如图 3-52 所示的就是利用三条轮廓线创建出来的曲面效果。

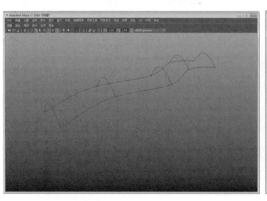

（a）

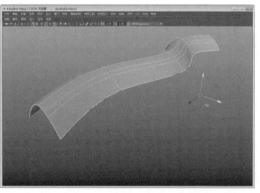

（b）

图 3-52 使用 Birail 3+Tool 工具

4. 双轨参数简介

下面介绍一下【双轨成形 3 工具】的参数设置，选择【双轨成形 3 工具】命令右侧的小方块按钮，打开如图 3-53 所示的参数面板。

1）变换控制

该选项区域包含两个选项，分别是【不成比例】和【成比例】，分别用于确定沿轨迹缩放轮廓曲线的方式。

2）连续性

用于定义曲面切线的连续性，可以

图 3-53 参数面板

选择【第一剖面】和【最后剖面】复选框来决定如何保持连续性。

3）重建

用于在创建曲面之前重建轮廓线或者轨迹线。如果启用【第一剖面】复选框则表示重建先选的轮廓线；如果启用【最后剖面】复选框则表示重建最后所选的轮廓线；如果启用【第一轨道】复选框则表示重建先选的轨迹；如果启用【第二轨道】则表示重建后选的轨迹曲线。

4）输出几何体

用于设置形成曲面的方式，Maya 提供了两种基本的方式，分别是 NURBS 和多边形，读者只需要选中相应的单选按钮，则可以输出相应的几何面。

5）工具行为

完成时退出：启用该复选框，则完成曲面的创建后，立即退出该工具的操作环境，停止该工具在曲面上的作用。

技 巧

轮廓线和扫描轨迹线可以是曲线、等位线、表面曲线或者剪切线。另外，注意观察信息提示，它可以帮助你了解当前操作的情况。

3.3.2 边界曲面

顾名思义，边界曲面就是根据所选择的边界曲线所创建的曲面。要构建边界曲面，需要用三条曲线或者四条曲线创建出三边或者四边的曲面，这里的曲线可以是曲线、等参线、剪切边线等。利用这种方式，我们可以创建出几乎所有带有曲线的、非平面的三维形体。

1．创建三边边界曲面

在开始操作之前，需要三条边界线来定义曲面编辑的轮廓。可以框选曲线，或者按照特定的顺序选择曲线，执行【曲面】｜【边界】命令创建曲面，详细操作流程如下。

首先，确定当前场景中有三条曲线，这里的曲线主要用于练习三边边界曲面的创建方法，可以任意创建三条，如图 3-54 所示。

然后执行【曲面】｜【边界】命令即可创建出一个简单的三边边界曲面，如图 3-55 所示。

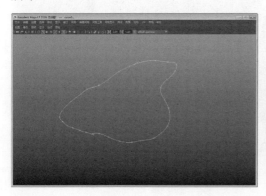

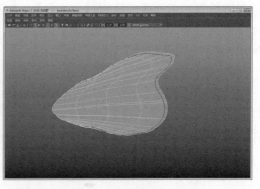

图 3-54　绘制曲线

图 3-55　三边边界曲面

2．创建四边边界曲面

和三边曲面相似，不过四边边界曲面需要有 4 条边线来确定曲面的形状，并且这 4 条曲线可以不在同一平面上。下面向读者介绍四边曲面的生成方法。

首先，利用曲线工具在视图中绘制 4 条曲线，并确认它们是否具有交点，如图 3-56 所示。

在视图中框选这 4 条边，执行【曲面】|【边界】命令，生成一个四边边界曲面，如图 3-57 所示。

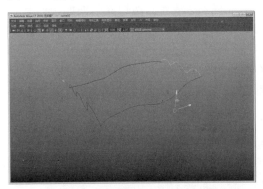

图 3-56 绘制曲线

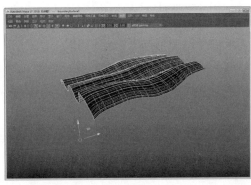

图 3-57 四边边界面

> **提 示**
>
> 实际上，三边曲面是一边为 0 的特殊四边曲面，如果两条边界曲线的终点不能完全匹配，那么较短的线段将替换 0 长度线。通常，0 长度线都出现在三边曲面的顶点处。

3．参数简介

和所有的工具相同，选择【曲面】|【边界】命令右侧的小方块按钮，即可打开其参数设置面板，如图 3-58 所示。

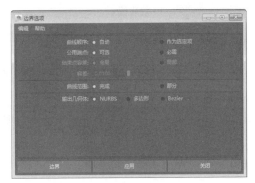

图 3-58 参数设置面板

1）曲线顺序

用于定义边界曲面的顺序。选中【自动】单选按钮可以使系统按照默认方式创建边界混合曲面，此时可以框选边界曲线，而不需要一条一条地选择边界曲线。如果选中【作为选定项】单选按钮，则系统将按照所选取的边界曲线的顺序生成边界曲面。

2）公用端点

该选项区域中的选项用于决定边界曲线的端点是否应当匹配。如果选中【可选】单选按钮，即表示曲线的端点不匹配，边界也会生成。如果选中【必需】单选按钮，则边界曲线的端点必须互相接触，否则将生成布料曲面。

3）结束点容差

当【公用端点】的设置为【必需】时，【结束点容差】才会被激活。其中，【全局】用于设置全局容差，而【局部】用于设置局部容差。

其他参数的意义在前文中已经详细介绍，这里不再赘述，读者可以翻阅上面的内容，获得更多的帮助。

3.3.3　方形曲面

使用 Maya 中的【方形】工具也可以创建出带有三边或者四边边界的曲面，但是该工具要求绘制的边界必须相交，如果不相交的话，就生成不了曲面，这也是方形曲面和边界曲面的最大不同点。

对于方形曲面而言，必须是三条或者四条互相相交的曲线，如图 3-59 所示。

然后，按住 Shift 键在视图中依次选择绘制的三条曲线，执行【曲面】|【方形】命令，即可产生一个曲面，如图 3-60 所示。

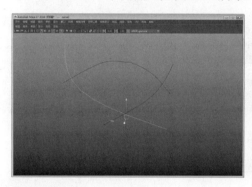

图 3-59　绘制曲线　　　　　图 3-60　方形曲面

警告

在选取边线时必须依次选择，而不能使用框选的方法选择，否则将会产生错误。

四边方形曲面的产生方式与上述的方法相同，这里不再赘述。实际上，通过方形曲面需要根据互相交叉的三条或者四条边来围成一个曲面，因此该工具经常用来封口、补洞。

3.3.4　倒角曲面

倒角曲面是通过【倒角】命令来实现的。它可以通过曲线生成一个带有倒角边界的挤出曲面，能够生成倒角曲面的曲线包括文本曲线和修剪边界。在实际操作中，很多边界需要使用曲线生成倒角，这样可以使物体看起来更加光滑，有效地避免了物体的尖锐边缘，尤其是在成品展示方面。

1．创建倒角曲面

下面将要在球体的等位线上产生一个倒角效果，在制作前需要事先将球体的部分表面删除，如图 3-61 所示（也可以打开本章目录下的练习文件直接操作）。

在球体上按住鼠标右键不放，在打开的标记菜单中选择【等参线】命令，从而进入等参线选择状态，如图 3-62 所示。

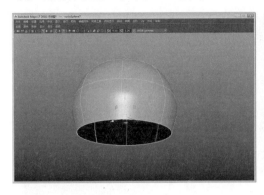

图 3-61　练习文件

图 3-62　切换

然后，在视图中使用鼠标左键选取如图 3-63 所示的等参线，我们将在这条曲线上创建倒角效果（被选择的等参线将以黄颜色高亮显示）。

选择【曲面】|【倒角】右侧的小方块按钮，在打开的对话框中将【挤出高度】的值设置为 0，从而只产生倒角而不挤出面。设置完毕后，单击【倒角】按钮完成倒角操作，此时的效果如图 3-64 所示。

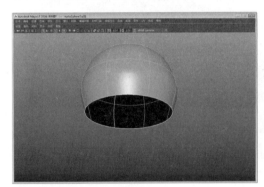

图 3-63　选择等参线

图 3-64　产生倒角

2．设置倒角参数

在上面的操作中，我们已经修改过了倒角曲面的一个参数设置，下面将详细介绍倒角曲面的参数含义，如图 3-65 所示的是【倒角选项】对话框。

1）附加曲面

如果启用该复选框，则创建的倒角曲面将被连接为一个整体；如果禁用该复选框，则创建的倒角将是一个单独的倒角面，如图 3-66 所示。

2）倒角

用于设置创建倒角曲面的位置，可以通过其下面的单选按钮确定产生倒角的位置。

（1）顶部：该选项可以将曲线定位于倒角的顶部，曲面的底部不产生倒角，如图 3-67 所示。

（2）底部：该选项可以将曲线定位于倒角的底部，曲面的顶部不产生倒角，如图 3-68 所示。

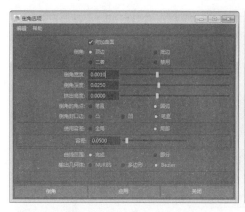

图 3-65 【倒角选项】对话框　　　图 3-66 禁用【附加曲面】复选框

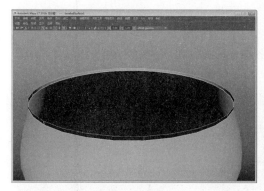

图 3-67 顶部　　　图 3-68 底部

（3）二者：如果选中该单选按钮，则可以在顶部和底部都产生倒角。

（4）禁用：不会产生倒角。

3）倒角宽度与倒角深度

【倒角宽度】参数用于设置倒角的宽度，【倒角深度】用于设置倒角的深度。

4）挤出高度

【挤出高度】可用于设定曲面拉伸部分的高度，不包括倒角的区域，其效果如图 3-69 所示。

5）倒角的角点

用于设置在具有转折点曲线时倒角的方式，如果选择【笔直】方式，则原始构造曲线上的拐角将按直角处理；如果选中【圆弧】方式，则原始构造线上的拐角将按照圆角处理。如图 3-70 所示的是直角和圆角的区别。

关于在 Maya 中形成曲面的主要方式就是上述的一些，不过单纯地利用这些工具不一定能够完成成品的创作，毕竟在模型的编辑过程中还需要一些复杂的操作，关于这些操作将在下一节中给出详细的解决方法。

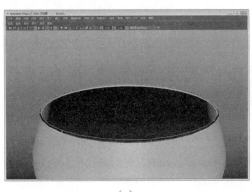
(a)

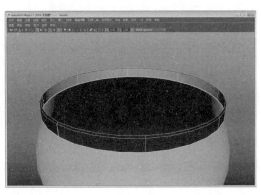
(b)

图 3-69 创建曲面

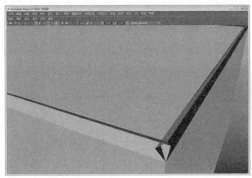
（a）直角

（b）圆角

图 3-70 直角与圆角

3.4 编辑曲面

曲面是由曲线组成的物体，NURBS 曲面是通过参数化定义的，通过编辑 NURBS 的曲面，来组成复杂的 NURBS 模型。使用曲面成形工具能制作的模型比较有限，要制作复杂的曲面模型，还需要掌握一些重要的编辑曲面工具。【曲面】菜单中包含了编辑和修改曲面的各种工具，下面向读者详细介绍 Maya 中的曲面建模方法。

3.4.1 复制与修剪

大多数情况下，我们制作曲面的主要目的是为了获取上面的一小部分应用，为此我们可以通过复制的方法获取其中的一部分曲面。对于实际编辑而言，修剪可以将一个曲面分离，并保留最终的部分，本节将向读者介绍曲面的复制与修剪。

1. 复制曲面

选择场景中的物体，单击鼠标右键，从打开的标记菜单中选择【曲面面片】命令，进入面片模式下，如图 3-71 所示。

此时，球体上将出现很多小点，每一个点都代表一个面片，选择一个点将选择一个面片，按住 Shift 键选取如图 3-72 所示的面片。

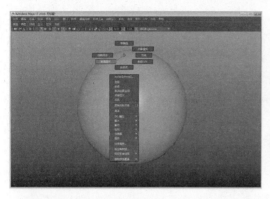

图 3-71 选择命令

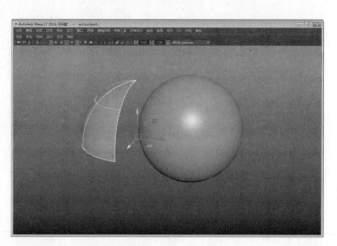

依次执行【曲面】|【复制 NURBS 面片】命令，即可复制一个曲面，如图 3-73 所示。

2. 曲面相交

所谓的曲面相交，实际上就是利用【相交曲面】命令在两个相互独立的物体中间产生一条法线，下面简单介绍一下曲面相交的生成方法。

首先，要确定场景中有两个已经充分相交的物体，如图 3-74 所示。

图 3-73 复制曲面

然后，框选视图中的两个物体，依次执行【曲面】|【相交】命令即可产生相交曲面，此时在两个球体的相交处将会留下一条法线，如图 3-75 所示。

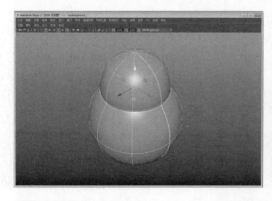

图 3-74 相交物体

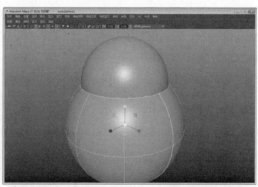

图 3-75 执行操作

3. 剪切曲面

利用 Maya 中的【剪切工具】命令，可以将两个已经相交的曲面裁剪，从而留下有用的部分。

接着上面的练习操作，使用平面体工具在场景中创建一个 NURBS 平面物体，并使其与球体充分相交，如图 3-76 所示。

然后，按照上述方法使两个物体之间产生相交面，如图 3-77 所示。在执行命令时要注意物体的选择状态，否则将可能导致物体相交失败。

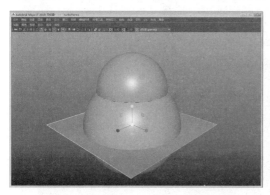

图 3-76 剪切条件

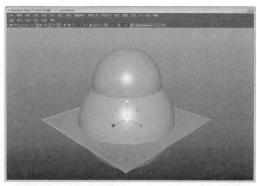

图 3-77 产生相交

在视图的空白区域单击，取消选择物体。依次执行【曲面】|【修剪工具】命令（此时注意鼠标指针的变化）。然后，在视图中单击创建的球面，用于确定要保留下来的面，再按 Enter 键完成操作，如图 3-78 所示。

可以利用相同的方法对里面的小球体执行修剪操作，从而修剪掉多余的部分，如图 3-79 所示。

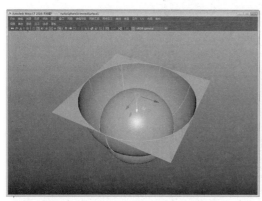

图 3-78 执行修剪操作

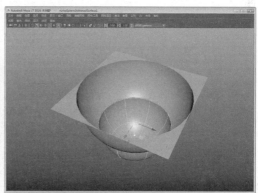

图 3-79 剪切内部

注　意

在执行修剪操作时，系统将在要保留的面上显示一个黄色的图标，表示该面将被保留下来，同样没有黄色图标的面将被删除。

3.4.2 插入等参线与投影

在 Maya 中，等位线也是可以进行添加的，这样可以使物体表面的细分更加精细，要在当前物体上创建一条等参线，则需要使用【曲面】|【插入等参线】命令。下面先介绍一下插入等参线的操作方法。

在场景中创建一个 NURBS 物体，例如一个球体、圆柱体或者锥体等，以便于使用它来作为试验的对象，如图 3-80 所示。

然后，在物体上单击鼠标右键，从打开的标记菜单中选择【等参线】命令，切换到参位线编辑模式下，并选择如图 3-81 所示的等参线。

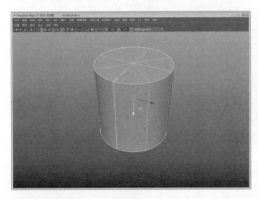

图 3-80 试验对象   图 3-81 选择等参线

在视图中按住鼠标左键不放，向上移动鼠标指针，即可创建一条虚拟的曲线，如图 3-82 所示。

依次执行【曲面】|【插入等参线】命令，从而形成一条等参线，如图 3-83 所示。通过这样的操作，就可以形成一条等参线。

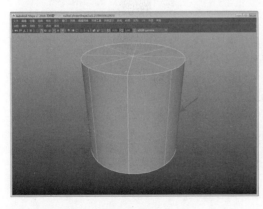
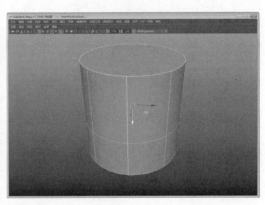

图 3-82 调整等参线位置   图 3-83 等参线

与等参线相似的还有一种曲线，即投影曲线。它也是通过操作附加在曲面表面上的一种曲线。这种曲线主要是通过投影的方式将其投射到曲面的表面上，通常在对曲面进

行修剪、对齐等操作时非常有用。要在已有的曲面上创建投影曲线，则需要使用到【曲面】|【在曲面上投影曲线】命令。

为了能够执行操作，可以在视图中创建两个物体——一个用作投影的原曲面物体和一个文本曲面物体，如图 3-84 所示。

在透视图中，框选住所有物体，执行【曲面】|【在曲面上投影曲线】命令，即可产生一条投影曲线，如图 3-85 所示。

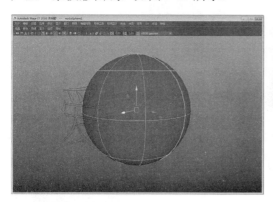
图 3-84　创建物体

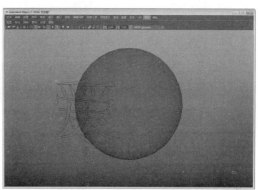
图 3-85　产生投影

提 示

在这里我们仅仅以文本为例介绍了投影的方法，实际上很多曲线都可以通过这种方法进行投影，读者可以自己练习一下。

3.5　布尔运算

在 Maya 2016 中，【布尔运算】子菜单包含了曲面的并集工具、差集工具和交集工具三种运算方式。通过【并集】命令可以将两个相交的 NURBS 物体变成一个整体，交集部分将被删除；通过【差集】命令可以让一个曲面将另一个与其相交曲面的相交部分剪除；【交集】命令使被运算的物体只保留相交部分的曲面。下面将分别介绍它们的操作方法以及特性。

3.5.1　执行布尔运算

首先在视图中创建两个 NURBS 物体，例如一个球体和一个圆柱体，如图 3-86 所示。这里我们将其充分相交，以便于展开操作。

这里主要是为了向读者演示布尔运算的创建过程，因此将采用布尔运算中的【差集工具】。实际上除了交运算外，布尔运算还包括【并集工具】、【交集工具】，它们都被包含在【布尔】运算子菜单中，如图 3-87 所示。

框选视图中的所有物体，依次选择【曲面】|【布尔】|【差集工具】命令，然后在视图中选择圆柱体，并按 Enter 键，如图 3-88 所示。

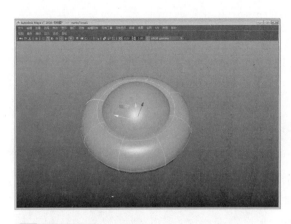

图 3-86 充分相交

图 3-87 布尔运算类型

然后，再在视图中选择被减去的物体，即球体，按 Enter 键确认操作，此时关于布尔运算的执行就完成了，创建的效果如图 3-89 所示。

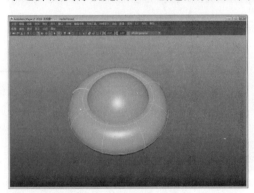

图 3-88 选择父物体

图 3-89 布尔运算结果

注　意

在执行布尔运算时，选择了一个物体后一定要按 Enter 键确认操作，否则系统将处于等待状态，直到用户确认为止。

在执行布尔运算的过程中，可以选择【显示】|NURBS|【法线（着色模式）】命令观察选择的曲面法线情况，如图 3-90 所示。如果发生法线错误，则可以执行【曲面】|【反转方向】命令来纠正。

● **3.5.2　并集工具**

【并集工具】是布尔运算的三种基本运算之一，使用它可以将两个相交的 NURBS 曲面通过布尔运算合并起来形成一个曲线物体。其操作方法较为简单，依次选择【曲面】|【布尔】|【并集工具】命令即可展开操作。图 3-91 是打开的并集工具选项设置对话框，下面主要介绍一下关于合并运算的参数设置含义。

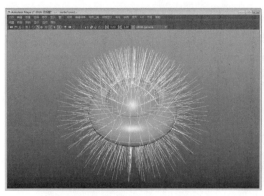

图 3-90　显示法线

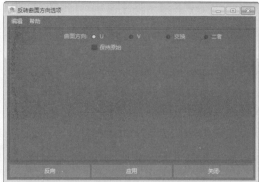

图 3-91　参数设置

1. 删除输入

如果启用该复选框，则可以在历史记录关闭的前提下，删除布尔运算的输入。

2. 工具行为

（1）完成时退出：如果禁用【完成时退出】复选框，则在完成布尔运算操作后，会继续使用【布尔】工具，这样不必再在菜单中选择该工具，就可以执行下一次布尔运算。

（2）层级选择：启用该复选框，则在视图中选取物体时，会选中物体所在层级的根节点。

> **提 示**
>
> 实际上，布尔运算是根据曲面法线的方向运算的，曲面的法线方向不同，得到的运算结果也不同。

3.5.3　差集与交集

【差集工具】可以在相交的两个物体之间执行差集运算，即被减物体和减去物体，从而形成一个曲面，如图 3-92 所示的是两个物体执行差集运算前后的效果。

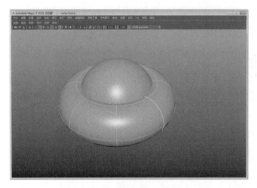
（a）执行前

（b）执行后

图 3-92　执行差集工具前后

关于【差集运算】的参数设置和合并运算的参数设置相同，这里不再赘述，读者可

第 3 章　NURBS 曲面建模

93

以翻阅 3.5.2 节中的相关内容。

【交集工具】也是一种布尔运算，它可以将两个相交的物体的相交部分单独取出来作为一个几何体，并将不相交的部分删除，如图 3-93 所示。关于执行相交运算的操作方法就不再介绍，读者可以查阅上面的相关内容。

（a）执行前

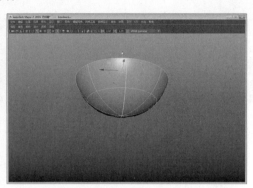
（b）执行后

图 3-93　执行相交运算前后

3.6　其他编辑操作

在上面的讲解中介绍了一些关于曲面的操作，当我们把菜单模式切换到【曲面】模块时，会看到许多其他的曲面编辑操作命令。这些命令可以深入多边形的操作，从而提高曲面的质量。本节将重点学习曲面的编辑操作，包括曲面的附加、曲面的分离、曲面的延伸等，下面分别给予介绍。

1. 附加曲面

使用 Maya 中的【附加】（连接曲面）可以将两个单独的曲面连接在一起，形成一个单一的曲面。创建的曲面将被合并为一个曲面，并且能够创建出较为平滑的连接，如图 3-94 所示。

首先，需要在视图中创建两个相互独立的曲面对象，如图 3-95 所示。然后，在任意一个曲面上单击鼠标右键，从打开的标记菜单中选择【等参线】命令。

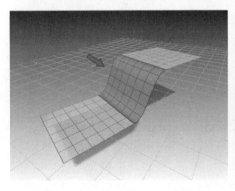
图 3-94　连接曲面

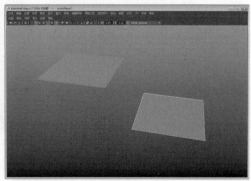
图 3-95　创建曲面

接着，按住 Shift 键在视图中选择另一个曲面上的相对应的等参线，执行【曲面】｜【附加】命令，即可形成一个连接曲面，如图 3-96 所示。

和其他工具相同，当我们选择该命令右侧的小方块按钮后，也可以打开其参数对话框，通过选择不同的参数，产生的连接面也将有很大的差异，下面向读者介绍一下连接面的主要参数含义。

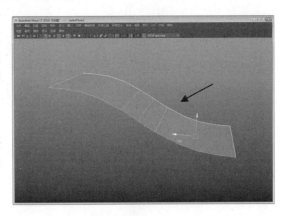

图 3-96　连接曲面

1）附加方法

【连接】用于连接选择面，它不做任何变形处理；【混合】将对曲面作一定的变形，从而使两个曲面的连接连续光滑。

2）多节点

【保持】用于在两个曲面的连接处保留原来的节不变，并合并原来的两个节；

【移除】则可以在连接处删除原来的节，并重新创建两个节。关于它们的效果对比如图 3-97 所示。其中，图 3-97（a）是两个将要连接的面，图 3-97（b）是采用【保持】连接后的面效果，图 3-97（c）则是采用【移除】连接后的面效果。注意它们接口处的节。

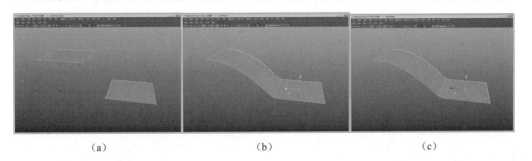

| (a) | (b) | (c) |

图 3-97　【保持】和【移除】效果

3）混合偏移

调整该参数，可以改变连接面的连续性。该参数只有在选择了【混合】连接模式下才能被使用。

4）插入节

如果启用该复选框，则可以在连接区域附近插入两条等参线。该复选框只有在选择了【混合】连接方式后才变为可用，其效果如图 3-98 所示。

5）插入参数

启用了【插入参数】复选框后，【插入参数】选项可以用来调整插入的等参线的位置。参数值越接近 0，则插入的结构线相距越近，混合形状越接近原来连接曲面的曲率。

对于曲面的连接而言，上述的只是其中的一种方法，这种方法的连接大多都要使曲面产生一定的变形。实际上，在 Maya 中还存在一种无位移连接，它可以使曲面在保持原来效果的基础上产生一个连接面，如图 3-99 所示。

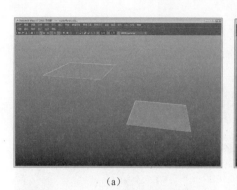
（a）

（b）

图 3-98　插入节的功能

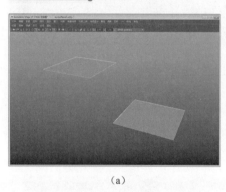
（a）

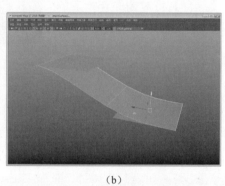
（b）

图 3-99　无位移连接

　　这种连接曲面的方法与上述的方法相同，用户只需要选择两个曲面的等参线后，执行【曲面】|【保持原始】命令即可。此外，该命令没有参数设置。

2．分离曲面

　　使用【曲面】|【分离】命令可以把一个完整的曲面分离成一个或者多个曲面，也就是说可以使两个或者多个曲面从一个曲面上分离开。分离曲面的操作方法如下。

　　在视图中选择要分离的曲面，单击鼠标右键，从弹出的标记菜单中选择【等参线】命令，然后选择一条等参线，如图 3-100 所示。

　　依次执行【曲面】|【分离】命令，将其分离为两个曲面，可以通过调整它的位置观察其效果，如图 3-101 所示。

图 3-100　选择等位线

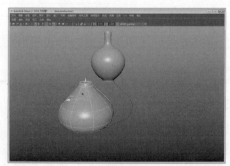
图 3-101　分离曲面

3．延伸

【延伸】曲面与【延伸】曲线十分相似，【延伸】曲面可以将当前曲面延伸一个或者多个跨度或者分段数，如图 3-102 所示。延伸曲面的操作和上述的方法一样，首先选择一个用于延伸的等参线，然后依次执行【曲面】|【延伸】命令即可。

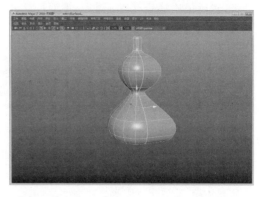

图 3-102 延伸曲面

3.7 曲面圆角

曲面圆角子菜单可以在相交或不相交的曲面间生成过渡曲面，并且过渡曲面和原始曲面之间是平滑连接的。该子菜单有三种衔接方式，下面分别介绍。

1．圆形圆角

【圆形圆角】主要用于在两个相交曲面的相交边界处创建圆形的圆角曲面，利用它可以定义圆角的半径以及曲面产生的方向。创建圆形圆角的方法是：在视图中选择两个相交的曲面，依次执行【曲面】|【曲面圆角】|【圆形圆角】命令即可，图 3-103 所示的是创建的圆形圆角的效果。

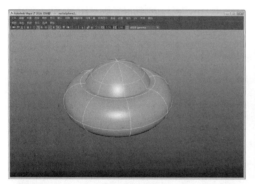

（a）创建前

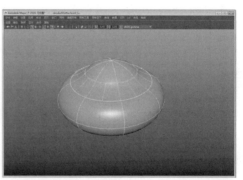

（b）创建后

图 3-103 创建圆形圆角前后

2．【自由形式圆角】

【自由形式圆角】主要用于在两个曲面之间创建曲面圆角，它的形成条件相对而言较为宽松，不必要求两个物体必须相交。

要创建【自由形式圆角】，读者首先在视图中选择一个曲面，单击鼠标右键，在弹出的标记菜单中选择【等参线】命令，并选择一条等参线，使用相同的方法选择另外一个曲面上的等参线，如图 3-104 所示。

然后依次执行【曲面】|【圆形圆角】|【自由形式圆角】命令，即可完成创建一个自由圆角，如图 3-105 所示。

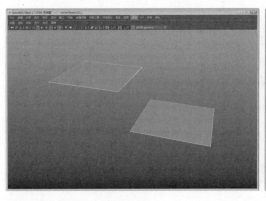

图 3-104　选择等参线　　　　　　　　图 3-105　创建自由圆角

3．圆角混合工具

使用【圆角混合工具】命令可以混合两个边界，并创建出连接的圆角曲面。例如，我们可以使用这个工具创建一个曲面来产生两个曲面之间的平滑过渡等。本节将介绍混合圆角的创建方法。

依次执行【曲面】|【圆形圆角】|【圆角混合工具】命令，进入其操作环境，注意此时的鼠标指针的变化。然后在视图中选择如图 3-106 所示的等参线，用于作为产生圆角的曲线。

选择等参线后，按 Enter 键确认操作，然后再使用同样的方法选择另外一个曲面上的等参线，按 Enter 键完成操作，此时的曲面如图 3-107 所示。

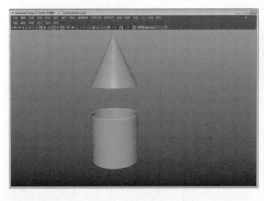
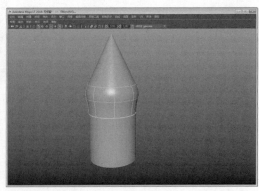

图 3-106　选择等位线　　　　　　　　图 3-107　产生曲面

这样，就在两个曲面之间形成了一个圆角曲面。如果用户对曲面的位置感到不太满意的话，则可以在视图中调整曲面的位置，此时圆角曲面将随之发生变形，如图 3-108 所示。

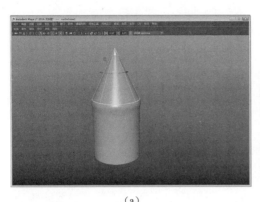
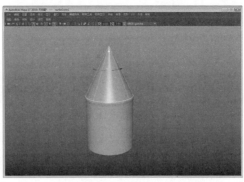

（a）　　　　　　　　　　　　　　　（b）

图 3-108　发生变形

如果用于创建混合圆角的曲线有相同的方向，则创建的混合曲面可能会产生变形或者扭曲，因此应当避免这种问题。

3.8　缝合曲面

缝合曲面主要用于将两个曲面缝合在一起，并不创建新的过渡曲面。使用该命令可以使曲面的等参线相对应，是一种相对比较合理的结合曲面工具，因为不相对的参数线会产生渲染的错误，要避免这种错误只能不断地细分曲面，这会造成很大的系统负担。该命令包括三个工具，分别是【缝合曲面点】、【缝合边工具】和【全局缝合】。本节我们来学习关于曲面缝合的知识以及在操作。

1. 缝合曲面点

在 Maya 中，我们可以通过两个曲面点来缝合两个曲面。当然这里的曲面点包括多种类型，例如编辑点、控制点和曲面边界线上的点等。下面介绍一下利用曲面点缝合的具体方法。

在视图中选择两个需要缝合的曲面，单击鼠标右键，从打开的标记菜单中选择【曲面点】命令，单击要缝合的位置，选择两个曲面点，如图 3-109 所示。

然后依次执行【曲面】|【缝合】|【缝合曲面点】命令，即可将选择的顶点缝合，如图 3-110 所示。

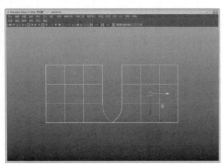

图 3-109　选择曲面点　　　　　　图 3-110　缝合效果

2．缝合曲面边

要缝合曲面边，需要使用到【缝合】子菜单中的【缝合边工具】命令。关于缝合曲面边的操作方法与缝合曲面点基本相同，不过这里需要选择曲面边作为缝合的依据，如图 3-111 所示。

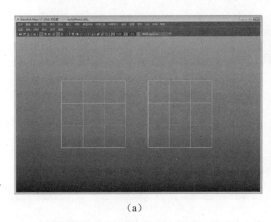

（a）

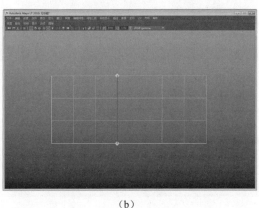

（b）

图 3-111　缝合边工具

3．使用全局缝合

【全局缝合】的操作方法和上述的方法相同，所不同的是【全局缝合】需要使用到【全局缝合】参数，它可以用来缝合两个或者多个曲面。参数设置不同，缝合的曲面也将会产生很大的不同，例如位置的连贯性、切线连贯性或者两者并存等。

3.9　课堂练习：中国风灯笼

本节使用 NURBS 建模技术创建一个中国风的灯笼架模型，主要为了让读者熟悉 NURBS 的布尔运算工具、圆角工具以及常用编辑工具的用法，具体操作步骤如下。

1．创建底垫

1 新建一个场景文件。单击工具架上的【曲线/曲面】标签，切换到该选项卡中，单击其中的【NURBS 圆形】按钮，在视图中心位置绘制一个 NURBS 圆，如图 3-112 所示。

2 在视图中选择圆，按快捷键 Ctrl+D 复制一个副本，然后将其沿 Y 轴稍微向上调整一下，如图 3-113 所示。

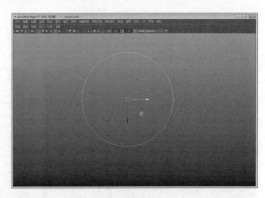

图 3-112　绘制圆

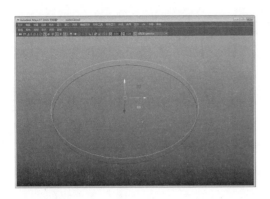

图 3-113 调整位置

3 框选两条曲线，依次执行【曲面】|【放样】命令，在它们之间形成一个曲面，如图 3-114 所示。

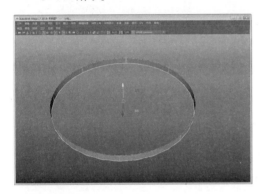

图 3-114 形成曲面

4 使用上述方法，在顶视图中再绘制两个 NURBS 圆，并调整它们的位置。为了使底座细节丰富一些，可以考虑将两个圆的半径值修改一下，使上面的圆小、下面的圆大，如图 3-115 所示。

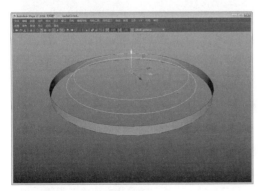

图 3-115 绘制曲线

5 框选两个圆，执行【曲面】|【放样】命令，将其形成一个曲面，如图 3-116 所示。

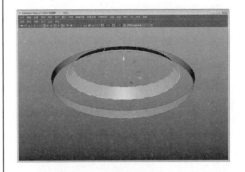

图 3-116 创建曲面

6 使用相同的方法在视图中绘制一个小圆，并调整它在视图中的位置，如图 3-117 所示。

图 3-117 创建圆

7 使用相同的方法，再在圆的内侧创建一个曲面，并使用移动工具将其位置进行调节，如图 3-118 所示，该曲面将用于连接灯具的底座与支撑杆。

图 3-118 形成曲面

8 在视图中选择内侧的小曲面，单击鼠标右键，从打开的标记菜单中选择【等参线】命

令，在视图中选择等参线，并按住 Shift 键
选择其外面一个曲面上的等参线，如图
3-119 所示。

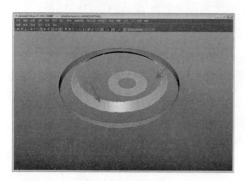

图 3-119　选择等参线

9　然后，依次执行【曲线】|【曲面圆角】|
【自由形式圆角】命令，在两个曲面之间形
成一个圆角面，如图 3-120 所示。

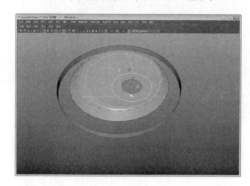

图 3-120　创建圆角面

10　使用同样的方法在外侧的两个曲面上应用
【自由形式圆角】工具，从而形成一个底座
的表面，效果如图 3-121 所示。

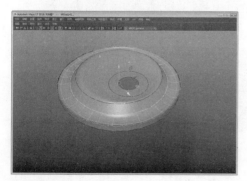

图 3-121　形成底座

11　在透视图中旋转一下模型，显示出底座的
面。单击鼠标右键，选择标记菜单中的【等
参线】命令，单击选取底座底面等参线，执
行【曲面】|【平面】命令将其封口，如图
3-122 所示。

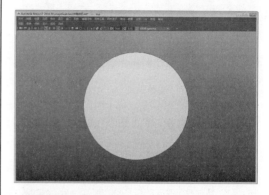

图 3-122　封口

12　框选场景中的物体，选择【曲面】|【重建】
右侧的小方块按钮，在打开的对话框中将【U
向跨度数】和【V 向跨度数】都设置为 8，
单击【重建】按钮重构一下模型，如图 3-123
所示。

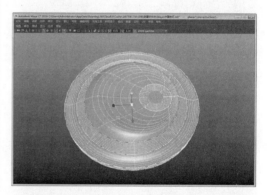

图 3-123　重构曲面

2. 创建灯杆

1　在视图中选择如图 3-124 所示的等参线，
使用快捷键 Ctrl+D 复制一个副本。

2　激活移动工具，将复制的曲线沿 Y 轴向上移
动一定的距离，如图 3-125 所示。为了便
于移动，可将移动操作定位在前视图中。

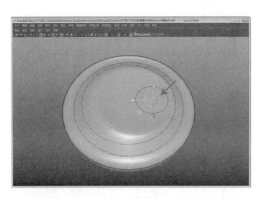

图 3-124　选择并复制曲线

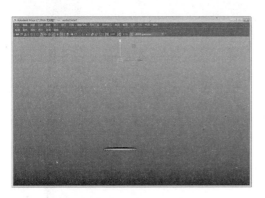

图 3-125　移动物体

3　选择刚才移动的曲线，再选择底座上用于复制的曲线，依次执行【曲面】|【放样】命令，创建一个管状物体，如图 3-126 所示。

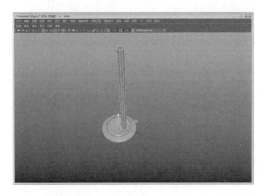

图 3-126　创建灯杆

4　选择底座上接口的曲线和灯杆的一端，利用圆角工具在它们之间创建一个平滑接口，如图 3-127 所示。

5　激活【前视图】，按空格键将其最大化。利用曲线工具在【前视图】中绘制一条曲线，

并调整它的形状，如图 3-128 所示。

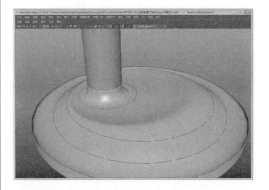

图 3-127　创建圆角

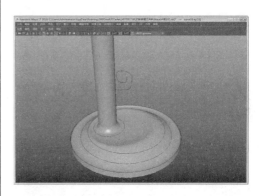

图 3-128　绘制曲线

6　然后，使用同样的方法再绘制两条曲线，并调整它的形状，如图 3-129 所示。

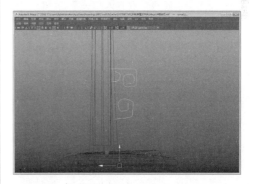

图 3-129　调整曲线

7　再利用【NURBS 圆形】工具在顶视图中绘制三个圆，并分别调整它们的大小和方向，如图 3-130 所示。

8　在视图中选择一个圆，再选择【前视图】中的一条曲线，依次执行【曲面】|【挤出】

命令，创建一个圆管造型。然后，使用同样的方法，创建其余的两个圆管物体，如图3-131 所示。

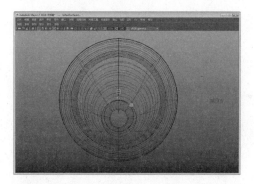

图 3-130　绘制圆

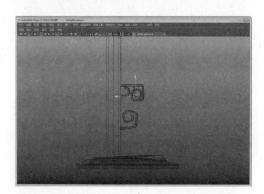

图 3-131　创建圆管

9　在试图中创建两个立方体和一个圆柱体，其参数设置可根据制作的模型定义。然后，利用缩放工具调整它们的形状以及位置，并将其放置到如图 3-132 所示的位置。

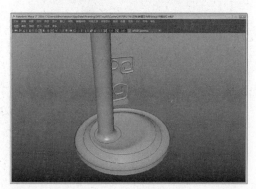

图 3-132　创建造型

10　在制作灯罩造型时，需要先制作一个固定圆

管，因此先创建一个圆柱体，对其参数进行适当调整，并在各个视图中调整它的位置后，按快捷键 Ctrl+D 复制一个副本，结果如图 3-133 所示。

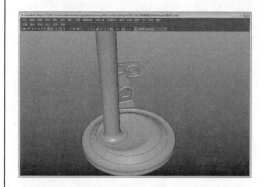

图 3-133　创建等位线

11　在视图中再创建一个圆柱支架，然后使用同样的方法对其进行调整，最后将其放到如图 3-134 所示的位置。

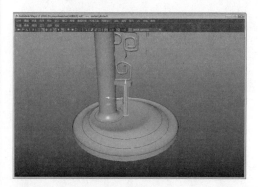

图 3-134　创建圆柱

12　放大前视图，利用曲线工具绘制一条如图 3-135 所示的曲线，用于制作固定管的线管。

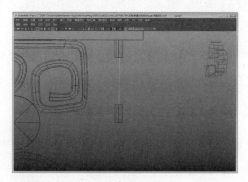

图 3-135　创建曲线

13 然后单击【曲面】|【旋转】选项，在【轴设置】选项中选中【Y】选项，单击【旋转】按钮确定，然后根据模型对其调节，结果如图 3-136 所示。

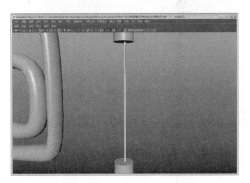

图 3-136 创建线管

14 再次放大【前视图】，利用曲线工具绘制一条如图 3-137 所示的曲线，用于制作灯罩的轮廓。

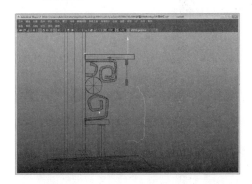

图 3-137 绘制曲线

15 依次执行【曲面】|【旋转】命令，创建出一个灯笼模型，并调整它的位置，如图 3-138 所示。

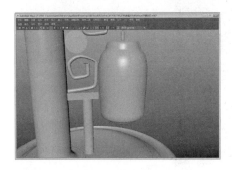

图 3-138 灯罩效果

16 选择如图 3-139 所示的圆柱体和灯笼的一端，利用圆角工具在它们之间创建一个平滑灯笼盖，其结果如图 3-140 所示。

图 3-139 选择等参线

图 3-140 创建圆角

17 然后，将灯笼沿 Y 轴向上稍微移动一下，并调整它的大小，最终创建的效果如图 3-141 所示。

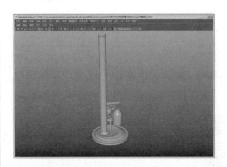

图 3-141 制作灯笼

3. 完善模型

1 框选住场景中的所有灯笼造型（底座和灯杆排除），执行【编辑】|【分组】命令，将其组合为一组。

② 在视图中选择组，按快捷键 Ctrl+D 复制一个副本，并在各个视图中调整它的位置，并使其与灯杆对齐，如图 3-142 所示。

图 3-142　调整位置

③ 使用相同的方法再复制一个副本，并调整它的位置，此时的模型效果如图 3-143 所示。

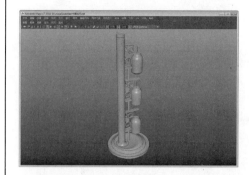

图 3-143　完善场景

　　到此为止，关于灯具模型的制作就完成了，为其指定一种材质即可将其渲染出来，由于篇幅的限制这里不再介绍材质的制作过程。

3.10　课堂练习：制作酸奶瓶

　　本节带领大家制作一个酸奶瓶模型，其中瓶口是制作的难点，用到了前面介绍的多种命令，具体操作步骤如下。

1. 旋转成形

① 新创建一个场景。按 Shift+F 快捷键，恢复各视图的初始状态。在视图中选择【前视图】，按空格键最大化该视图。

② 依次执行【创建】|【曲线工具】|【EP曲线工具】命令，或者单击工具架上的 按钮，在【前视图】中创建曲线。然后按下 X键不放，在视图中单击鼠标定义一个顶点。然后沿 Y 轴向下移动鼠标，再次按住 X 键不放，再单击定义一个顶点，如图 3-144 所示。

图 3-144　绘制线条

③ 删除已经创建的曲线。仍然使用上述方法在【前视图】中绘制一条如图 3-145 所示的曲线。

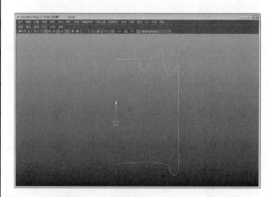

图 3-145　绘制曲线

④ 绘制完毕后按 Enter 键确认绘制。在曲线上按住右不放，在打开的热盒中选择【控制顶点】，从而可以切换到控制点的编辑状态，如图 3-146 所示。

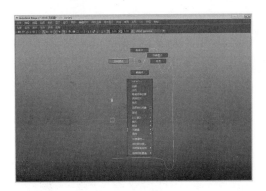

图 3-146　切换状态

5 选择曲线上的顶点，大概调整一下曲线的形状，使一些转折比较大的地方变得平滑一些，如图 3-147 所示。

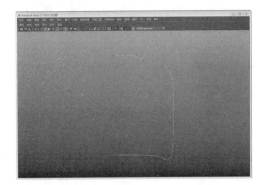

图 3-147　调整控制顶点

6 按住鼠标右键不放，从打开的编辑菜单中选择【对象模式】命令，退出顶点编辑状态。选择【曲线】|【重建】右侧的小方块按钮□，在打开的对话框中将【跨度数】设置为36，从而改变曲线的平滑程度，如图 3-148 所示。

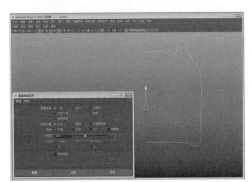

图 3-148　重构曲线

7 在场景中选择曲线，执行【曲面】|【旋转】命令，将其形成一个旋转物体，如图 3-149 所示。

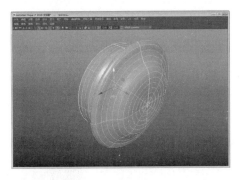

图 3-149　旋转成形

8 依次执行【窗口】|【大纲视图】命令，打开大纲视图。然后选择其中的 Curve1 选项，此时场景中的放样剖面将被选择，如图 3-150 所示。

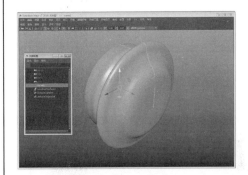

图 3-150　选择剖面

9 然后，在【透视图】中沿 Y 轴调整一下曲线的位置，此时曲线的位置将影响放样曲面的形状，如图 3-151 所示。

图 3-151　调整放样形状

2．投影裁剪

在之前的操作中，我们利用【NURBS 曲线】和【旋转】命令创建出了一个基本的酸奶瓶，这里将接着之前的操作在物体上创建一个切口，用于制作酸奶瓶上的开口，详细操作如下。

1. 返回四视图显示模式，在【顶视图】中单击激活该视图，按空格键将其放大，如图 3-152 所示。

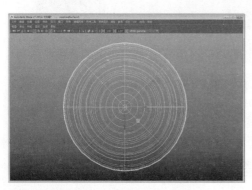

图 3-152　切换视图

2. 依次执行【创建】|【曲线工具】|【EP 曲线工具】命令，然后在如图 3-153 所示的位置绘制一条曲线。

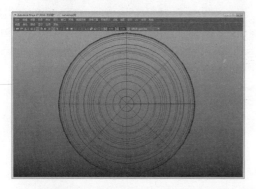

图 3-153　绘制曲线

3. 在顶视图中选择绘制的曲线和饮料罐物体，依次执行【曲面】|【在曲面上投影曲线】命令，即可在曲面上产生一条曲线，如图 3-154 所示。

图 3-154　创建投影

4. 执行【曲面】|【修剪工具】命令，然后在视图中单击要保留的部分，如图 3-155 所示。

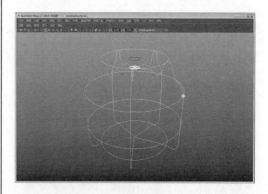

图 3-155　选择保留部分

5. 选择完毕后，按回车键确认操作，此时的模型效果如图 3-156 所示。完成修剪后，选择模型上方的曲线，按 Delete 键将其删除。

图 3-156　完成修剪

6 此时，模型显得有点粗糙。我们可以采用重建的方式重构一下模型。在视图中选择物体，选择【曲面】|【重建】命令右侧的小方块按钮■，在打开的对话框中按照图3-157 所示的参数修改其设置。

图 3-157　设置重构参数

7 设置完毕后，单击【重建】按钮即可对曲面进行一次重构，此时的模型效果如图 3-158所示。

图 3-158　重构模型

8 再次执行【创建】|【曲线工具】|【EP

曲线工具】命令，绘制一条如图 3-159 所示的位置曲线。

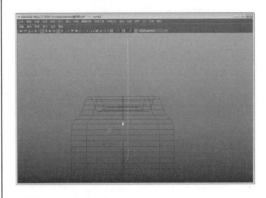

图 3-159　绘制曲线

9 接着对所绘制的曲线使用相同方式，首先选择【控制顶点】对其调节，然后使用【旋转】工具，旋转成一个如图 3-160 所示的曲面，最后根据酸奶瓶的位置，使用移动工具对其进行位置调动，此时模型显得有点粗糙，对其进行重建的结果如图 3-161 所示。

图 3-160　旋转成形

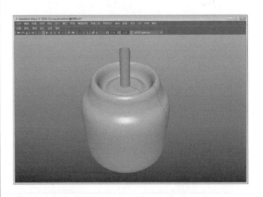

图 3-161　重建结果

第 3 章　NURBS 曲面建模

到此，关于酸奶瓶的整个制作过程就完成了。回忆一下，在整个模型的制作过程中都经历了哪几个阶段？首先是对于基础模型的创建，我们利用旋转的方法创建了基体。然后，利用修剪的方法制作出了模型的细节。在很多时候，细节的制作比本节的内容要复杂，但是只要能够按照其制作方法逐一执行，都会得到想要的结果，不过需要读者有耐心，能够持之以恒才行。

3.11 思考与练习

一、填空题

1. ＿＿＿＿＿＿是由曲线组成的，而曲线是由控制顶点、编辑点等元素控制的。

2. 一个完整的 NURBS 曲面是由控制顶点、等参线、曲面点、曲面 UV、曲面面片、壳线、和＿＿＿＿＿＿组成的。

3. ＿＿＿＿＿＿命令包含三个子命令，它可以通过定义轨迹以及一个剖面造型来形成结构复杂的曲面效果。

4. 【曲面圆角】是一个重要的 NURBS 建模工具，它包含三个子工具，分别是【圆形圆角】、【自由形式圆角】和＿＿＿＿＿＿。

5. ＿＿＿＿＿＿主要用于将两个曲面缝合在一起，并不创建新的过渡曲面。

二、选择题

1. Maya 中包含＿＿＿＿＿＿种原始物体可供选择，其中有 6 种为曲面物体，分别是【球体】、【立方体】、【圆柱体】、【圆锥体】、【平面】和【圆环】。

    A. 7

    B. 8

    C. 9

    D. 10

2. ＿＿＿＿＿＿命令可以使曲线沿着某一个轴旋转，从而形成新的曲面。

    A. 旋转

    B. 放样

    C. 平面

    D. 挤出

3. ＿＿＿＿＿＿命令是曲面工具中最为常用的命令，它可以通过创建一组连续的曲线，生成新的曲面。

    A. 旋转

    B. 放样

    C. 平面

    D. 挤出

4. ＿＿＿＿＿＿命令可以创建出一些惊人的效果，它可以使一条轮廓曲线沿着另一条曲线的方向创建出曲面，这条轮廓线可以是任意类型的曲线。

    A. 旋转

    B. 放样

    C. 平面

    D. 挤出

5. 在 Maya 中，我们可以通过借助＿＿＿＿＿＿工具对两个相交的曲面进行相减、相交和相加操作。

    A. 修剪

    B. 取消修剪

    C. 布尔

    D. 附加

三、问答题

1. 试着述说一下如何在两个相交曲面上执行布尔运算。

2. 说说缝合曲面工具的功能，如何将两个曲面缝合？

3. 投影主要用来作什么，你能说说它的操作方法吗？

四、上机练习

1. 定窑宋瓷

如图 3-162 所示的是一个关于瓷器的图片，

要求读者利用本章所介绍的知识利用 Maya 制作出它的模型效果。

图 3-162 瓷瓶

操作提示：可以充分利用曲线的特性以及本章所介绍的关于形成曲面的知识进行创建，首先可以利用曲线绘制一个轮廓，然后利用工具将其形成三维物体。

2．摄像头

在 Maya 的构造系统中，NURBS 建模是一个重要的方面，通过使用它可以制作出结构变化丰富、物体表面光滑的造型，本练习要求大家模拟图 3-163 制作一个摄像头的造型。

图 3-163 摄像头

操作提示：在制作之前，首先要考虑一下模型的实现，最为常用的方法就是将模型放样。

第4章

NURBS 曲线建模

NURBS 建模是一种非常优秀的建模方式，也是高端三维软件中都支持的建模方式。由于在大多数的三维软件中都支持这种方式建模，并且 NURBS 建模相较于网格建模更好操作其表面曲线度，使其制作出的模型更加真实，因此它的应用更加频繁。本章通过对 NURBS 曲线建模的介绍和操作，让读者熟练掌握建模的方法。

4.1 NURBS 概述

NURBS 代表"不统一有理 B 样条"的意思。使用 NURBS 就可以用数学定义创建精确的表面。许多汽车设计都是基于 NURBS 来创建光滑和流线型的表面的，如图 4-1 所示。

图 4-1 NURBS 作品欣赏

NURBS 曲线建模是当今世界上最流行的一种建模方法，它的用途非常广泛，不仅擅长于制作光滑表面，也适合于制作尖锐的边。它最大的好处在于控制点少，易于在空间进行调节造型，具有多边形建模方法及编辑的灵活性。

实际上，所谓的建模就是创建对象表面的过程。在这个过程中，我们需要做的就是调整模型表面的形状，至于模型内部的结构是不需要考虑的。曲线是曲面的构成基础，如果要成为曲面造型高手，那么就必须深入理解曲线。

在 Maya 中，曲线是不可以被渲染的，曲线的调整总是处于曲面构造的中间环节。Maya 具有多种建模方法，并以不同的曲线类型为基础。曲线提供了多种曲线类型的特征，使用曲线可以在表面曲线定位的地方设置精确的定位点，并可通过移动曲线上或者曲线附近的点来改变曲面的形状。下面介绍一下关于 NURBS 曲线的特性。

1．度数和连续性

所有曲线都有度数。曲线的度数用于表示它的方程式中最高的指数。其中，线性方程式的度数是 1；四方形方程式的度数是 2。NURBS 曲线通常由立方体方程式表示，其度数为 3。可以采用更高的度数，但是通常没有这个必要。

曲线还有连续性，连续的曲线是未断裂的。通常情况下，我们把带有尖角的曲线定义为 C^0 连续性。也就是说，该曲线是连续的，在尖角处没有派生曲线。我们把没有类似的尖角、但曲率不断变化的曲线定义为 C^1 连续性。它的派生曲线也是连续的，但其次级派生曲线却并非如此。我们把具有不间断、恒定曲率的曲线定义为 C^2 连续性，它的初级和次级派生曲线都是连续的。图 4-2 所示的是这三种曲线的示意图。

NURBS 曲线的不同分段可以有不同的连续性级别。特别是，将 CV 放置到相同的位置或使它们非常接近，就可以降低连续性的级别。两个重合的 CV 增加了曲率。重合 CV 会在曲线中创建尖角。这个 NURBS 曲线的属性名为多样性。实际上，另外的一个或两个 CV 将它们的影响合并在了曲线的邻接处，如图 4-3 所示。

（a）C^0 连续性　（b）C^1 连续性　（c）C^2 连续性

🔘 图 4-2　曲线示意图

🔘 图 4-3　NURBS 特性

2．细化曲线和曲面

细化曲线的操作对于曲线的质量有着很深的影响。细化 NURBS 曲线意味着添加更多的 CV。细化可以更好地控制曲线的形状。在细化 NURBS 曲线时，该软件会保留原始曲率。也就是说，曲线的形状并没有改变，只不过邻近的 CV 移离了添加的 CV，这是由于多样性的关系。如果不移动邻近的 CV，增加的 CV 将会使曲线变得尖锐。要避免产生这种效果，首先要细化曲线，然后通过变换新近添加的 CV 或调整它们的权重来更改该曲线。如图 4-4 所示是曲线 CV 点的关系图。

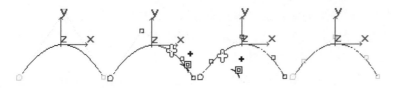

图 4-4 曲线与 CV

3. NURBS 的建模环境

在 Maya 2016 中，建模工具是分类的，例如本章所介绍的 NURBS 建模将使用到【曲线】和【曲面】选项卡中的工具。实际上，这两个选项卡中的工具主要是面向曲面建模而提供的，如图 4-5 所示。

图 4-5 建模工具架

如果在图 4-5 所示的工具架上激活一个工具按钮，然后在视图中拖动鼠标并单击，即可生成基本的几何体，例如下面的操作将生成一个圆锥体造型。

在工具架上单击 按钮，在透视图中拖动鼠标定义圆锥底面的大小，然后再按住鼠标左键不放，向上移动定义圆锥的高度，如图 4-6 所示。

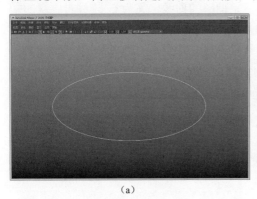
（a）

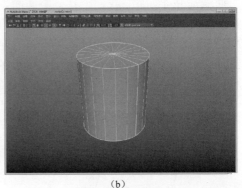
（b）

图 4-6 创建 NURBS 物体

除了用这种方式创建物体外，还可以执行【创建】|【NURBS 基本体】命令来创建这些基本的几何体模型，如图 4-7 所示。

在工具架或者菜单中出现的工具，我们将其称为预置基本几何体。它们是一些成品的模型，我们只需要用类似于上述的操作就可以创建出一个物体。Maya中预置的基本几何体有很多，例如球体、立方体、圆柱体、圆锥体、平面等。这里不再一一介绍，具体使用时将详细介绍。

图 4-7 使用命令

4.2 创建曲线

在 Maya 2016 中，一个 NURBS 模型通常都是由一条曲线开始的，在 Maya 中将曲线划分为三种类型，分别为 CV 曲线、EP 曲线和铅笔曲线，如图 4-8 所示。其中 NURBS 物体是由曲面组成的，而曲线是由控制点、编辑点等元素控制的。本节我们将学习曲线的创建方法以及它们的特性。

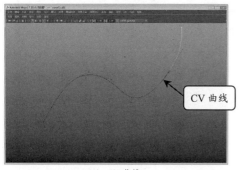

（a）CV 曲线

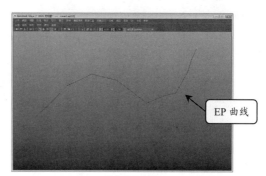

（b）EP 曲线

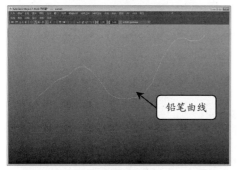

（c）铅笔曲线

图 4-8 曲线类型

针对不同类型的曲线，Maya 提供了不同的创建工具，这三种工具分别是【CV 曲线工具】、【EP 曲线工具】、【铅笔曲线工具】。

虽然创建曲线的工具不同，但所生成的曲线元素却极其相似。使用这三个工具可以在工作区内定位点。通常，在不必精确定位点的情况下，最好使用【CV 曲线工具】，这样可以更容易控制曲线的形状。如果需要根据所创建的控制点或者几个定义好的点来创建曲线，则最好使用【EP 曲线工具】，使用这一工具可以在来处精确地创建编辑点。而【铅笔曲线工具】则可以通过借助铁笔和写字板，通过拖曳鼠标绘制曲线。

4.2.1 创建 CV 曲线

使用【CV 曲线工具】创建曲线时，只需要在视图区域中单击即可创建点。在创建控制点的过程中要注意曲线的颜色，如果曲线颜色变为白色，则表示所创建的控制点已经能够生成曲线了。下面介绍一下创建可控曲线的流程。

首先，选择【创建】|【CV 曲线工具】命令，并将鼠标指针定位于指定的视图中。单击来确定曲线的起始位置，如图 4-9 所示。

然后，单击来确定曲线的第二个顶点的位置，此时将会产生一条直线，但是这条直线并不是曲线的一部分，它仅仅起到辅助创建的作用，如图 4-10 所示。

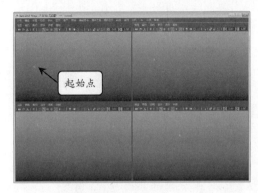

图 4-9　定义起始点　　　　　　　　　　图 4-10　定义辅助曲线

再在视图中连续单击两次，从而确定第 3 和第 4 个顶点，此时 CV 曲线就产生了，如图 4-11 所示（白色的线条为 CV 曲线）。

此时，如果继续单击，则新的曲线段将仍然产生，并且会随着鼠标位置的不同而产生不同的形状，如图 4-12 所示。

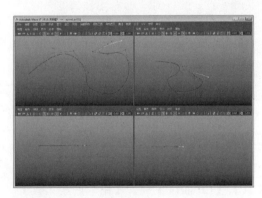

图 4-11　创建曲线　　　　　　　　　　图 4-12　创建曲线

当我们利用工具创建出一条 CV 曲线后，在很多情况下是不符合我们的设计要求的，此时就需要对其进行编辑。对于 CV 曲线的编辑主要包含以下几种方式。

1. 在创建过程中改变曲线形状

为了便于对曲线进行修改，Maya 提供了一种即时修改的方法。在创建曲线的过程中，而且是在按 Enter 键完成创建之前，先按 Insert 键。这时，在最后一个 CV 点上，将显示一个移动操纵器，拖动操作器移动 CV 点就可以改变曲线的形状，如图 4-13 所示。

如果还要继续改变曲线的形状，单击其他的 CV 点并拖动相应的操作器即可。在创建曲线时，如果需要删除某个曲线段，则可以按退格键或者 Delete 键。

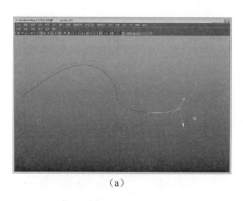
（a）

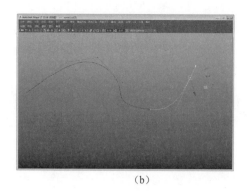
（b）

图 4-13　调整控点

2. 创建完毕后修改曲线

实际上，在完成一条曲线的创建后，依然可以修改曲线的形状，具体的修改方法是：在视图中选择要修改的曲线并单击鼠标右键，在弹出的标记菜单中选择【控制顶点】命令，即可进入到控制点模式下，然后使用移动工具调整即可，如图 4-14 所示。

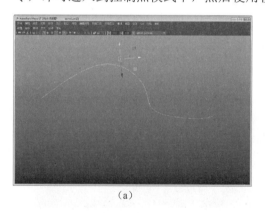
（a）

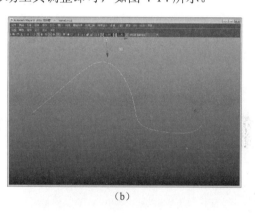
（b）

图 4-14　调整曲线

3. CV 曲线设置

在 Maya 2016 中，创建曲线之前需要根据特定的要求来设置工具参数，从而可以创建出不同形状的曲线。执行【创建】|【CV 曲线工具】命令，单击其右侧的小方块按钮，即可打开如图 4-15 所示的参数面板。

关于该参数面板中的参数简介如下。

1）曲线次数

该参数用于设置曲线的度数。曲线度的参数值越高，曲线越平滑。通常，所创建的

图 4-15　设置参数

控制点数至少比曲线度数的数量多一个。如果在该选项区域中选中【2】单选按钮，则将
创建一条直线；如果选中【7】单选按钮，则将创建一个度数为 7 的曲线，此时的控制点
将是 8 个，如图 4-16 所示。

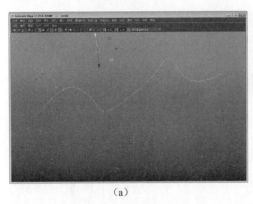 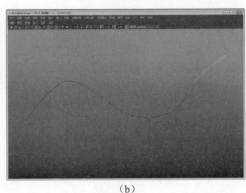

（a） （b）

图 4-16 曲线度数含义

2）结间距

节点间隔的方式概括起来有三种，其中，【一致】结间距可以更简单地创建曲线 U
定位参数值。【弦长】结间距可以更好地分配曲线的曲率，如果使用这样的曲线创建表面，
表面可以更好地显示纹理。当启用【多端结】复选框时，曲线的末端编辑点也是节点，
这样可以更加方便地创建多端区域，如图 4-17 所示。

（a）启用 （b）禁用

图 4-17 启用与禁用【多端结】复选框前后

如果在创建一条曲线的同时禁用了【多端结】复选框，则可以使用【吸附到点】选
项排列每条曲线的第二个控制点，从而连续地在两条曲线之间创建切线。

4.2.2 创建 EP 曲线

创建【EP 曲线】的方法与创建【CV 曲线】的大致相同。在创建【EP 曲线】时，只
需要在视图区域中定义两个编辑顶点即可创建曲线，下面是创建【EP 曲线】的详细过程。

执行【创建】|【EP 曲线工具】命令，在视图中单击以确定第一个顶点的位置，然
后再单击定义第二个顶点，创建顶点时将会出现一个 X 字母的标志，如图 4-18 所示。

然后，再次单击即可创建更多的控点。如果要结束曲线的创建，则可以按 Enter 键确认操作，编辑好的 EP 曲线如图 4-19 所示。

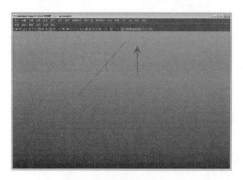

图 4-18　定义顶点

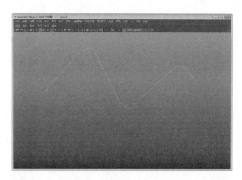

图 4-19　EP 曲线

4.2.3　创建任意曲线

绘制任意曲线的主要工具是【铅笔曲线工具】。该工具的使用与我们使用铅笔绘画的方式基本相同。在使用这个工具时，只需要在工作区域中按住鼠标左键进行绘制即可，下面是它的详细操作过程。

执行【创建】｜【铅笔曲线工具】命令，在视图中单击鼠标右键定义第一个顶点，然后拖动鼠标定义曲线的形状。绘制完成后松开鼠标左键即可完成曲线的绘制，如图 4-20 所示。

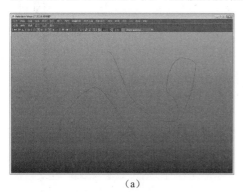

（a）

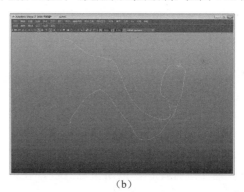

（b）

图 4-20　绘制任意曲线

4.2.4　使用其他工具绘制曲线

在 Maya 2016 中，除了上述工具可以用来创建曲线外，还有两个曲线可以用来绘制曲线，它们分别是【三点圆弧工具】和【两点圆弧工具】，本小节将介绍它们的使用方法。

使用圆弧工具可以创建与正交视图垂直的圆弧，并且它们所创建出来的弧在摄影机视图或者透视图中都始终位于地平面上。

在使用这两种工具绘制圆弧时，只需要依次执行【创建】|【曲线工具】|【三点圆弧工具】或者【两点圆弧工具】命令，然后在视图中依次单击鼠标定义控点位置即可创建圆弧，图4-21所示的是分别利用这两种工具绘制的圆弧。

（a）三点圆弧工具

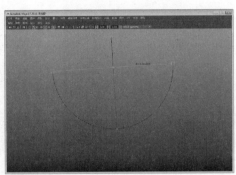
（b）两点圆弧工具

◢ 图4-21 绘制圆弧

4.3 编辑曲线

曲线是构成曲面的基础，曲线的编辑与操作是建模工作的开始，通过调整曲线的外形，可以控制生成曲面的结构，这也体现出了曲线编辑的重要性。把菜单切换至【建模】模块，展开【曲线】菜单，这里包括了所有曲线的编辑命令，本节我们将学习编辑曲线的一些常用操作方法。

4.3.1 复制操作

在实际操作的过程中，很多情况下需要将已经存在的曲线进行复制，从而将现有平面上的表面曲线、边界曲线和内部等位线转换为三维曲线。这一操作将使用到【曲线】|【复制曲面曲线】命令，下面我们将以一个具体的实例为例向大家介绍复制曲线的实现方法。

为了便于操作，首先要使用工具架上的【球体】工具 ● 在视图中创建一个球体，如图4-22所示。

在视图中选择球体，单击鼠标右键，在打开的标记菜单中选择【等参线】命令。然后，在球体上选择一条等参线，如图4-23所示。

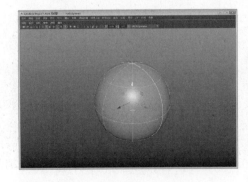
◢ 图4-22 创建球体

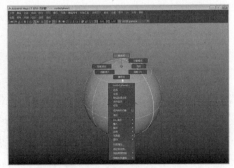
◢ 图4-23 选择等参线

依次执行【曲线】|【复制曲面曲线】命令，从而复制一条曲线，如图 4-24 所示。

最后，为了便于操作，可以使用移动工具将其移动到另外的一个位置，如图 4-25 所示。

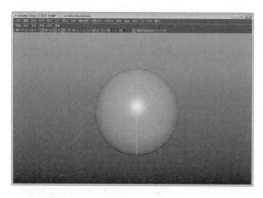
图 4-24 复制等参线

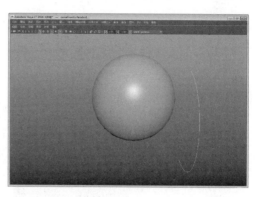
图 4-25 复制效果

4.3.2 对齐操作

在 Maya 中，不仅仅是三维物体可以实现对齐操作，曲线同样也可以执行对齐操作。实际上，在我们创建对象模型时，曲线和表面具有连贯性，利用对齐操作可以创建位置、切线和曲率的连续性。该操作需要使用【对齐】命令来执行。

在视图中创建两条曲线，使用框选的方法选择它们，如图 4-26 所示。为了能够更好地观察效果，建议创建的两条曲线差异大一点。

选择曲线后，执行【曲线】|【对齐】命令，将它们对齐，如图 4-27 所示。

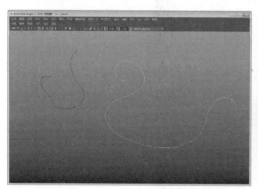
图 4-26 选择曲线

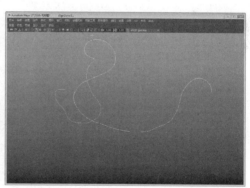
图 4-27 执行对齐操作

在 Maya 中，对齐操作也是有着严格的要求的。一条曲线只能和另一条自由曲线对齐，表面上的曲线也是一样的，不过表面上的曲线只能和同一表面上的曲线对齐。

4.3.3 附加曲线

在编辑曲线时，连接曲线的操作是很重要的，它可以将两条相互对立的曲线完全连

接起来，从而使其形成一条曲线。要完成曲线的连接任务，需要使用【曲线】|【附加】命令，连接曲线的操作如下。

图 4-28 所示的是两条相互独立的曲线，我们的任务是利用工具将它们连接为一条曲线。

首先，使用框选的方法选择视图中的两条曲线，此时两条曲线将分别以白色和绿色显示。然后依次执行【曲线】|【附加】命令，即可完成曲线的连接，如图 4-29 所示。

图 4-28　两条曲线　　　　　　　　图 4-29　附加曲线

上述的连接操作是 Maya 的默认连接方式，它采用的是【混合】方式。如果要更改为其他方式，则可以选择【曲线】|【附加】命令，单击小方块按钮，打开如图 4-30所示的【附加曲线选项】对话框。

在该对话框中，如果选中【附加方法】选项组中的【连接】单选按钮，则产生的连接效果将不同，此时的曲线形状不会发生改变，如图 4-31 所示。

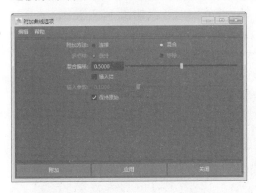

图 4-30　【附加曲线选项】对话框　　　图 4-31　连接方式

4.3.4　分离操作

分离操作的效果与连接操作的效果相反，使用分离工具可以将一条完整的曲线分离为多段，并且每一个独立的线段都可以自由进行编辑。如果要分离一条完整的曲线，则可以使用【曲线】|【分离】工具，关于分离曲线的操作方法简介如下。

首先，在视图中选择需要分离的曲线，单击鼠标右键，选择标记菜单中的【曲线点】

命令，如图 4-32 所示。

然后，在需要分离的位置处单击创建一个曲线点，如图 4-33 所示。这一步的操作是关键，如果没有创建曲线点，那么执行分离操作时将会出错。

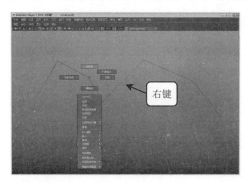

图 4-32　选择曲线点

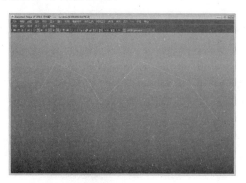

图 4-33　创建曲线点

技　巧

如果需要将一条曲线分割为多段，则可以在按住 Shift 键的同时，在曲线要断开的位置连续单击，从而定义多个曲线点。

执行【曲线】|【分离】命令，曲线的分离位置将以高光的方式显示，如图 4-34 所示。最后，我们可以使用移动工具把曲线分离开来，从而观察断开后的效果，如图 4-35 所示。

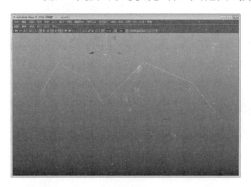

图 4-34　分离的曲线

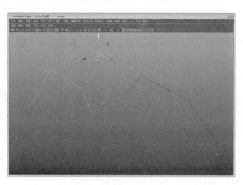

图 4-35　移动操作

如果选择了【曲线】|【分离】右侧的按钮□，则可以打开【分离曲线选项】对话框。

在该对话框中只包含一个参数，【保持原始】复选框可以在分离曲线后使原始的曲线仍然保留下来，如图 4-36 所示。

4.3.5　圆角操作

使用【曲线】|【圆角】命令可以在两条曲线或者两个表面曲线之间创建圆角曲线。Maya 2016

图 4-36　分离曲线

中有两种构建圆角的方式，分别是【圆形】和【自由形式】。其中，使用【圆形】方式可以创建圆弧形圆角，利用【自由形式】可以创建自由圆角，它们的形状差异如图 4-37 所示。

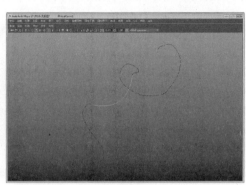

（a）圆弧　　　　　　　　　　　　　　　　　　（b）自由形式

⬤ 图 4-37　圆角类型

　　要创建一个圆角，视图中至少需要有两条或者两条以上的曲线，然后，选择其中的任意两条曲线，如图 4-38 所示。

　　执行【曲线】|【圆角】命令，即可在两条曲线之间形成一个圆角，如图 4-39 所示。

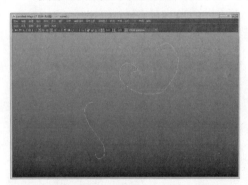
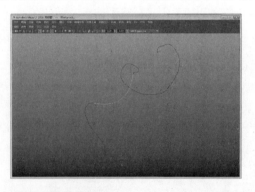

⬤ 图 4-38　选择曲线　　　　　　　　　　　⬤ 图 4-39　圆角

注　意

虽然我们对曲线进行了圆角操作，但是它们仍然都是独立的曲线，并没有被结合到一起，可以在视图中执行移动操作观察一下。

　　如果选择【曲线】|【圆角】右侧的小方块按钮▣，则可以打开【圆角参数设置】对话框，如图 4-40 所示。

1. 修剪

　　如果启用该复选框，则可以在执行圆角操作的同时，将与其相交的边线删除，从而形成一个单独的圆角，如图 4-41 所示。

2. 接合

　　当启用了【修剪】复选框后，如果启用【接合】复选框，则可以将圆角与原来的曲线连接为一条曲线，如图 4-42 所示。

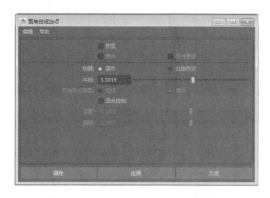

图 4-40　设置圆角参数

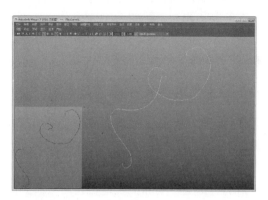

图 4-41　修剪的功能

3．构建

该选项组中提供了两个选项，也就是圆角的两种类型，即圆角形和自由形方式，只需要选中相应的单选按钮即可。

4．半径

【半径】用于定义圆角的半径，可以直接拖动其右侧的微调按钮进行调整。

5．自由形式类型

如果选中了【自由形式类型】单选按钮，则该选项将变为可用，可以使用其中的两个设置制作不同的圆角效果。其中，【切线】表示创建切线圆角，而【混合】表示创建混合圆角。

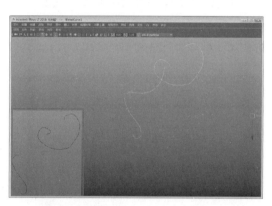

图 4-42　修剪效果

6．混合控制

当我们选中了【混合】单选按钮后，该选项变为可用，可以利用其下面的选项设置圆角的深度以及偏移幅度等，其效果如图 4-43 所示。

（a）切线

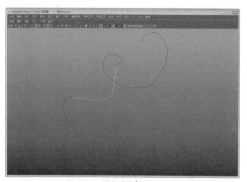

（b）混合

图 4-43　混合控制

关于圆角的操作就介绍到这里，这里没有提到的参数在前文中都已经介绍过了，可以参考上文的相关解释。

4.3.6 相交操作

交叉的用处很大，在利用 NURBS 曲线创建物体时，曲线与曲线之间的交叉是经常遇到的问题，那么如何才能使相交的曲线真正相交呢？答案就是利用交叉工具强制使其相交。本节将介绍曲线交叉的实现方法。

要使曲线相交，首先必须能够通过视图观察是否有伪相交的曲线，如图 4-44 所示。所谓的伪相交，实际上就是指表面上看到的是相交直线，但实际上它们之间没有相交点的曲线。

在 Maya 2016 中，【曲线】|【相交】命令可以令两条曲线产生相交，并在相交处产生一个交点。框选图 4-44 所示的两条曲线，执行【曲线】|【相交】命令，使曲线产生相交，效果如图 4-45 所示。

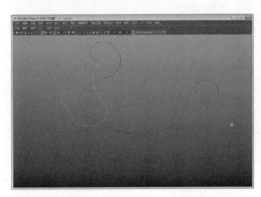

图 4-44　伪相交　　　　　　图 4-45　曲线相交

执行交叉操作时，不能直接交叉具有等位线或者表面曲线的独立曲线，这一点需要读者牢记。另外，如果选择【曲线】|【曲线】命令右侧的小方块按钮▣，则可以打开【交叉设置选项】对话框，读者可以根据实际需要调整其设置。

4.3.7 偏移操作

利用 Maya 的【偏移】命令可以创建出一条与原曲线平行的曲线或者等参线，其效果如图 4-46 所示。关于曲线的偏移，很多软件中都有这样的功能，并且它的使用范围很大，尤其是在利用 NURBS 曲线创建模型时。

如果要在已有的曲线上产生一条偏移线，则可以按照下面的方法进行操作。首先，确定场景中已经存在一条曲线，并按照事先想好的形状调整好，如图 4-47 所示。

依次执行【曲线】|【偏移】|【偏移曲线】命令，即可按照默认的参数创建一条偏移曲线，如图 4-48 所示。

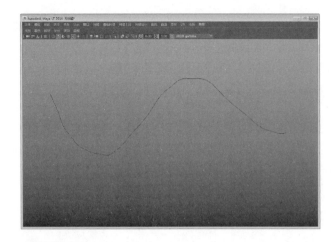

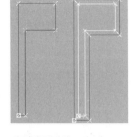

图 4-46　轮廓　　　　　　　　图 4-47　绘制曲线

上述的操作是按照默认的参数设置完成的偏移，如果需要调整两条曲线之间的距离，则可以选择【曲线】|【偏移】|【偏移曲线】命令右侧的小方块按钮▣，在打开的对话框中调整【偏移距离】参数即可。图 4-49 所示的是将该参数设置为 0.5 的效果。

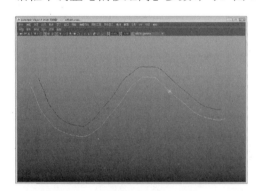

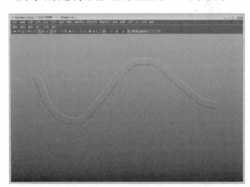

图 4-48　创建偏移曲线　　　　　　　图 4-49　自定义偏移距离

警　告

注意【偏移曲线】的设置，如果该数值太大，则可能导致偏移出来的曲线变形。

4.4　其他操作

在掌握了一定的曲线操作后，可以尝试更多的曲线操作，在对 Maya 的曲线命令熟悉的基础上，我们就可以创建出复杂的曲线。本节我们将要学习曲线的重建、延伸、打开与关闭等的操作方法。

4.4.1　平滑曲线

使用【曲线】菜单中的【平滑】命令可以重新创建具有平滑路径的控制点。对于使用铅笔曲线工具等创建的曲线，这一命令尤其重要。图 4-50 所示的是一条使用铅笔曲线工具绘制的曲线，下面我们将在该曲线上添加【平滑】命令来观察效果。

在视图中选择曲线，执行【曲线】|【平滑】命令，从而将其光滑，此时的效果如图 4-51 所示。

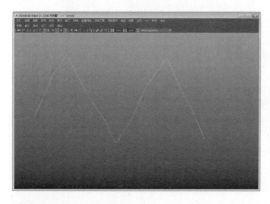
图 4-50　曲线

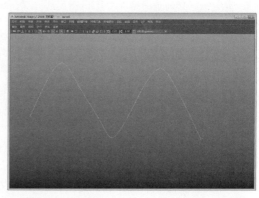
图 4-51　光滑后

【平滑】曲线命令作用于整条独立曲线或者选择曲线上。它不能作用在周期曲线、封闭曲线、表面等参线或者表面曲线上。另外，使用该命令不能改变控制点的数量。

4.4.2　添加点工具

当我们绘制完一条曲线后，如果控制点的数目不符合设计要求，或者需要添加新的控制点以调整曲线的形状，此时就需要使用本节所介绍的知识了。【添加点工具】可以为曲线或者表面曲线增加新的控制点或者编辑点，关于控制点的添加方法如下。

首先在场景中选择一条曲线。然后，执行【曲线】|【添加点工具】命令。最后，在视图中单击，即可创建新的控制点。当操作完毕后，按回车键完成操作，如图 4-52 所示。

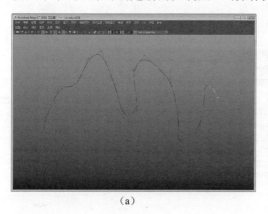
（a）

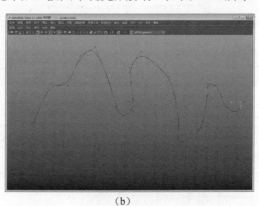
（b）

图 4-52　添加控制点

4.4.3 开放/闭合曲线

在 Maya 2016 中，我们可以使用【开放/闭合】命令打开或者闭合曲线。实际上，利用该工具就是将曲线编辑为闭合的曲线或者开放的曲线，打开或者闭合曲线的效果如图4-53 所示。

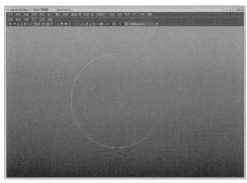

（a）打开曲线

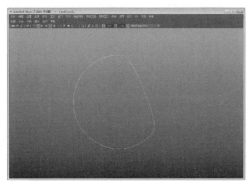

（b）闭合曲线

图 4-53　打开与闭合曲线

如果要打开或者闭合某条曲线，则可以在视图中选中需要修改的线条，执行【开放/闭合】命令即可。

警　告

当一条曲线被关闭后，仍然可以使用【开放/闭合】命令将其打开。并且，在 Maya 中还可以将绘制的圆或者矩形等图形打开为开放曲线。

4.4.4 切割曲线

有时，我们需要将两条已经相交的曲线分割，这就需要使用到本小节所要介绍的【切割曲线】命令。通过使用该命令可以将两条相互相交的曲线在交点处分割，从而使它们成为独立的曲线，如图 4-54 所示。

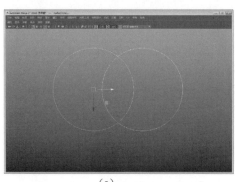

（a）

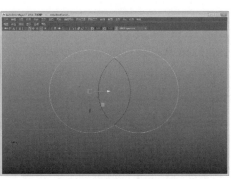

（b）

图 4-54　切割曲线

在 Maya 2016 中,不能直接剪切与等位线或者表面曲线重叠的自由曲线,必须实现使用【复制曲面曲线】创建一条独立于表面曲线或者等参线的曲线,然后再利用这条曲线进行裁剪。

4.4.5 调整曲线形状

对于大多数人而言,最关心的可能是曲线形状的调整。实际上,对于 NURBS 建模来说,曲线形状的调整是不可避免的。默认情况下,可以通过【编辑曲线工具】命令打开一个对话框,并使用其中的操作器来调整曲线的形状。

首先,执行【曲线】|【编辑曲线工具】命令,进入如图 4-55 所示的编辑环境(注意鼠标指针的变化)。

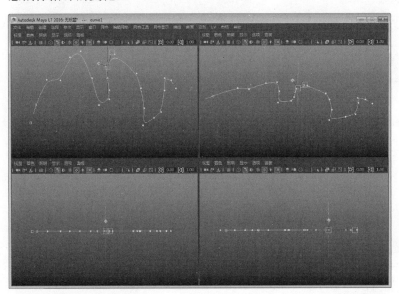

图 4-55 编辑环境

然后,通过拖曳激活操纵器的手柄就可以编辑曲线的点的位置和线的形状。如果要调整曲线的切线,那么曲线的正切是曲线在指定点上的斜率,单击并拖动操作手柄可以变化或者旋转曲线的切线。

4.4.6 延伸曲线

使用【延伸曲线】命令可以将一条曲线延伸。假如现在有一条曲线,我们需要将其一端"拉"一下,以满足设计的要求,此时可以利用【延伸】工具执行延伸操作。

在视图中选择需要延伸的曲线,依次执行【曲线】|【延伸】|【延伸曲线】命令,并设置需要的参数,如图 4-56 所示。

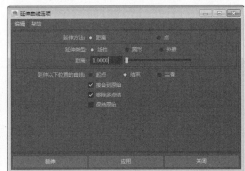

图 4-56 延伸参数

单击【延伸】按钮，即可按照设置创建一条颜色的曲线，如图 4-57 所示。

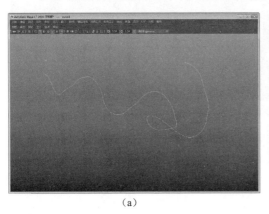 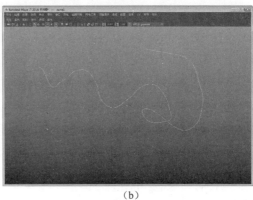

（a）　　　　　　　　　　　　　　　　　（b）

图 4-57　延伸曲线

当我们打开了【延伸曲线选项】对话框，即可根据实际需要调整其参数设置，下面介绍一下该对话框中一些主要参数的含义。

1. 延伸方式

延伸曲线为用户提供了两种基本的延伸方式，分别是【距离】和【点】，它们的效果如图 4-58 所示。

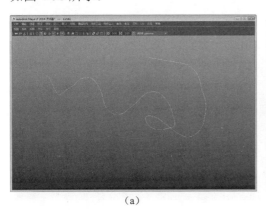 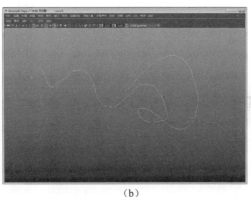

（a）　　　　　　　　　　　　　　　　　（b）

图 4-58　延伸方式

2. 延伸类型

Maya 提供了三种延伸类型，分别是【线性】、【圆形】、【外推】，用户可以根据实际需要选择合适的延伸类型。

3. 延伸以下位置的曲线

该选项区域用于定义曲线的延伸位置，它提供了三个参数以供选择，分别是【起点】、【结束】和【二者】，它们的效果如图 4-59 所示。

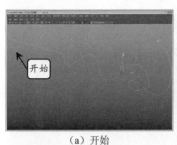

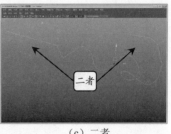

（a）开始　　　　　　　　　（b）结束　　　　　　　　　（c）二者

图4-59　延伸曲线的部位

4.4.7　控制点的硬度

在 Maya 2016 的 NURBS 中，我们还可以控制点的硬度，这个功能主要靠【CV 硬度】命令来实现的。要更改点的硬度，首先需要在视图中选择曲线，并选择其中的控制点。然后，单击【曲线】|【CV 硬度】右侧的小方块按钮□，打开如图 4-60 所示的对话框。

根据需要调整参数设置，完毕后单击【硬化】按钮完成控制点硬度的设置。图 4-61 所示的是应用前后的效果对比，其中左下方小图是设置前的效果。下面是控制点硬度参数的简介。

图4-60　点的硬度设置

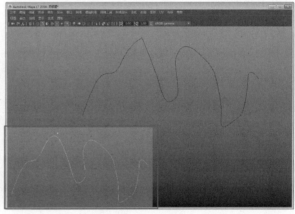

图4-61　硬度效果

1．多重性

在默认的设置下，曲线的最后一个控点有三个多样性因素，它们之间的弧有一个多样性因素。要想改变内部控点的多样性，使其从 1 到 3，则需要选择【完全】单选按钮。改变多样性因素使其从 1 到 3 时，每条可控边上至少有两个控制点，而且可控边有一个多样性因素。【禁用】用于改变曲线内部的多样性，使其从 3 到 1。

2．保持原始

在改变【多重性】设置后，【保持原始】用于设置是否保持原始曲线或者表面。启用该复选框则表示保持原物体。

4.4.8 修改曲线

在 Maya 2016 中，我们可以使用【曲线】菜单中的命令来对已经创建的曲线进行修改，例如调整曲线的平滑程度、更改曲线的长度、调整曲线的曲率等，图 4-62 所示的是主要的工具。

首先，选择要修改的曲线。执行【曲线】|【平滑】命令，将曲线光滑，如图 4-63 所示。

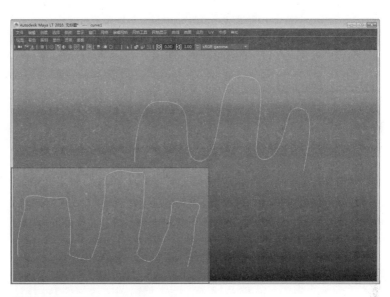

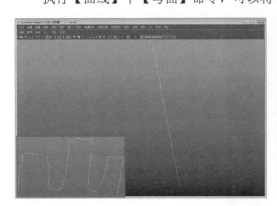 图4-62　编辑工具　　 图4-63　修改曲线的平滑度

执行【曲线】|【拉直】命令，可以将平滑的曲线修改为直线，如图 4-64 所示。

执行【曲线】|【弯曲】命令，可以将平滑的曲线弯曲，如图 4-65 所示。

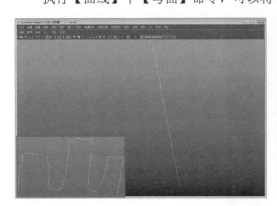
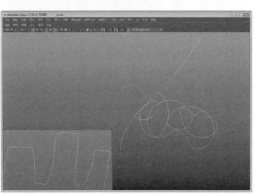

图4-64　变为直线　　　　　　　　图4-65　弯曲操作

4.4.9 反转曲线的方向

使用【曲线】|【反转方向】命令可以翻转 CV 曲线上的 CV 点的方向，其操作方法如下。

选择创建的 CV 曲线，依次执行【显示】| NURBS | CV 命令显示曲线控制点，如图 4-66 所示。

执行【曲线】|【反转方向】命令，在默认设置下，CV 在 U 方向上被反转，如图 4-67 所示。

图 4-66 显示控制点 　　　图 4-67 翻转方向

4.5 创建文本

在 Maya 2016 中，我们不仅仅可以制作各种模型和曲线，还可以创建文本图形。输入文字到文本框里，生成立体或平面字体。文字生成时有属性可以调整。生成的文字也可以调整，在生成文字的属性通道栏里可以调。创建文本主要是依靠【创建】菜单中的【文本】工具来实现的。图 4-68 所示的就是利用【文本】工具制作出来的文本图形。

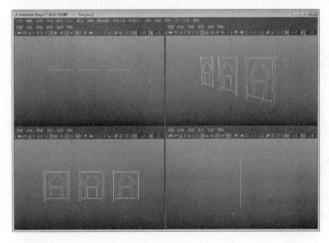

图 4-68 创建文本

执行【文件】|【新建场景】命令，刷新一下场景视图区。然后，单击【创建】|
【文本】右侧的小方块按钮▣，打开如图 4-69 所示的对话框。

该面板中的参数主要用于设置文本的字体类型、文本的内容以及文本的创建方式等，
关于它们的介绍如下。

1. 文本

该文本框主要用于设置文本的内容，用户只需要将需要的字型输入到该文本框中
即可。

2. 字体

该下拉列表用于设置文本的字体类型，在【字体】下的选项菜单中选择合适的字体，
如图 4-70 所示。

图 4-69　文本参数

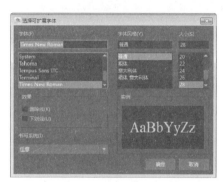

图 4-70　字体类型

3. 类型

该选项组为用户提供了 4 种选择的类型，
分别是【曲线】、【修剪】、【多边形】和【倒角】。
其中，【曲线】是文本的默认设置，这种文本
可以以曲线方式显示；【修剪】是以平面修剪
表面进行创建的，由于这些文本是曲面，因此
将会被渲染；【多边形】可以以多边形的方式
创建文本，当这些文本被选择时，在曲线之间
将会产生平面修剪曲线，但只能看到多边形表
面；【倒角】可以使生成的文本带有倒角，如
图 4-71 所示。

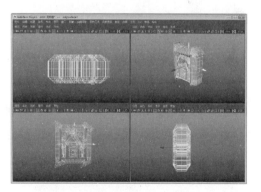

图 4-71　倒角设置

4.6　课堂练习：绘制龙牌

本节带领大家使用 NURBS 建模制作龙牌的模型，主要是读者掌握 NURBS 曲线的
基本编辑方法，以及曲面成形工具的使用。具体操作步骤如下。

1 执行【创建】|【NURBS 基本体】|【圆形】命令，激活圆的创建工具。然后，在【前视图】中绘制一个大小适中的圆，如图 4-72 所示。

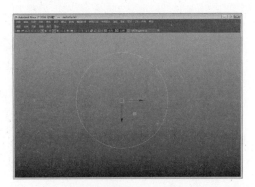

图 4-72 绘制圆

2 在视图中选择圆，单击【曲线】|【偏移】|【偏移曲线】右侧的小方块按钮▣，打开如图 4-73 所示的对话框。

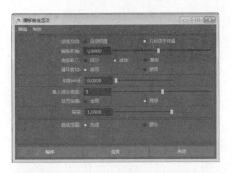

图 4-73 【偏移曲线选项】对话框

3 然后，将其中的【偏移距离】设置为 0.5，单击【偏移】按钮，完成曲线的偏移，此时的效果如图 4-74 所示。

图 4-74 偏移曲线

4 将视图切换到左视图，使用移动工具对其位置进行调整，结果如图 4-75 所示。

图 4-75 移动工具

5 在视图中框选两条曲线，执行【曲面】|【放样】命令，从而将其转换为一个曲面，如图 4-76 所示。

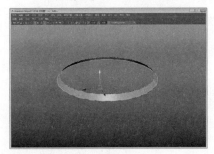

图 4-76 放样

提 示

【放样】是将曲线转换为曲面的工具之一，在第 5 章中将详细介绍它的使用方法，这里读者只需要根据叙述执行操作即可。

6 单击【创建】|【文本】右侧的小方块按钮▣，打开【文本曲线选项】对话框。然后，在【文本】文本框中输入"龍"字样，并设置其参数，如图 4-77 所示。

图 4-77 设置参数

7 设置完毕后，单击【创建】按钮即可在视图中创建一行文本，如图 4-78 所示。

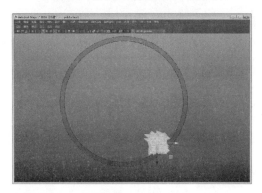

图 4-78 创建文本

8 单击工具栏上的【移动工具】与【缩放工具】上的按钮，在视图中调整字符的大小，使其能够与上面的四连环匹配，如图 4-79 所示。

图 4-79 调整大小

到此为止，标志的绘制就完成了，在整个制作的过程中，我们应用到了曲线的偏移、封口以及文本的使用等知识点，希望大家能够切实掌握。对于其他没有涉及到的内容，同样需要读者掌握，并能够熟练使用它们绘制一些指定形状的曲线。

4.7 课堂练习：绘制奥迪标志

为了让大家更加熟练地掌握 NURBS 曲线的基本编辑方法以及曲面成形工具的使用，我们再次带领大家使用 NURBS 建模制作奥迪标志的模型。本节用到前面介绍的多种命令，具体操作步骤如下。

1 执行【创建】|【NURBS 基本体】|【圆形】命令，激活圆的创建工具。然后，在【前视图】中绘制一个大小适中的圆，如图 4-80 所示。

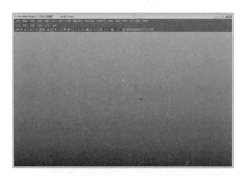

图 4-80 绘制圆

2 在视图中选择圆，单击【曲线】|【偏移】|【偏移曲线】右侧的小方块按钮，打开如图 4-81 所示的对话框。

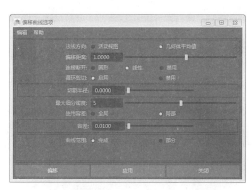

图 4-81 【偏移曲线选项】对话框

3 然后，将其中的【偏移距离】设置为 0.5，单击【偏移】按钮，完成曲线的偏移，此时的效果如图 4-82 所示。

4 在视图中框选两条曲线，执行【曲面】|【平面化】命令，从而将其转换为一个平面，如图 4-83 所示。

图 4-82 偏移曲线

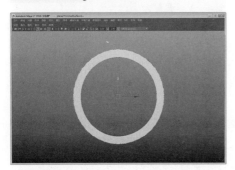

图 4-83 平面化

提 示

【平面化】是将曲线转换为曲面的工具之一，在第 5 章中将详细介绍它的使用方法，这里读者只需要根据叙述执行操作即可。

5 在视图中框选所有物体，按快捷键 Ctrl+D 执行复制操作。此时，复制的物体将会和原物体重合在一起，可以使用移动工具将其移动以观察效果，如图 4-84 所示。

图 4-84 复制物体

6 适当调整圆的位置，再次按快捷键 Ctrl+D 复制一个副本，并按照图 4-85 调整圆的位置。

图 4-85 复制并调整

注 意

在利用快捷键 Ctrl+D 复制物体时，所复制的副本的内置参数是不能够被修改的，因为它们的历史已经被删除了。

7 使用相同的方法，再复制一个圆的副本，并调整它的位置，如图 4-86 所示。此时，奥迪的标志就形成了。

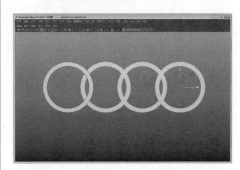

图 4-86 四连环

8 单击【创建】|【文本】右侧的小方块按钮，打开【文本曲线选项】对话框。然后，在【文本】框中输入 AUQI 字样，并设置其参数，如图 4-87 所示。

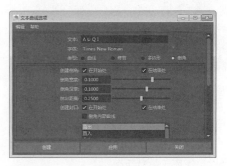

图 4-87 设置参数

9 设置完毕后，单击【创建】按钮即可在视图中创建一行文本，如图 4-88 所示。

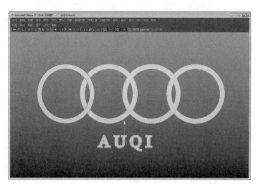

图 4-88 创建文本

10 单击工具栏上的【缩放工具】按钮，在视图中调整字符的大小，使其能够与上面的四连环匹配，如图 4-89 所示。

图 4-89 调整大小

到此为止，标志的绘制就完成了。在整个制作的过程中，我们应用到了曲线的偏移、封口以及文本的使用等知识点，希望大家能够切实掌握。对于其他没有涉及到的内容，同样需要读者掌握，并能够熟练使用它们绘制一些指定形状的曲线。

4.8 思考与练习

一、填空题

1．术语_____代表 "不均匀有理 B 样条"的意思。使用 NURBS 就可以用数学定义创建精确的表面。

2．_____是构成曲面的基础，精确理解对于曲面建模将会起到很大的帮助。

3．在 Maya 2016 中，曲线是不可以被_____的，曲线的调整总是处于曲面构造的中间环节。

4．在 Maya 2016 中，按照曲线的绘制方式进行划分，我们可以将曲线划分为三种类型，分别为 CV 曲线、EP 曲线和_____。

5．在 Maya 2016 中，还可以创建出_____图形。创建文本主要是依靠【创建】|【文本】工具来实现的。

二、选择题

1．下面各选项中，不是 NURBS 曲线特点的一项是_____。

　　A．可用于制作光滑表面

　　B．可以创建文本

　　C．不能创建三维物体

　　D．能够创建曲面

2．要将现有的一条曲线分离，则应该使用_____命令。

　　A．附加

　　B．分离

　　C．开放/闭合

　　D．对齐

3．如果要将一条开放的曲线变为闭合曲线，则应该执行_____操作。

　　A．附加

　　B．分离

　　C．开放/闭合

　　D．对齐

4．对于重建曲线的功能描述正确的一项是_____。

　　A．可以用来连接曲线

　　B．可以用来分离曲线

　　C．可以用来对齐曲线

　　D．可以用来简化曲线

三、问答题

1．试着叙述一下连接曲线的编辑方法。

2．如何将一条已有的 NURBS 曲线分离为两条？

3．在 Maya 2016 中可以对曲线执行偏移操作吗？说说你的实现方法。

四、上机练习

编辑曲线

本练习要求大家根据本章所学习的知识，完成下面的操作。

（1）利用【CV 曲线工具】在视图中绘制一条曲线，如图 4-90 所示。

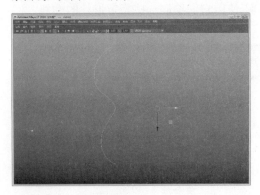

图 4-90　绘制曲线

（2）利用复制的方法复制一个副本，并调整它们的位置，如图 4-91 所示。

（3）框选两条曲线，使用连接工具将它们连接到一起，如图 4-92 所示。

（4）再选择这条曲线，使用曲线编辑工具将其闭合，观察此时的曲线形状，如图 4-93 所示。

思考一下，为什么会产生这种问题，如果要产生一个相对较为平滑的效果，应当怎么操作？

图 4-91　复制副本

图 4-92　连接曲线

图 4-93　封闭曲线

第 5 章

灯光和摄影机

在 Maya 2016 中，无论表现静帧还是创建动画，灯光应用的好坏同样起着举足轻重的作用，特别是灯光和材质的结合应用尤为重要，在不考虑灯光的情况下调节材质是没有任何意义的，因为任何色彩只有通过光的照射才能表现出来。本章将介绍灯光在实际项目中的使用方法。与现实世界中的摄影机不同，Maya 的摄影机不需要调整用于曝光和照明的调节装置，但其大部分属性与真实的摄影机是相似的。本章着重介绍灯光和摄影机的使用。

5.1 灯光

灯光对于整个场景的影响是巨大的，不同的表达思想所采用的灯光是不同的。在学习使用 Maya 的灯光之前，还可以使用灯光模拟在现实世界中不可能出现的效果，如无阴影照明、负值的照明效果等。也就是说，在 Maya 中灯光的表现比现实世界中有更大的自由度。首先带领大家正确认识灯光。

5.1.1 灯光的创建及显示

在 Maya 2016 中，所有的物体都必须先创建才可以使用，灯光的创建和前面学过的模型创建过程一样，创建好的灯光可以通过视图显示出来，可以根据显示出的图标来选择如何编辑灯光。

灯光的创建方法有两种，一种是通过【创建】|【灯光】中的菜单命令创建，如图 5-1 所示。另一种是通过 Hypershader 创建灯光，如图 5-2 所示。

注 意

如果要在创建灯光前设置灯光的属性，可以从菜单中选择要创建的灯光类型，然后单击灯光名称右侧的方块按钮▣即可。

图 5-1 使用菜单命令创建灯光　　图 5-2 使用 Hypershader 创建灯光

在创建灯光完毕后，灯光的图标就会出现在视图中，如图 5-3 所示，如果需要对灯光进行类型切换，可以在视图右侧的灯光属性栏中的【类型】选项栏中选择需要切换的灯光，如图 5-4 所示。

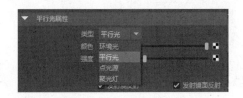

图 5-3 灯光图标　　图 5-4 改变灯光的类型

灯光创建完毕后，需要显示或者隐藏图标，可以选择【显示】|【显示】|【灯光】命令，可显示视图中的灯光图标；选择【显示】|【隐藏】|【灯光】命令，可隐藏灯光在视图中的图标。在某一个视图中，选择【显示】|【灯光】命令，可在视图中隐藏或显示灯光图标，例如隐藏【顶视图】中的灯光，如图 5-5 所示。

提　示

在默认设置下，场景中有一盏默认的灯光，在添加新的灯光之前，该灯光起作用，而在添加新的灯光之后，该灯光不再起作用。

5.1.2　灯光的种类

生活中有许许多多形形色色的灯光，而在 Maya 2016 中，有 4 种直接光源，它们分别是【环境光】、【平行光】、【点光源】、【聚光灯】。灵活使用好这 4 种灯光可以模拟现实中的大多数光效。

1．环境光

环境光有两种照射方式，一种是光线从光源的位置平均地向各个方向照射，类似一个点光源，而另一种是光线从所有的地方平均地照射，犹如一个无限大的中空球体从内表面发射灯光一样。使用环境光可以模拟平行灯光和无方向灯光，如图 5-6 所示是环境光的效果。

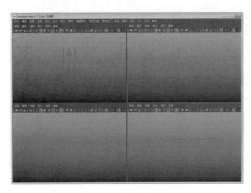

图 5-5　隐藏灯光图标

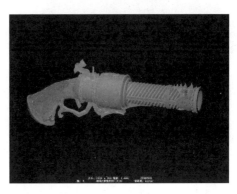

图 5-6　环境光效果

下面介绍【环境光】的选项窗口。单击灯光名称右侧的方块按钮▣，如图 5-7 所示。

（1）【强度】选项用来控制灯光的强度，该选项数值越大，灯光的强度就越强，它可以用来模拟强光源。相反地，数值越小，灯光的强度就越小，可以用来模拟弱光源。该选项的最大值为 1，最小值为 0。需要注意的是，其【属性编辑器】中，【强度】最大值可以设置为无限大，最小值可以设置为负数，表示吸收光源。

（2）【颜色】选项用来设置灯光的颜色，拖动滑块可以调整颜色的明亮程度，单击色块区域，会弹出一个【拾色器】，如图 5-8 所示。在这里可以选择需要的颜色。

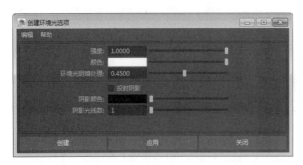

图 5-7　环境光的选项窗

图 5-8　拾色器

（3）【环境光明暗处理】设置平行光和环境光的比率，当值为 0 时，光线从四周发出来照明场景，体现不出光源的方向，画面呈一片灰状。如图 5-9 所示；当值为 1 时，光线从环境光位置发出，类似一个点光源的照明效果，如图 5-10 所示。该值最大值为 1，最小值为 0。

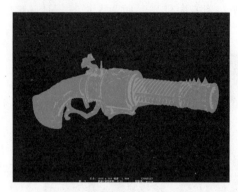 

图 5-9　环境光渐变为 0　　　　　图 5-10　环境光渐变为 1

（4）【投射阴影】选项用来控制灯光是否投射阴影。在这里因为【环境光渐变】没有【深度贴图阴影】，只有【光线追踪阴影】，所以在此启用【投射阴影】，即打开【光线追踪阴影】。

（5）【阴影颜色】选项用来设置阴影的颜色，拖动滑块可以设置阴影的明亮程度。单击色块区域，会弹出一个【拾色器】，可以选取需要的色彩，Maya 中默认为黑色。

（6）【阴影光线数】选项用来控制阴影边缘的躁波程度，Maya 中默认该参数为 1，最大值为 6，最小值为 1，注意在其【属性编辑器】中，可以设置【阴影光线数】大于 6。

2. 平行光

平行光仅在一个地方平均地发射灯光，光线是互相平行的，使用平行光可以模拟一个非常远的点光源发射灯光。例如，从地球上看太阳，太阳就相当于一个平行光源。下面介绍【平行光】的选项窗口。如图 5-11 所示。

（1）强度：设置灯光的照明强度，这里 Maya 的默认参数为 1，其最大值为 1，最小值为 0。数值越大，灯就越亮；数值越小，灯就越暗。需要注意的是，创建灯光后，在其右侧的【属

图 5-11　【创建平行光选项】窗口

性编辑器】中，可以设置【强度】为负值，表示吸收场景中的光照，减弱照明效果；也可以设置【强度】比 1 大，表示灯光更亮。

（2）颜色：设置灯光的颜色，拖动右侧的滑块可以设置颜色的明亮程度。单击色块区域，会弹出一个【拾色器】，可以选取需要的色彩，Maya 默认为白色。

（3）投射阴影：控制灯光是否投射阴影。启用【投射阴影】即可打开【光线追踪阴影】的【深度贴图阴影】。

（4）阴影颜色：设置阴影的颜色，单击色块区域，会弹出【拾色器】，可以选取需要的色彩，Maya 默认为黑色。

（5）交互式放置：启用【交互式放置】后，视图会切换到灯光的视图，然后根据需要旋转、移动、缩放灯光视图来调节灯光作用于物体的地点，这里的操作方法和视图的操作方法完全相同，如图 5-12 所示。

参数介绍完后渲染一下，如图 5-13 所示为平行光的效果。

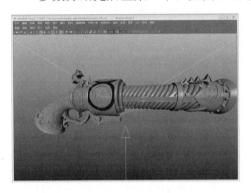
图 5-12　启用【交互式设置】后

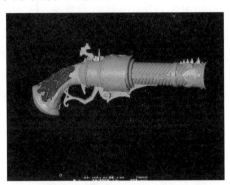
图 5-13　平行光效果

3. 点光源

点光源是我们生活中最常用到的光源，该灯光是从光源位置处向各个方向平均发射光线。例如，可以使用点光源来模拟灯泡发出的光线、模拟夜空的星星。它具有非常广泛的应用范围。

下面介绍点光源的选项窗口，如图 5-14 所示。

图 5-14 中的【强度】、【颜色】、【投射阴影】、【阴影颜色】参数设置在前面已经介绍过了，这里不再介绍。下面只介绍点光源特有的参数设置。

【衰退速率】用来设置灯光的衰减速度，灯光沿着大气传播后会逐渐被大气所阻挡，这样就形成了衰减效果，它和美术学中的近实远虚是一个道理。如图 5-15 所示。

图 5-14　点光源的选项窗口

图 5-15　衰退速率

衰退速率分为 4 种类型，即【无】、【线性】、【二次方】、【立方】。其中，【二次方】

比较接近真实世界灯光的衰减，而【线性】较慢，【立方】较快，【无】则没有衰减，灯光所找到的范围亮度均等，Maya 默认为【无】。

如果设置点光源的【衰减速度】为【线性】，那么灯光衰减很快，所以通常要提高其【强度】为【无】的 10 倍；同理，设置【衰减速度】为【二次方】，则提高其【强度】为【无】的 100 倍；设置【衰减速度】为【立方】，则提高其【衰减速度】为【无】的 1000 倍。

点光源的效果如图 5-16 所示。

4．聚光灯

【聚光灯】是 Maya 中使用得最为频繁的灯光类型，聚光灯可谓神通广大，无所不能，因为其参数众多，可以方便地设置衰减等，聚光灯几乎可以模拟任何照明效果。聚光灯是在一个圆锥形区域中平均地发射光线，一般的室内照明使用【聚光灯】都可以很好地模拟。

下面介绍聚光灯的属性窗口。如图 5-17 所示。其中，【强度】、【颜色】、【衰退速率】、【阴影颜色】、【交互式放置】参数设置在前面已经介绍过了，这里不再介绍。下面只介绍聚光灯特有的参数设置。

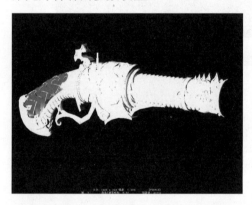

图 5-16　点光源效果　　　　图 5-17　聚光灯属性窗口

（1）圆锥体角度：该值设定聚光灯的锥角角度，Maya 默认该参数为 40，最大值为 179.5，最小值为 0.5。需要注意的是，创建灯光之后，在其右侧的【属性编辑器】中，锥角的角度值最大可以设置到 179.994，最小值可以设置为 0.06。

（2）半影角度：该值可以设置聚光灯的半影角，即光线在圆锥边缘的衰减角度。这里 Maya 默认该参数为 0，最大值为 179.5，最小值为 –179.5。需要注意的是，创建灯光之后，在其右侧的【属性编辑器】中，半影角的最大值可以设置为 179.994，最小值为 –179.994。

（3）衰减：设定聚光灯强度从中心到聚光灯边缘衰减的速率，这里 Maya 默认该参数为 0，0 就是无衰减，值越大灯光衰减的速率就越大，光线会显得比较暗，而光线的边界轮廓会更加得柔和。该值最大值为 1，最小值为 0。需要注意的是，创建灯光之后，在其右侧的【属性编辑器】中，【衰减】的值可设置为无限大。如图 5-18 所示为聚光灯的照射效果。

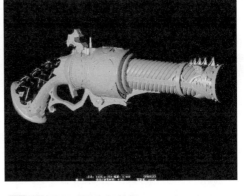

在 Maya 2016 中，可以灵活综合使用这
些灯光来创建自然界中的各种灯光效果。

5.1.3 深度贴图阴影

Maya 2016 中的阴影和真实世界的阴影
并不相同，在现实中有了光自然就有了阴影。

图 5-18　聚光灯效果

而在 Maya 2016 中需要对【深度贴图阴影】执行打开命令，这样【深度贴图阴影】才能
够在视图中起到作用。

在大部分情况下，深度贴图阴影能够产生比较好的效果，但是会增加渲染的时间，
一般的物体阴影都可以用它来模拟。深度贴图阴影是描述从光源到目标物体之间的距离，
它的阴影文件中有一个渲染产生的深度信息，它每一个像素代表在指定方向上，从灯光
到最近的投射阴影对象之间的距离，如图 5-19 所示。

如果场景中包含深度阴影贴图的灯光，打开阴影，Maya 2016 在渲染过程中会为其
创建【深度贴图阴影】，创建一盏灯光，在其右侧的【属性编辑器】中可以找到深度贴图
阴影的属性栏，如图 5-20 所示。

图 5-19　深度贴图阴影

图 5-20　深度贴图阴影属性栏

1. 使用深度贴图阴影

只有启用该复选框时，深度贴图阴影才被激活。这项命令是与【使用深度贴图阴影】
相对应的，如果要给被灯光照射的物体加上阴影，可以启用这一项。

2. 分辨率

设置深度贴图阴影的分辨率，【分辨率】设得很低，阴影的边缘会出现锯齿，而设的
过高，则会增加渲染的时间。很多时候需要进行反复的测试渲染来决定一个最佳的速度

与质量之间的平衡比，既使阴影的边缘没有锯齿，又使渲染速度在一个可以接受的范围内。使用柔和的阴影来体现灯光的柔和，可以适当地降低【分辨率】的值，既达到了需要的效果，又可以降低渲染的速度。

注 意

【分辨率】的值最好是 2 的倍数，为避免阴影周围出现锯齿，【分辨率】的值不应该调的过低。

3．使用中间距离

被照亮物体的表面有时会有不规则的污点和条纹，这时候将灯光的【使用中间距离】命令打开，将有效去除这种不正常的阴影。在默认状态下，此参数是打开的。

4．过滤器大小

可以通过调节此参数来调节边缘柔化程度，参数越大，阴影越柔和，如图 5-21 所示。

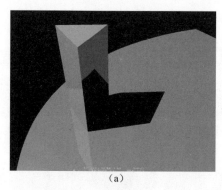 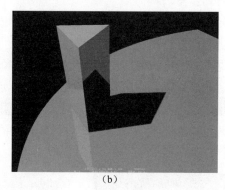

（a）　　　　　　　　　　　　　　　　（b）

🔘 图 5-21 　柔化阴影边缘

5．偏移

调节它可以使阴影和物体表面分离。调节该参数犹如给阴影增加一个遮挡蒙版，当数值变大的时候，灯光给物体投射的阴影就只剩下一部分。当此参数为 1 的时候，阴影就消失了，如图 5-22 所示。

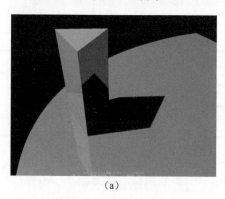 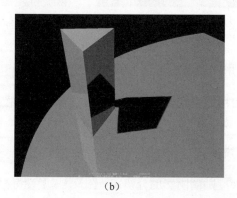

（a）　　　　　　　　　　　　　　　　（b）

🔘 图 5-22 　偏移

6. 雾阴影强度

该参数用以调整打开灯光雾后的阴影浓度，在打开灯光雾的时候，场景中物体的阴影颜色会呈现不规则显示（颜色会变浅），这时可以调节该参数来增加灯光雾中的阴影强度。

7. 雾阴影采样

设置雾阴影的取样参数，此参数越大，打开灯光雾后的阴影就越细腻，但同样也会增加渲染的时间；参数越小，灯光雾后的阴影颗粒状就越明显。Maya 中的默认值为 20。

5.1.4 光线跟踪阴影

和深度贴图阴影一样，使用【光线跟踪阴影】也能够产生非常好的结果，在创建光线跟踪阴影时，Maya 会对灯光光线根据照射目的地到光源之间运动的路径进行跟踪计算，从而产生光线跟踪阴影。但这会非常耗费渲染时间。光线跟踪阴影和深度贴图阴影最大的不同是：光线跟踪阴影能够制作半透明物体的阴影，例如玻璃物体，而深度贴图阴影则不能。需要注意的是，要尽量避免使用光线跟踪阴影来产生带有柔和边缘的阴影，因为这是非常耗时的。

在创建光线跟踪阴影时，Maya 2016 会对灯光光线从照射摄影机到光源之间运动的路径进行跟踪计算，从而产生跟踪阴影，如图 5-23 所示。下面介绍光线跟踪阴影的属性栏，如图 5-24 所示。

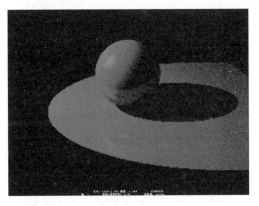

图 5-23　光线跟踪阴影　　　　　图 5-24　光线跟踪属性栏

（1）使用光线跟踪阴影：启用该复选框后将使用光线跟踪阴影。这项命令是与【深度贴图阴影】相对应的，这是两种不同的计算阴影的方式，如果要给灯光加上投射阴影功能，可以启用其中一项，也只能启用一项，两者不能同时选择。

（2）灯光半径：该选项用于扩大阴影的边缘，该值越大，阴影就越大，但是会使阴影边缘呈现粗糙的颗粒状。

（3）阴影光线数：该数值越大，阴影边缘就越柔和，显得越真实，它不会呈现粗糙的颗粒状，但是会相应地增加渲染时间。该数值越小，阴影的边缘就越锐利，如图 5-25 所示。

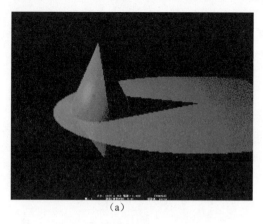
（a）

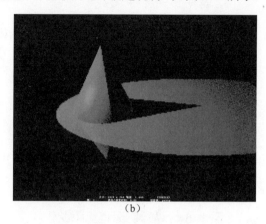
（b）

图 5-25　阴影辐射

（4）光线深度限制：调节此参数可以改变灯光光线被反射或折射的最大次数。参数越大，反射次数就越多，该参数默认值是 1。

另外，光线跟踪阴影要比深度贴图阴影多几道创建工序，下面介绍创建光线跟踪阴影的操作。

首先要创建需要产生阴影的灯光，在光线追踪阴影属性栏里勾选【使用光线跟踪阴影】复选框，如图 5-26 所示。

图 5-26　启用【使用光线跟踪阴影】复选框

5.2　摄影机

在真实世界中，摄影机无处不在，我们从电视中看到的大多数画面都是摄影机所拍摄的，在 Maya 2016 中是通过摄影机观察物体的，一个场景被建立以后会自动建立透视图、顶视图、前视图和侧视图 4 个摄影机，也就是界面中的视图。在输出作品时一般通过新建立的摄影机镜头完成。

5.2.1　创建摄影机

在 Maya 2016 中，可以从 Maya 的主菜单中创建摄影机，选择【创建】|【摄影机】|【摄影机】/【摄影机和目标】/【摄影机、目标和上方向】，如图 5-27 所示。

从图 5-27 中可以看到，摄影机分为 3 种，即【摄影机】、【摄影机和目标】、【摄影机、目标和上方向】，那么这 3 种摄影机分别有什么作用，下面我们逐一介绍。

1. 摄影机

自由摄影机并没有控制柄，不能对其做比较复杂的动画效果，它经常用作单帧渲染或者做一些简单的移动场景动画，一般把这种摄影机称为单节点摄影机，如图 5-28 所示。

图 5-27 创建摄影机

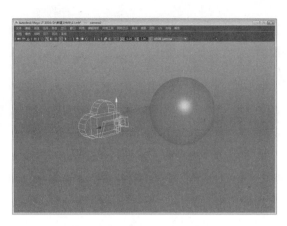

图 5-28 自由摄影机

2. 摄影机和目标

目标摄影机有一个控制柄，它经常用于制作一些稍微复杂点的动画，例如路径动画或者注释动画，一般把这种摄影机叫做双节点摄影机，如图 5-29 所示。

3. 摄影机、目标和上方向

带控制柄的目标摄影机，顾名思义，它比目标摄影机具有更多元化的操作，使用控制柄可以控制摄影机的旋转角度，它经常用来制作一些比较复杂的动画。一般把这种摄影机称为多节点摄影机，如图 5-30 所示。

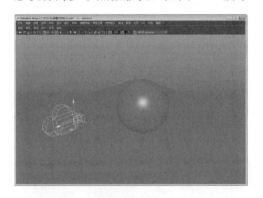

图 5-29 目标摄影机

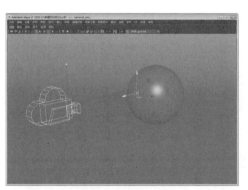

图 5-30 带控制柄目标摄影机

5.2.2 摄影机属性

在 Maya 2016 中，摄影机被创建出以后，会使用其默认属性，但是有些时候默认属性并不能满足实际的需要，所以需要修改摄影机的参数，摄影机的属性可以极为方便地改变，而且可以放置在场景中的任意位置，这是真实世界中的摄影机难以办到的。

1. 摄影机属性

如果要在创建摄影机时设置其属性，选择【创建】|【摄影机】|【摄影机】右侧

的■命令打开其选项。在创建摄影机后，按 Ctrl+A 快捷键打开摄影机的通道盒，在通道盒中展开【摄影机属性】部分，使用这里的选项可以设置摄影机的一些属性，如图 5-31 所示。

（1）控制：展开下拉菜单，可以选择摄影机的种类，在各种摄影机之间进行切换，而不需要重新建立新的摄影机。

（2）视角：可以设置摄影机的视野范围（也就是视角），视角的大小决定了视野的开阔度和视野中物体的大小，该参数越大，视野就越大，而相对的视野中的物体就越小。

图 5-31　摄影机属性

（3）焦距：该选项用于设置镜头中心到胶片的距离，该数值越大，摄影机的焦距就越大，目标物体在摄影机视图中就越大。

（4）摄影机比例：按比例来设置摄影机视野的大小，该数值越大，目标物体在摄影机视图中就越小。

（5）自动渲染剪裁平面：选中该项后，系统会自动渲染所设置的设置剪裁面，在 Maya 2016 中，摄影机只能看到有限范围内的对象，摄影机的范围可以用剪裁平面来描述，如果不启用该选项则，渲染时看不到剪裁平面以外的物体。

（6）近剪裁平面：用于设置从摄影机到近剪裁平面的距离数值，近剪裁平面是指定位于摄影机视线最近点上的一个虚拟的平面。这个平面是不可见的，在摄影机视图中，小于近剪裁平面的对象都是不可见的，如图 5-32 所示。

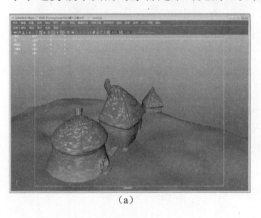
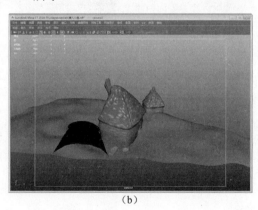

（a）　　　　　　　　　　　　（b）

图 5-32　近剪裁平面效果

（7）远剪裁平面：用于设置摄影机到远剪裁平面的距离数值。远剪裁平面是指定位于摄影机视线最远点上的一个虚拟的平面。这个平面是不可见的，在摄影机视图中，大于远剪裁平面的对象都是不可见的，如图 5-33 所示。

注　意

在场景中，只有定位在近剪裁平面和远剪裁平面之间的对象才是可见的，与摄影机距离小于近剪裁平面或大于远剪裁平面的对象都是不可见的。

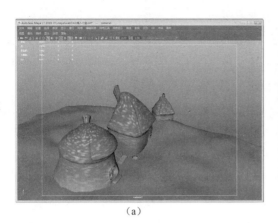

（a） （b）

图 5-33 远剪裁平面效果

2. 胶片背

另外，我们可以在通道盒的【胶片背】面板中选择一个预设的【胶片门】。这样 Maya 会为用户配置一个预设好规格属性的摄影机。如果用户没有发现合适的预设，那么必须手动设置下面的属性，直至达到满意效果，如图 5-34 所示。

（1）胶片门：展开该下拉菜单，Maya 2016 会给出许多预设好的摄影机规格，这些规格都是真实生活中摄影机的规格，但此预设摄影机所拍摄到的场景区域不一定是 Maya 2016 摄影机将要渲染的区域。

（2）摄影机光圈（英寸）：该选项控制摄影机光圈的高度和宽度，摄影机光圈控制【焦距】的关系和【垂直视图】的关系。

（3）胶片纵横比：摄影机光圈的高宽比。当设置摄影机光圈时，此项数值会自动更新。

（4）镜头挤压比：摄影机的透视水平压缩影像的数量，大部分摄影机不会压缩影像，它们的透视压缩比率是 1。然而一些摄影机需要把宽屏视频放入正方形的胶片内，需要水平地进行压缩。

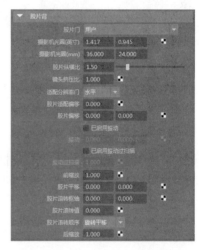

图 5-34 【胶片背】面板

（5）适配分辨率门：此项控制【分辨率指示器】和【胶片指示器】之间的大小关系，此选项有 4 种匹配方式，如表 5-1 所示。如果【分辨率指示器】和【胶片指示器】的比率不同，控制如何使两者匹配。

表 5-1 4 种匹配方式

匹配方式	特 性
填充	【分辨率指示器】匹配【胶片指示器】
水平	【分辨率指示器】横向匹配【胶片指示器】
垂直	【分辨率指示器】纵向匹配【胶片指示器】
过扫描	【过扫描】匹配【过扫描】

（6）胶片偏移：以屏幕为标准，水平或者垂直移动【分辨率指示器】或者【胶片指

示器】，一般此选项为 0。在必要时，可以使用【胶片指示器】在两个方向上移动视图。

5.2.3　摄影机视图和指示器

当我们创建新场景时，默认场景中包含 4 个摄影机视图，摄影机视图分为两种类型，一种为透视摄影机视图，另一种为正交摄影机视图。当需要在正交摄影机视图和透视摄影机视图中切换的时候，我们可以在摄影机通道盒中的【正交视图】中启动该复选框，则视图切换为正交摄影机视图，如果不启动，则该视图为透视摄影机视图，如图 5-35 所示，通道盒中的摄影机图标也会发生变化。

（a）透视摄影机视图

（b）正交摄影机视图

图 5-35　透视摄影机视图和正交摄影机视图

1. 摄影机视图

透视摄影机视图类似于真实世界中的摄影机，它能产生透视效果。当一个对象靠近摄影机时，它会显得很大，当对象离摄影机比较远时，它会显得很小，渲染场景时可以使用透视图来做最终的渲染，如图 5-36 所示。

正交摄影机视图不像真实世界中的摄影机，它不会产生透视的效果，不论物体离摄影机是远是近。它的显示尺寸都是相同的，我们在检查对象的尺寸和对齐对象的时候，可以利用正交摄影机视图，但是一般不使用它来渲染场景，如图 5-37 所示。

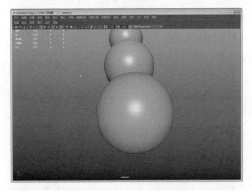
图 5-36　透视摄影机视图

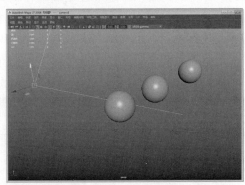
图 5-37　正交摄影机视图

2. 摄影机视图指示器

一般在摄影机中都有一些标志来表明镜头中有哪些部分被拍摄下来，哪些部分拍摄不到。在 Maya 2016 中，也有这样的标志，只是在一个摄影机视图中可以包含很多这样的标志，每个标志都有自己的作用，这些标志称为【查看指南】。在默认情况下，摄影机视图并不需要视图指示器，但是在多个摄影机视图中，视图指示器可以清楚地帮助我们决定哪些视图需要渲染，哪些视图不需要渲染。

在创建摄影机之后，打开它的通道盒，并且展开【显示选项】，在这个选项面板中，有很多视图指示器供参考，如图 5-38 所示。

1）显示胶片门

视图指示器指出一片区域，此区域中的图像是真实摄影机将要拍摄的图像，胶片指示器的尺寸也反映与其关联的摄影机的光圈尺寸，当摄影机光圈的比例和分辨率相同时，区域中就是即将渲染的画面。

2）显示分辨率

视图中指示的尺寸是渲染时渲染器分辨率的尺寸，此区域以外的物体不会被渲染进去，分辨率也会在视图中显示，如图 5-39 所示。

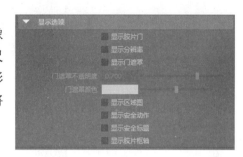

图 5-38 显示选项

3）显示区域图

现场指示器是 12 个现场动画的尺寸，在这里最大的现场尺寸 12 和分辨率的尺寸是一样的，如图 5-40 所示。

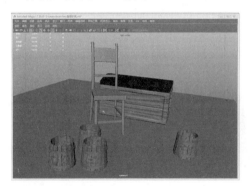

图 5-39 显示分辨率

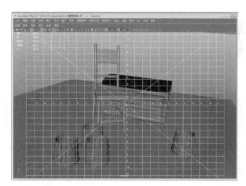

图 5-40 显示区域图

4）显示安全动作

安全区指示器识别区域要小于渲染分辨率，如果最后渲染出来的结果需要在电视上播放，那么可以使用安全框指示器以确保需要的结果都显示在安全区域当中，而安全区指示器之外的物体是不会出现在最后的渲染结果中的，如图 5-41 所示。

5）显示安全标题

标题安全框指示器只有渲染视图分辨率的 80%，它主要用于最后渲染的结果需要在电视上播放的时候确保所有需要的文本都处于一个安全的区域，而标题安全区指示器以外的文本是不会出现在最后的渲染结果中的，如图 5-42 所示。

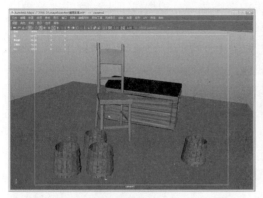

图 5-41　显示安全动作

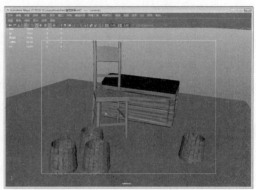

图 5-42　显示安全标题

5.2.4　景深

真实世界中的摄影机都会有一个距离范围，在这个范围内的对象都是聚焦的，而在这个范围外的物体都是模糊不清的，称这个范围为景深。景深是拍摄电影时经常用到的一个表现手法，当需要给予目标物体特写的时候，就可以使用景深效果，如图 5-43 所示。

在 Maya 2016 中，摄影机的默认属性都是聚焦的，所有被摄影机拍摄到的画面都是清晰可见的。如果我们需要制作景深效果时，可以在摄影机的【摄影机属性】中展开的【景深】面板中设置，如图 5-44 所示。下面介绍景深参数面板中的选项设置。

图 5-43　景深效果

图 5-44　【景深】属性栏

（1）景深：启用该复选框开启景深功能，否则下面的参数设置都是无意义的。

（2）聚焦距离：调节该参数可以设置景深最远点与最近点之间的距离，该参数比较小的话，近处的物体会聚焦，而远处的物体则会变得模糊，该参数大则反之，如图 5-45 所示。

（3）F 制光圈：调节该参数可以设置景深范围的大小，该值越大，景深越长，该值越小则反之，如图 5-46 所示。

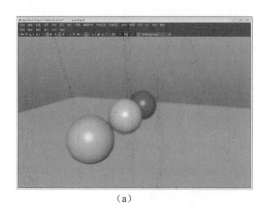
(a)

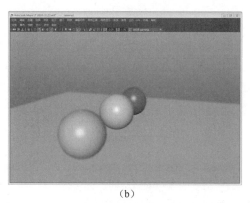
(b)

图 5-45 聚焦对比

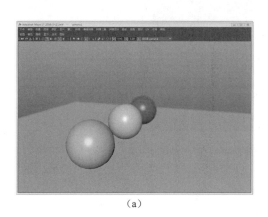
(a)

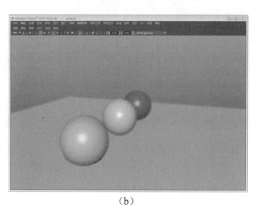
(b)

图 5-46 光圈对比

（4）聚焦区域比例：该参数也会设置摄影机与物体之间的距离范围，而当物体在这个范围之内时，它会变得清晰可见，处于范围之外时会变得模糊不清。改变场景中的线性单位，景深会随之改变，而此时想要保持景深不变，则可以使用【聚焦区域范围】来弥补。例如，一个场景中的单位由 cm 改为 m，而此时需要景深保持不变，【聚焦区域范围】就必须由 1 改为 100。这样可以比较容易地控制景深。

5.2.5 保存和调入摄影机视图

当制作好一个摄影机角度时，可以将该视图保存。如果以后需要用到该视图时，可以将该视图重新调出。因为设置摄影机的角度是一件很麻烦的事情，如果使用保存和调入命令会省下很多时间。

1. 保存摄影机视图

在需要保存的摄影机视图中选择【视图】|【书签】|【书签编辑器】命令，此时会弹出一个【书签编辑器】窗口。后面的括号里会显示当前需要保存的摄影机的名字，如图 5-47 所示。在这里如果需要自定义名称来创建书签，可以直接在【名称】栏里输入名称；如果需要使用系统分配的名称来创建书签，单击【新建二维书签】按钮即可。

2. 调入摄影机视图

如果需要调入已经保存好的摄影机视图，在【视图】|【书签】中选择保存的摄影机视图名称单击即可，如图5-48所示。如果需要将已经保存好的摄影机视图重命名，选择【视图】|【书签】|【书签编辑器】命令，打开书签编辑器。选择要重命名的书签，在【名称】栏里输入新名称，按 Enter 键确认即可。

图 5-47　书签编辑器

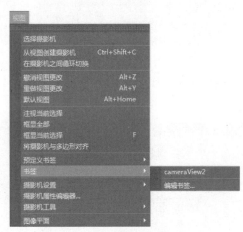

图 5-48　调入摄影机视图

3. 删除摄影机视图

如果需要删除保存过的摄影机视图，可以选择【视图】|【书签】|【书签编辑器】命令，打开书签编辑器，然后选择要删除的书签名称，按【删除】按钮进行删除。

5.3　课堂练习：镜子屋里的书桌

无论在虚拟的三维空间中还是在现实世界中，光是人们认知世界的基础。灯光在场景中不仅仅是起到了照明的作用，更为重要的是用来表达情感，渲染气氛，吸引观众的注意，为场景提供更大的深度，体现丰富的层次。所以在为场景创建灯光时，先要明确自己要表达的情感、基调。

图5-49所示的是一个镜子屋里的书桌，该作品画面灰暗，有淡黄的光源，营造了夜晚静室安详、寂静的气氛。在表现这种场景时，将光源偏移到右侧，缩小照明的受光面，再利用背光进行适当的补充，能够非常充分地表现场景的造型。操作步骤如下。

图 5-49　最终渲染效果

1 打开 Maya 2016，导入事先准备好的场景，如图 5-50 所示，这是一个写字台的效果。下面为场景布置灯光，首先打开创建面板在视图中建立一盏聚光灯，如图 5-51 所示。

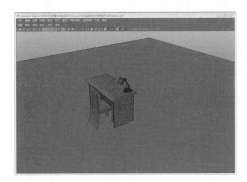

图 5-50　导入新场景

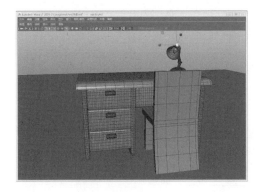

图 5-51　创建聚光灯

2 我们创建的这盏灯要作为一个光源，模拟的是夜晚的灯源，按 Ctrl+A 快捷键打开灯光的属性面板，设置灯光颜色 H：60、S：0.634、V：1，【强度】设置为 6，如图 5-52 所示。灯光渲染效果如图 5-53 所示。

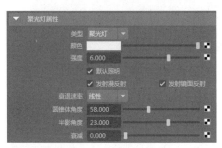

图 5-52　聚光灯属性设置

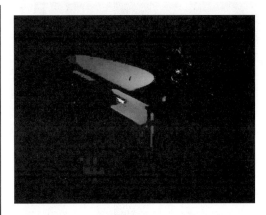

图 5-53　渲染效果

3 展开【灯光效果】面板，单击【灯光雾】右侧的按钮，创建灯光雾效果。【雾扩散】和【雾密度】的值如图 5-54 所示。渲染一下月光的效果，此时聚光灯比较真实地模拟出了夜晚灯光在场景内的效果，但是还缺乏补助的灯光，下面做一盏补光。

图 5-54　灯光效果参数

4 创建一盏聚光灯，将聚光灯调整至台灯的旁边，如图 5-55 所示。设置聚光灯的参数，打开【聚光灯属性】面板将聚光灯的颜色设置为 H：60、S：0.634、V：1，【强度】设置为 6，其他参数如图 5-56 所示。

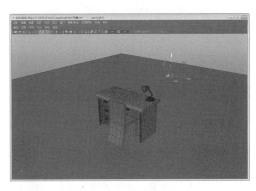

图 5-55　灯光位置

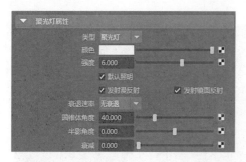

图 5-56　补光灯设置

5　这盏灯光的位置一定要注意，如果位置不合适台灯将会很刺眼，再渲染一下看看效果，如图 5-57 所示。现在桌子比以前明亮了些，但是明亮程度还不够，需要增加一盏补光。

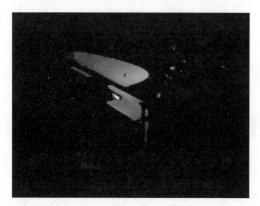

图 5-57　渲染效果

6　接着创建一盏聚光灯将其放置在桌子的侧上方，如图 5-58 所示。需要注意光线的位置，这盏灯光会从侧方给桌子一个补光。

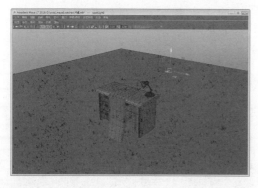

图 5-58　补光位置

7　设置聚光灯参数。在这里使用白色，即 H：60、S：0.156、V：0.8，其他参数如图 5-59

所示。

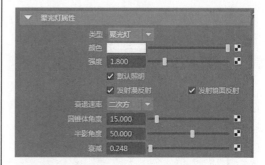

图 5-59　聚光灯参数

8　为了更好地观察整个场景，在视图侧上方创建一个环境光，如图 5-60 所示。渲染视图效果如图 5-61 所示。现在视图中桌子就不是一团漆黑了。

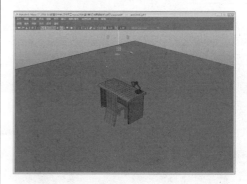

图 5-60　环境光

图 5-61　渲染效果

9　所有的补光都已经做好以后，还缺少一盏背光源，在图 5-62 所示的位置创建一盏聚光灯，打开灯光属性面板。这盏灯的主要作用是让物体与背景分类，使物体的轮廓清晰

Maya 2016 中文版标准教程

可见。

📀 **图 5-62** 背光源位置

10　背光不需要设置颜色，使用默认的白色就可以了。设置它的参数，如图 5-63 所示。将【强度】设置为 1.8，【衰退速度】设置为【二次方】，【圆锥体角度】和【衰减】分别设置设置为 15 和 50。这样背光就设置好了，渲染效果如图 5-64 所示。

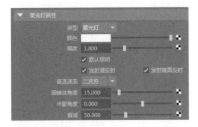

📀 **图 5-63** 背光参数

📀 **图 5-64** 背光源渲染

11　整个补光和背光已经全部设置完毕，现在来创建一个立方体，对其大小自行进行缩放，如图 5-65 所示。

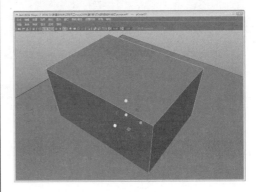

📀 **图 5-65** 主光源位置

12　接着来设置立方体的【镜面反射着色】参数，其设置参数如图 5-66 所示。如图 5-67 所示为镜子屋的课桌的最终效果。

📀 **图 5-66** 【镜面反射着色】参数

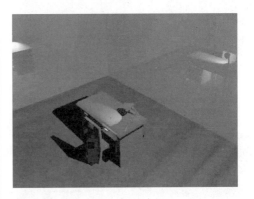

📀 **图 5-67** 渲染效果

5.4 课堂练习：夜空下的穹顶小屋

　　夜景是场景布置当中的一个难点，它没有什么规律可循，随着场景的变化而变化。本节介绍的是一种常见的夜景的制作方法，通过这个练习的操作，为读者的实际设计提供一种思路。最终效果如图 5-68 所示，具体操作步骤如下。

图 5-68　最终效果

1 首先打开已经设置好的场景，如图 5-69 所示。场景中有一座小屋，在没有添加任何光源的情况下渲染效果图，如图 5-70 所示。图 5-70 中小屋材质因为没有光的关系并没有被渲染出来。

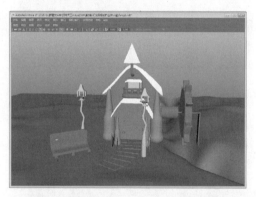

图 5-69　打开场景

图 5-70　渲染初始场景

2 打开创建面板，在视图中创建一盏点光源作为主光源，使用移动工具将灯光移动至汽车顶部，如图 5-71 所示。

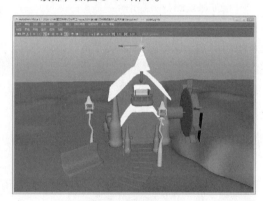

图 5-71　主光源位置

3 打开其属性面板设置它的属性，将【颜色】设置为一盏淡黄色的灯光。打开拾色器，将参数设置为 N：60、S：0.352、V：1，其他参数如图 5-72 所示。这样主光源就设置好了，渲染效果如图 5-73 所示。

图 5-72　主光源参数

图 5-73　环境光效果

4　从主光源效果图中可以发现只有屋顶有着比较好的光线照射，而其他地方全部都是一片漆黑，这就需要添加补光了。打开创建面板，在视图中创建点光源，并将其移动至窗顶位置，如图 5-74 所示。

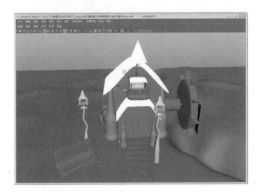

图 5-74　点光源置

这盏灯光是为了弥补主光源光线不足而创建的，设置它的颜色为 H：60、S：0.6、V：1，但是光线的强度要高一些，设置【强度】为 2，【衰退速度】设置为【线性】。这样补光就设置好了，其参数如图 5-75 所示。渲染效果如图 5-76 所示。

图 5-75　点光源参数

图 5-76　增加补光渲染

5　从图 5-76 中可以看到，加了补光的场景就显得明亮了许多，但是场景的颜色有些单调，还需要设置更多的背光使画面显得更加生动。在视图中创建一个点光源，将其移动至路灯灯罩中央，打开其灯光属性面板，将灯光的颜色值设置为浅黄色（H：100、S：0.26、V：1）。当然这里的颜色可以随意设置，但最好是亮色调。设置【强度】值为20，【衰退速度】为【线性】，如图 5-77 所示。

图 5-77　点光源参数

6　参数设置完毕后渲染效果，如图 5-78 所示。此时大致的效果基本已经体现出来，但是光线还是略显单调，再为场景添加一盏聚光灯来弥补颜色单调这一缺陷。

图 5-78　增加背光源渲染效果

第 5 章　灯光和摄影机

163

7 在视图中创建聚光灯,将其放置在路灯灯罩位置,如图 5-79 所示。其颜色参数设置为 H:60,S:0.388,V:0.858,【强度】设置为 0.8,其余参数设置如图 5-80 所示。

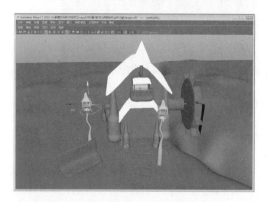

图 5-79　增加聚光灯渲染效果

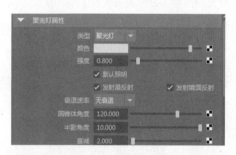

图 5-80　聚光灯参数效果

8 渲染一下,效果如图 5-81 所示。

图 5-81　第二背光位置

9 接下来选中【点光源】,按住 Shift 键的同时选中【聚光源】,然后按 Ctrl+D 快捷键对其复制,复制过后将其平移到如图 5-82 所示

的位置,并进行调节。灯光复制完成后,我们进行渲染,效果如图 5-83 所示。

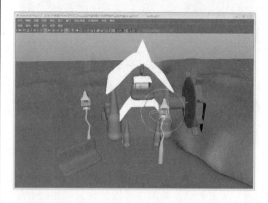

图 5-82　灯光复制

图 5-83　渲染效果

10 最后创建一个【球体】,其半径设置为 25,其余参数设置如图 5-84 所示。

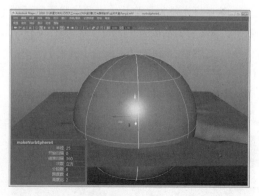

图 5-84　创建球体

11 接下来将颜色设置为 H:180,S:1、V:1,其余参数设置如图 5-85 所示。

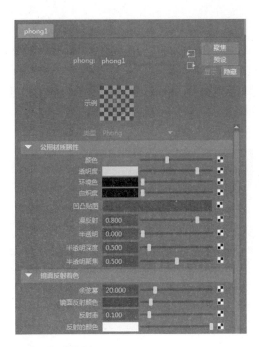

图 5-85 参数设置

12 这样整个场景就制作完成了,整个场景的效果如图 5-86 所示。

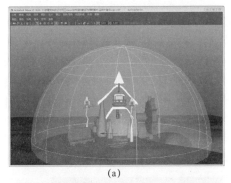

(a)

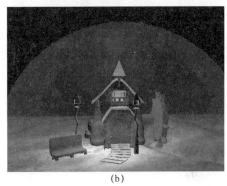

(b)

图 5-86 穹顶小屋

5.5 思考与练习

一、填空题

1. 灯光有 6 种基本的类型,分别是环境光、平行光、点光源、聚光灯、区域光和_____。

2. 灯光有两种阴影效果,分别是深度阴影贴图和_____。

3. 光学特效有三种效果,分别是辉光、光晕和_____。

4. 摄影机视图分为_____和透视摄影机视图两种类型。

5. 在 Maya 2016 中摄影机有三种类型,分别是自由摄影机、目标摄影机和_____。

二、选择题

1. 在 Maya 2016 中,可以利用_____种方式来创建灯光。

   A. 1

   B. 2

   C. 3

   D. 4

2. 光学特效中的辉光有_____种类型。

   A. 2

   B. 3

   C. 4

   D. 5

3. 默认场景中包含_____个摄影机视图。

   A. 1

   B. 2

   C. 3

   D. 4

三、问答题

1. 试着阐述一下如何制作景深效果。

2. 如何保存和调出摄影机视图?

四、上机练习

1. 灯光表现质感

在前面的讲解中，我们介绍了渲染灯光和摄影机的使用方法，本练习中，要求读者使用前面所学过的技巧创建视图中一个较逼真的场景，需要注意的是灯光的位置和光照强度，以及景深的深度，最终效果如图 5-87 所示。

图 5-87　场景渲染

2. 物体阴影表现

本练习要求读者为玻璃材质物体制作逼真的阴影，在此需要使用光线跟踪阴影，调整其参数值来为场景设置逼真的光影，需要注意的是灯光的位置和参数，以及材质的设置，效果如图 5-88 所示。

图 5-88　逼真的阴影

第6章
材质与贴图

在 Maya 中，材质和纹理是表现物体真实性的唯一途径，材质可以表现物体的高光度、反射方式、透明度、折射率等内在的物理属性，而贴图是体现物体表面纹理、图案、花纹及色泽等物体表面属性的一种方式。总之，人们通常所说的赋予物体材质是指将一个不具备任何物理属性的模型变成一个现实生活中的物体，使之具备真实或特殊视觉效果。

6.1 材质理论知识

当一个模型创建好以后，为其添加材质用于表现物体的质感。因此 Maya 2016 中提供了许多基础的材质形式，在这些基础的材质形式上，可以调整材质的光感、颜色和透明度等参数，以表现出不同的材质效果。还可以为物体添加纹理，使物体表现出更加真实的画面效果。本节我们来学习事物的物理特性和纹理的作用。

6.1.1 材质的应用构成

世界上的一切事物都是通过表面的颜色、光线的强度、反射率、折射率以及纹理等来表现自身的性质的。要掌握不同物体的质感，需要经常仔细地观察周围的事物，例如玻璃、树叶在光的照射下的现象，如图 6-1 所示。

材质是对视觉效果的模拟，而视觉效果包括颜色、反射、折射、质感和表面的粗糙程度等诸多因素，这些视觉因素的变化和组合呈现出各种不同的视觉特征。Maya 2016 中的材质正是通过模拟这些因素来表现事物的。材质既然模拟的是事物的综合效果，它本身也是一个综合体，由若干参数组成，每个参数负责模拟一种视觉因素，如透明度控制物体的透明程度等。

在掌握了各种事物的物理特性之后，使用三维软件进行创作就可以最大限度地发挥我们的想象力，创造出各种质感的物体，甚至是现实生活中没有的材质。

（a）玻璃　　　　　　　　　　　　　　　　　　（b）树叶

 图 6-1　真实的玻璃和树叶

6.1.2　贴图的作用

在 Maya 2016 中，只凭借材质的基本参数很难表现出更真实、更细腻的材质效果，纹理和贴图的介入使我们能够解决所有问题。材质可以表现物体的高光强度、反射方式、透明度、折射率等内在的物理属性，而纹理和贴图是体现物体表面图案、花纹及色泽等物体表面属性的一种方式，如图 6-2 所示，围巾上的各种布料、木桌上的纹理等都可以利用贴图模拟出来。

（a）布料纹理　　　　　　　　　　　　　　　　　（b）木桌纹理

图 6-2　布料和木桌纹理

6.1.3　节点的概念

节点是 Maya 2016 中一个十分重要的概念，例如我们常说的材质节点、贴图节点、灯光节点等。节点也是 Maya 2016 中的最小计算单位，每个节点都有一个属性组，包括输入、输出和中间计算三个部分。一般情况下，一个节点会从另一个节点取得数据，然后经过内部的计算按要求交给下一个节点，或者直接输出。例如我们可以将一个图像节点的黑白信息转换为材质节点的凹凸信息进行输出。在使用节点的时候，知道节点能完成什么样的计算要比怎样完成这种计算更重要，即使完全不知道它内部是怎样计算的也完全不影响使用。打个简单的比喻来说，我们可以将收音机看作一个节点，收音机的一端输入的是无线电信号，另一端输出的是声音信号。从无线电信号转换为声音信号是在收音机内部完成的，这对绝大多数人来说是未知的，但这并不影响收音机的使用。

在 Maya 中，节点不仅仅存在于材质部分，在建模、灯光、动画中都有节点的影子，在 Maya 中进行计算也是以节点为单位的。

6.2 材质基础

前面对材质物理属性进行了分析，本节将重点讲解在 Maya 2016 软件中创建材质节点的方法，以及如何编辑材质节点。另外，还将深入了解材质的通用属性、高光和光线跟踪属性，并对重点材质节点进行介绍。

6.2.1 认识材质编辑器

在 Maya 2016 中，执行【窗口】|【材质/纹理烘培编辑器】| Hypershade 命令，可以打开材质的编辑工具的操作界面，如图 6-3 所示。Hypershade 的编辑功能非常健全，我们可以很直观地在操作区中看到材质节点网络的结构图，在编辑复杂的材质结构时，这一点很重要。另外，Hypershade 还可以对其他节点进行编辑操作，例如灯光、骨骼等。所以，下面将详细介绍超级着色器的构成和用法。

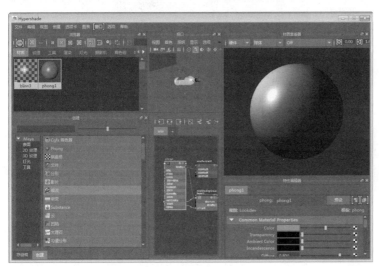

图 6-3 Hypershade 操作界面

1. Hypershade 的界面介绍

可以将超级着色器的操作界面划分成浏览器、视口、材质查看器、特性编辑器、工作区、工作区选项卡、创建选项卡、存储箱，如图 6-4 所示为 Hypershade 操作界面。

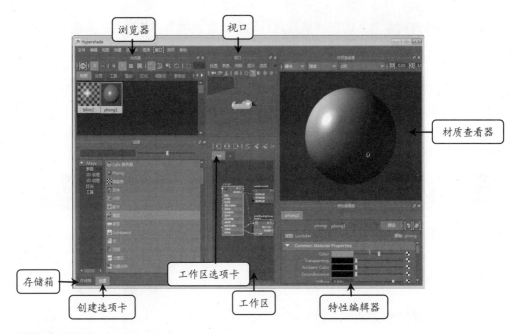

浏览器

视口

材质查看器

存储箱

工作区选项卡

创建选项卡

工作区

特性编辑器

图 6-4 Hypershade 操作界面

2. 超级着色器的使用方法

首先介绍一种特殊的视图方式：在视图窗口中按住空格键不放，这时会弹出热盒菜单，在热盒菜单的上面按住鼠标左键不放，会出现一个快捷菜单，在正右方有一个Hypershade/【透视】选项，拖曳鼠标到其上面，如图 6-5 所示，松开鼠标即可打开【Hypershade/透视】视图模式。

将鼠标移动到 Hypershade 器上，按空格键，使 Hypershade 最大化，然后在创建区中单击 phong 材质球并单击 ，这时在节点列表区

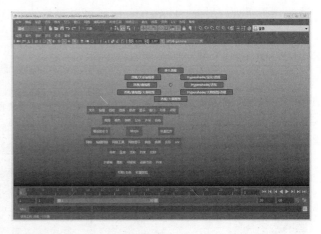

图 6-5 切换视图模式

和工作区会同时出现一个 phong1 材质的图标，如图 6-6 所示。这种方法和使用鼠标中键直接拖曳材质球到工作区的效果是一样的。

创建完材质后一般都要对材质进行命名，操作方法是：按 Ctrl 键，在节点列表区双击材质球图标，即可对该材质命名，然后按 Enter 键结束命令，如图 6-7 所示。

现在，在操作区的工具栏上单击 按钮，则在节点编辑区中只显示工作区；单击 按钮，则只隐藏选定节点列属性；单击 按钮选定显示节点的已连接属性；单击 按钮将显示选定节点的全部属性。如果单击第一个按钮 ，则从自定义属性视图中显示属性，这些按钮将会方便我们调节操作区域。

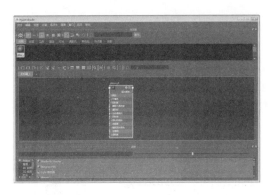

图 6-6　创建材质

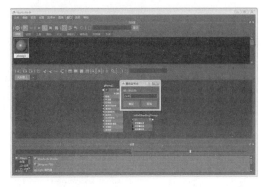

图 6-7　给材质命名

在节点编辑区中单击材质球，会打开该材质的属性通道盒，如图 6-8 所示。关于材质的属性参数将在后面的章节中详细介绍，这里只介绍编辑材质的操作流程。

单击【颜色】后面的【贴图】按钮，这时会弹出【创建渲染节点】对话框。在其中单击【棋盘格】贴图类型，会看到【棋盘格】贴图的通道盒，如图 6-9 所示。

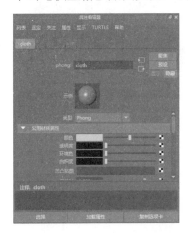

图 6-8　材质的属性通道盒

图 6-9　棋盘格贴图的通道

在【棋盘格】贴图的通道盒中，单击【颜色 1】后面的【贴图】按钮，在弹出的【创建渲染节点】对话框中单击【渐变】贴图类型，如图 6-10 所示。

图 6-10　单击【渐变】贴图类型

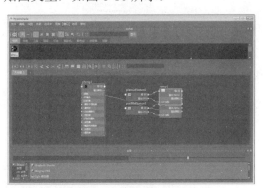

图 6-11　排列材质的网络结构

回到 Hypershade 的工作区中我们可以看到【颜色】材质的节点网络，不过现在有点乱，选择【颜色】材质球，在操作区的工具栏上单击【重新排列图标】按钮 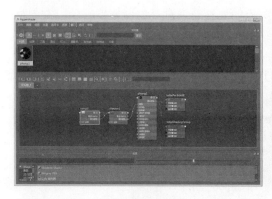，重新排列材质的网络结构，结果如图 6-11 所示。

单击 按钮，表示只显示选中节点的输入项，这是默认的设置；单击 按钮，表示同时显示输入和输出项；单击 按钮，表示只显示输出项，如图 6-12 所示。

3. 通过连接节点组建网络结构图

首先按空格键切换到【Hypershade/透视】选项，在工作区中选择 phong 材质，单击 按钮，将工作区最大化。然后使用鼠标中键直接拖曳材质球到工作区，再创建【棋盘格】贴图节点和一个【渐变】贴图节点，如图 6-13 所示。

图 6-12　只显示输出项

图 6-13　创建贴图

最后，按空格键切换到【Hypershade/透视】视图模式，在透视图中创建一个模型，例如一个球体，然后使用鼠标中键拖动 Phong 材质到创建的模型上，这样我们就把材质赋予了模型，按 6 键观看结果，如图 6-14 所示。

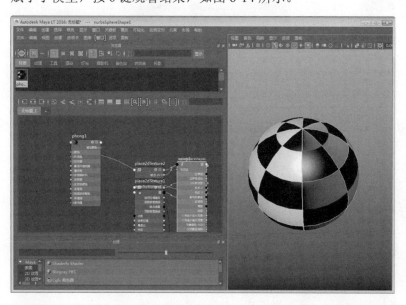

图 6-14　将材质赋予模型

6.2.2 材质种类简介

根据材质的应用类型，Maya 2016 将材质分为三种类型，即【表面材质】、【体积材质】和【置换材质】。但在 Maya 中不叫材质类型，而称为【阴影组】。有些高级的材质参数比较难理解，例如流体，对于初学者，首先要掌握好最常用的材质类型，对于一些基本的属性概念一定要完全理解，这是深入研究材质的基本前提。本节将主要介绍常用的材质类型，以及它们的应用领域。

1．表面材质中的常用材质

除了能在 Hypershade 的创建区中预览表面材质外，还可以在【创建渲染节点】对话框中浏览，如图 6-15 所示，下面分别向读者介绍。

1）Cgfx 着色器

Cgfx 着色器是一个使用可编程着色语言的节点，因此，Cgfx 着色器不会自动支持在 Maya（place2DTexture 节点或 place3DTexture 节点）内找到的纹理放置。使用此语言意味着无法从外部设定纹理变换。相反，必须明确编码至着色器中。如果这类参数仅次于着色器中，则自动 UI 生成功能将创建 UI 元素。然后，应将适当的属性从纹理放置节点连接到着色器内的属性。

2）Phong

Phong 材质有明显的高光区，可以使用 cosine Power 参数对 Phong 材质的高光区域进行调节，适用于湿滑的、表面具有光泽的物体，如塑料、玻璃、水等。图 6-16 是 Phone 材质的表现效果。

图 6-15　表面材质

图 6-16　**Phone 材质的表现效果**

3）SurfaceShader

给材质节点赋以颜色，可以很好地表现卡通和一些特殊的绘画效果，它除了有颜色以外，还有透明度、辉光度以及光洁度，所以在目前的卡通材质里，选择 SurfaceShader 的情况比较多。如图 6-17 所示是 SurfaceShader 表现的卡通效果。

2．体积材质

这种材质表面类型中对应的是【表面材质】表面阴影材质，它们之间的区别在于【体积材质】能生成立体的阴影化投射效果。

3．置换材质

【置换材质】可以利用一张贴图使对象产生凹凸不平的特征。当添加贴图后，图片中的白色部分和不同的灰度会产生凸起的效果，而纯黑色部分不发生变化，当使用的是

图 6-17　SurfaceShader 表现的卡通效果

彩色图片的时候，凹凸通道还是使用它的灰度信息。使用这种方法可以表现真实的凹凸效果，它能够直接改变物体的结构，成为真正意义上的凹凸。但使用【置换材质】的前提是物体模型必须有足够的分段，而模型的分段越多，渲染输出的时间越慢，所以该材质在实际中使用的机率并不大。

6.2.3　材质的通用属性

在 6.2.2 节中，我们介绍过材质的属性包括颜色、透明度、高光强度、反射率、折射率等，这些属性基本上描述了物体表面的视觉元素中的大部分内容，而且它们又是大部分的材质都具有的属性，所以又称为通用属性。本节将以 Phong 材质为例并结合简单的操作来讲解这些属性的具体作用。

打开本书配套资料中提供的"瓷瓶"场景文件，在该场景中已经创建好了模型对象、灯光，并且给地面赋予了 Use Background 材质，如图 6-18 所示。

执行【面板】|【保存的布局】|【Hypershade/透视】命令，切换到【Hypershade/透视】视图模式，然后在 Hypershade 的创建区中单击 Phong 材质球创建一个 Phong 材质，如图 6-19 所示。

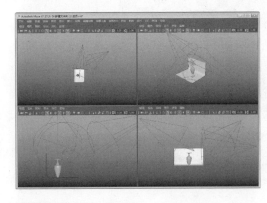

图 6-18　场景文件

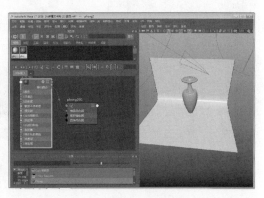

图 6-19　创建 Phong 材质

使用鼠标中键将创建的 Phong 材质赋予场景中的家具模型。在超级着色器的工作区中单击 Phong 材质即弹出材质的属性通道盒，如图 6-20 所示。在【公用材质属性】卷展栏下就是通用材质属性，下面我们按顺序进行介绍。

1. 颜色

材质的颜色，也就是通常意义上的物体表面颜色。双击颜色块会弹出【颜色选择】对话框，在该对话框中我们可以设置颜色，默认情况下是 HSV（色相、饱和度、亮度值）模式，也可以将菜单切换成 RGB 模式，如图 6-21 所示。读者可以将颜色设置为红色，查看渲染结果。

图 6-20　属性通道盒

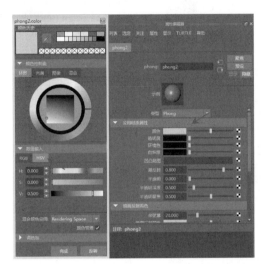

图 6-21　颜色属性

2. 透明度

材质的透明度由颜色来控制，黑色是完全不透明，白色是完全透明。图 6-22 是将透明度的颜色设置为灰白色的渲染结果，也可以将透明度的颜色设置成其他颜色，例如蓝色。

3. 环境色

环境色默认为黑色，这时它并不影响材质的颜色。当【环境色】的亮度值增加时，它会影响材质的阴影和中间调部分。现在将【颜色】设置为灰白色，将【环境色】的颜色设置为黑色，然后将【环境色】设置为 HSV（205，0.6，0.3），渲染效果如图 6-23 所示。

4. 白炽度

白炽，也可以理解为自发光，用来模仿白炽状态的物体发射的颜色和光亮，但并不照亮别的物体。在制作树叶的时候，可以稍加一点【白炽度】使叶子看起来更生动。它同样也是影响阴影和中间调部分，但是它和环境光的区别是一个是被动受光，一个是本身主动发光，例如金属高温发热的状态。在本节的例子中，这里依然将【颜色】的颜色值设置为红色，然后将【白炽度】的颜色值设置为橘红色，渲染效果如图 6-24 所示。

图 6-22 设置透明度的渲染结果　　**图 6-23** 设置环境色

5. 凹凸贴图

通过对凹凸映射纹理的像素颜色强度的取值，在渲染时改变模型表面法线使它看上去产生凹凸的感觉，实际上给予了凹凸贴图的物体的表面并没有改变。如果渲染一个有凹凸贴图的球，观察它的边缘，可以发现它仍是圆的。

6. 漫反射

漫反射描述的是物体在各个方向反射光线的能力。【漫反射】值的作用好像一个比例因子。值越高，越接近设置的表面颜色（它主要影响材质的中间调部分）。

7. 半透明

半透明是指一种材质允许光线通过，但是并不透明的状态。常见的半透明材质有蜡烛、玻璃、花瓣和叶子等。物体表面的实际半透明效果基于从光源处获得照明，和它的透明性是无关的。但根据透明程度的不同，其半透明和漫反射也会得到调节。另外环境光对半透明（或者漫反射）没有影响。

在材质的属性框中将【半透明】设置为灰色，然后将【半透明】和【半透明深度】分别设置为 1 和 5，如图 6-25 所示，渲染观察结果。

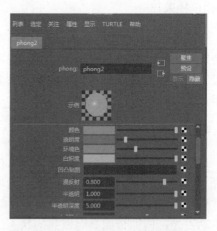

图 6-24 自发光效果　　　　**图 6-25** 设置半透明参数

6.2.4 材质的高光属性

首先打开本书配套资料中提供的"瓷瓶.mlt2"场景文件，在该场景中我们对环境稍微做了点修改，并给面片模型赋予了材质和贴图，目前的渲染效果如图6-26所示。

接下来在Phong材质的属性通道盒中展开【镜面反射着色】卷展栏。该卷展栏中的参数也是大多数常用材质所共有的，它们控制着物体表面反射光线的范围和能力。下面分别向读者进行介绍。

1. 余弦幂

用来控制高光面积的大小。

2. 镜面反射颜色和反射的颜色

图6-26 场景渲染结果

这两个参数用来模拟自然界中的反射现象，可以在【镜面反射颜色】中进行贴图，可以通过【反射的颜色】控制其区域的颜色变化。要想使反射产生作用，需要在渲染设置面板中进行设置。现在先将【反射率】的值设置为0.3，将【反射的颜色】设为黑色，如图6-27所示。

3. 反射率

该参数控制表面反射周围环境的能力。

回到超级着色器中，单击Phong材质打开属性通道盒，在【镜面反射着色】卷展栏下将【余弦幂】、【反射率】的值分别设置为13和0.3，将【镜面反射】的颜色设置为白色，渲染结果如图6-28所示。

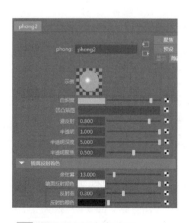

图6-27 渲染结果

图6-28 设置反射参数

6.3 纹理贴图

在 Maya 软件中，材质、纹理、功能节点和灯光的大多数属性都可以制作成纹理贴图。2D 纹理和 3D 纹理主要作用于物体的本身，Maya 提供了一些 2D 和 3D 纹理类型，如果不满足于这些效果，可以自行绘制纹理贴图，再将其贴入不同的材质属性中，达到完美的效果。3D 软件中纹理贴图的工作原理大同小异，不同软件中同样的材质也有着相似的属性。

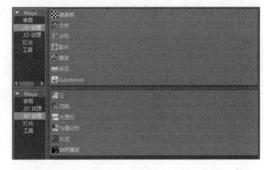

图 6-29　三种纹理

在 Hypershade 的创建区中的【创建渲染节点】对话框中可以预览这些纹理，如图 6-29 所示。

6.3.1　2D 纹理

2D 纹理即是二维图像，它们通常贴图到几何对象的表面。在实际使用过程中，最为简单的 2D 纹理是位图，而其他种类的二维贴图则由纹理程序自动生成。

1．贴图坐标

2D 纹理可以理解成一个平面图形，当它被赋予到三维模型上时，需要和三维对象建立一种关系，即怎样把平面图形赋予到立体模型上，这时我们就需要引入贴图坐标的概念。

在 Hypershade 的创建区中可以看到，2D 纹理有三种贴图方式，即【2D 法线】、【2D 投射】和【2D 蒙版】，下面分别进行介绍。

1）【2D 法线】贴图方式

默认情况下，是以法线方式进行贴图的。如果使用的是标准物体，或者模型的 UV 结构分布得很规则，那么使用这种方法可以得到较好的结果，它可以将二维图片按照法线的方向和长宽比例进行变形处理。如图 6-30 所示。

在实际的工作中，不可能只使用简单的几何体，对于复杂的模型，使用法线贴图的方法很难达到理想的效果。如图 6-31 所示，对球体和长方体稍微进行变形处理，原来的贴图纹理就产生了拉伸。这时候我们就需要使用其他的贴图方式。

2）【2D 投射】贴图方式

添加贴图之前，在超级着色器的创建区中单击【投射】，然后打开文件夹中的图片，再在工作区中双击选中的图片，在打开的属性通道盒中使用默认的【平面】映射类型渲染一张图，结果如图 6-32 所示。

选择圆环模型，在 projection1 节点通道盒中单击【交互式放置】按钮，接着单击【适配边界框】按钮，这时在视图中可以看到一个带有 8 个点的框，如图 6-33 所示。单击左下角的 T 字符，可以使用操纵手柄调整映射坐标平面。

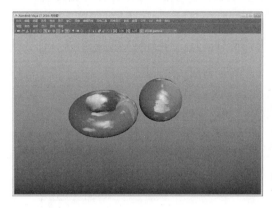

图 6-30 法线贴图效果

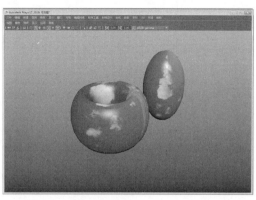

图 6-31 被拉伸的纹理

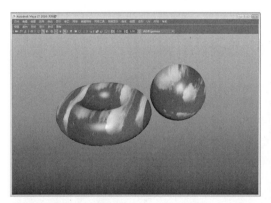

图 6-32 渲染效果

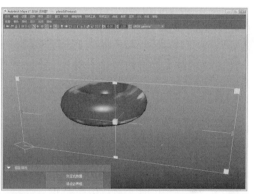

图 6-33 交互式调整

提 示

按 6 键可以直接在视图中观察纹理。在默认的情况下纹理显示得很不清楚，在超级着色器中双击材质球，进入其通道盒，展开【硬件纹理】卷展栏，然后在【纹理分辨率】下拉列表中选择【最高 256×256】选项，即可在视图中看到清晰的纹理。

此外，在 projection1 节点通道盒的【投影类型】的下拉列表中还有除【平面】方式以外的其他 8 种映射方式，如图 6-34 所示，读者可以逐一进行测试，交互编辑方法和【平面】相同，这里不再赘述。

3）【2D 蒙版】贴图方式

【蒙版】贴图方式很适合应用到 NURBS 表面上。使用这种方式我们可以制作标签的贴图效果，例如酒瓶标签等。

使用【蒙版】贴图方式之后，在超级着色器中可以

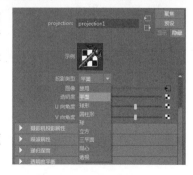

图 6-34 映射类型

看到材质节点的网络结构，如图 6-35 所示。

在节点网络中单击 Place2Texture2 或者 Place2Texture1 节点，进入其属性通道盒，单击【交互式放置】按钮后会在视图中看到带有顶点的红色边线，使用鼠标中键拖动边线上的顶点，可以调整贴图的覆盖面积和位置，如图 6-36 所示。

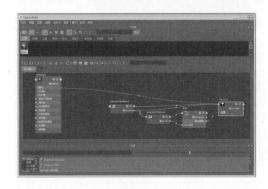

图 6-35　节点网络

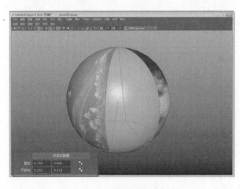

图 6-36　交互式调整贴图

单击 stencil1 节点，进入其属性通道盒，在这里可以通过调整【边混合】和【遮罩】两个参数的值来控制贴图和材质底色的融合程度，如图 6-37 所示。

2．2D 纹理坐标节点

当给一个材质节点指定了 2D 纹理后，就会出现一个 Place2d Texture 节点，在 Hypershade 的工作区中可以看到。单击 Place2d Texture 节点，可以打开其属性通道盒，如图 6-38 所示。在这里可以控制纹理的范围、重叠、旋转等操作。

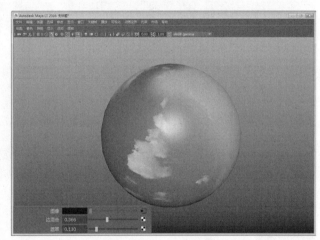

图 6-37　贴图混合

2D Texture Placement Attributes 的控制参数介绍如下。

1）交互式放置

用于将纹理放置在模型表面，可以交互式地控制纹理的坐标，其使用方法和模板贴图中的交互式工具是一样的。

2）覆盖

该参数控制纹理在物体表面的覆盖面积。如图 6-39 所示，左侧为默认贴图效果，右侧是将【覆盖】的值设置为 0.5、0.5 之后的效果。

3）平移帧

该参数用于控制物体的 UV 坐标原点相关帧的布置，在图 6-40 中右侧的图是将【平移帧】的值设置为 0.5、0.3 的结果。

4）旋转帧

用于控制纹理的旋转角度，如图 6-41 所示，右侧的图是将【旋转帧】值设置为 60 的结果。

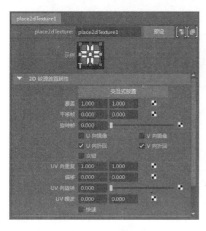

图 6-38　属性通道盒

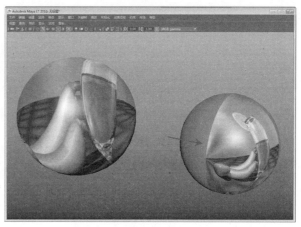

图 6-39　覆盖设置

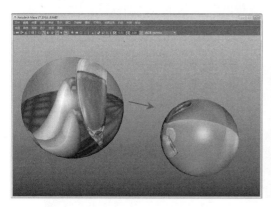

图 6-40　转化帧设置

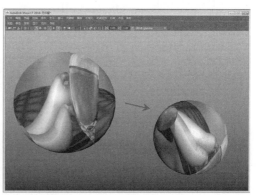

图 6-41　旋转帧设置

5）UV 向重复

该参数用于控制纹理在 UV 方向上的重复，如图 6-42 所示。右侧的图是将【UV 向重复】的值设置为 5、5 的结果。

6）偏移

用于控制纹理的相对位置的偏移，与下面的【UV 向旋转】结合使用方能看出效果。

7）UV 向旋转

主要控制纹理在 UV 方向上的旋转，和【旋转帧】参数的作用是不一样的，如图 6-43 所示，右侧是将【UV 向旋转】设置为 60 的结果。

8）UV 噪波

该参数控制纹理在 UV 方向上的噪波，如图 6-44 所示，是将噪波值设置为 0.1、0 的结果。

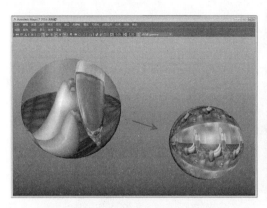

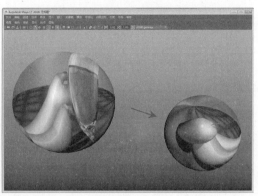

6.3.2 3D 纹理

Maya 中的 3D 纹理是根据程序以三维方式生成的图案。3D 纹理已经包含了 *XYZ* 坐标，所以使用 3D 纹理的模型不需要贴图坐标，不会出现纹理拉伸现象。在 3D 纹理程序中所有的纹理、图案都可以通过参数来调节。

当给一个材质节点指定了 3D 纹理后，就会出现一个 Place3dTexture 节点，双击 Place3dTexture 节点，可以打开其属性通道盒，如图 6-45 所示。

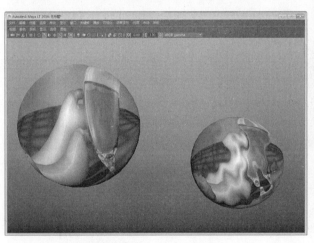

6.3.3 常规节点

在 Maya 2016 中，【常规】节点共有 6 类，我们可以使用这些节点来调整材质的属性，要想掌握好【常规】节点，必须对节点的连接属性有深入的了解，对不同属性的连接，可以制作出很多独特的效果。在本节将为读者介绍最为常用的 4 个【常规】节点，如图 6-46 所示。

接下来，我们分别对这4个节点的属性通道盒中的参数进行介绍，在后面的课堂练习中将学习它们的具体用法。

1. 混合颜色节点

【混合颜色】节点将两个输入颜色进行混合。使用一个蒙版（也可以理解成遮罩）控制两种不同的颜色在最终结果中所占的比例。

在超级着色器中创建【混合颜色】节点后，双击就可以打开其属性通道盒，如图6-47所示。它由三个参数来控制，详细介绍如下。

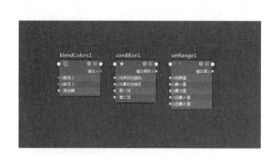

图6-46 常用节点

图6-47 【混合颜色】节点属性通道盒

1）混合器

该参数控制两个输入颜色，即【颜色1】和【颜色2】所占的比重。提高该参数的值，最后输出的颜色中【颜色1】所占的比例会增加，而【颜色2】所占的比例会下降。当【混合器】的值为1时，输出的结果是【颜色1】；当值为0时，输出的结果是【颜色2】。

颜色的混合比例也可以由一个贴图文件来控制。当使用贴图来控制混合比例时，只有贴图的亮度起作用，色调不起作用。如果使用的是彩色贴图，则Maya会自动将彩色信息转化为黑白信息。

2）【颜色1】和【颜色2】

就是两个输入的颜色，也可以使用贴图代替，这里不再解释了。

2. 条件节点

该节点的作用是：当满足预先指定的条件时采用一种行为方式，不能满足条件时采用另一种行为方式。【条件】节点不仅能用在材质节点中，还可以应用到动画控制。单击【条件】节点打开其属性通道盒，如图6-48所示。其中控制参数的含义如下。

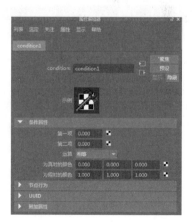

图6-48 Condition 节点属性通道盒

1）【第一项】和【第二项】

这两个参数的值作为【条件】节点判断的依据。简单地说，【条件】节点就是比较【第一项】和【第二项】的值，根据比较的结果改变颜色输出的结果。

2）运算

该选项下有个下拉菜单，在下拉菜单中有 6 个选项供选择操作。它们的含义从上到下依次为相等、不等、大于、大于等于、小于、小于等于。

3）为真时的颜色

当条件判断的结果为真时，物体表面使用的颜色。

4）为假时的颜色

当条件判断的结果为假时，物体表面使用的颜色。

3. 设置范围节点

【设置范围】节点的作用是将上游节点输入的属性值经过计算处理限制在某一个范围内，然后输出到下游节点。当用户想对纹理处理只局限于某个范围内的部分，而不是对整个纹理进行时，可以使用该节点。该节点的属性通道盒如图 6-49 所示。

1）明度值

将该值从一个旧的取值范围转换到一个新的取值范围，可以使用纹理图案，也可以是其他节点的输出信息。

2）【最小值】和【最大值】

输出范围的最大值和最小值。

3）【旧最小值】和【旧最大值】

旧取值范围的最大值和最小值。

图 6-49 【设置范围】节点属性

6.4 课堂练习：头环

本节将学习制作头环的颜色和凹凸效果的纹理贴图，操作相对比较简单，主要是纹理贴图的创建和编辑方法，具体操作步骤如下。

1. 打开本书配套资料中提供的"头环.mb"场景文件，在该场景文件中我们已经创建好了简单的模型并使用典型的三点照明设置了灯光，如图 6-50 所示。读者可以进入到每个灯光的属性通道盒观察其参数设置。

2. 首先来创建地面的材质。执行【面板】|【保存的布局】|【Hypershade/透视】命令，切换到【Hypershade/透视】视图模式，然后在超级着色器的创建区中单击 Phong 材质球创建一个 Phong 材质，将材质球命名为 floor，并将其拖曳到工作区，如图 6-51

所示。

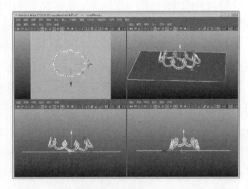

图 6-50 场景文件

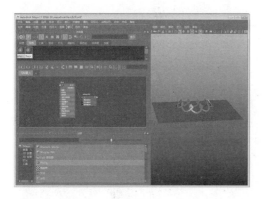

图 6-51 创建地面材质

3. 在超级着色器的创建区中单击【2D 纹理】下的【渐变】贴图，然后在工作区中使用鼠标中键将其连接到 floor 材质的【颜色】选项上，结果如图 6-52 所示。

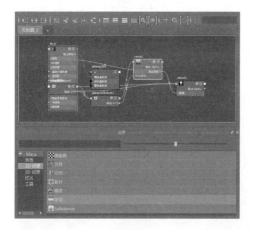

图 6-52 连接渐变节点

4. 在工作区中单击 Ramp1 节点，进入渐变贴图的属性通道盒，将颜色条上的三个颜色值分别改为 HSV（212, 0.600、0.200）、HSV（199, 0.500、0.200）、HSV（208, 0.800、0.400），如图 6-53 所示。

提　示

在颜色条上设置颜色的方法是：单击颜色条左侧的圆点，它的边线会变成白色，然后单击【选定颜色】后面的颜色块，在弹出的颜色设置框中即可设置颜色。在颜色条上单击，可以添加渐变色，单击颜色条右侧的 X 号，可以去除渐变色。

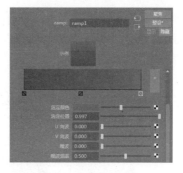

图 6-53 设置渐变颜色

5. 再创建一个 Phong 材质，命名为 metal。在材质列表中选中 metal 材质，单击█按钮，这样，在工作区中将只显示 metal 材质的网络结构，如图 6-54 所示。

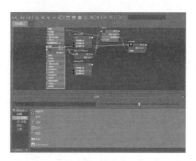

图 6-54 创建 metal 材质

6. 双击 metal 图标，进入其属性通道盒，在【镜面反射着色】卷展栏下将【余弦幂】和【反射率】的值分别设置为 6 和 1，如图 6-55 所示。

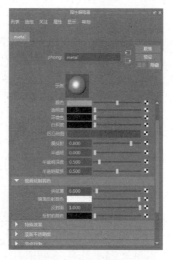

图 6-55 设置材质属性

7 继续在【镜面反射着色】卷展栏下，单击【镜面反射的颜色】选项，然后在弹出的对话框中单击【体音噪波】环境贴图类型，如图6-56所示，这样就给材质创建了一个反射环境节点，在超级着色器的工作区中可以看到目前的节点网络。

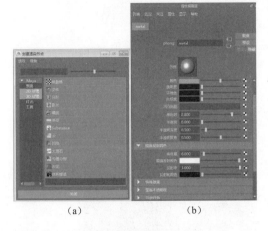

（a） （b）

图 6-56 添加反射贴图

8 回到工作区中单击volumeNoise2节点，进入其属性通道盒，设置噪波的密度为0.252，如图6-57所示，可以得到类似云彩的效果。

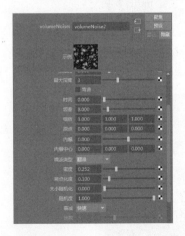

图 6-57 volumeNoise2 节点属性

9 现在将 floor 材质赋予场景中的"地面"物体，将 metal 材质赋予场景中的其他两个物体，渲染透视图，结果如图6-58所示。

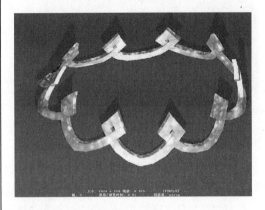

图 6-58 渲染结果

10 单击材质 metal，然后在其属性栏中单击凹凸贴图，在弹出的对话框中选择【体积噪波】，在 bump3d1 节点卷展栏中适当调节凹凸深度，最终效果如图6-59所示。

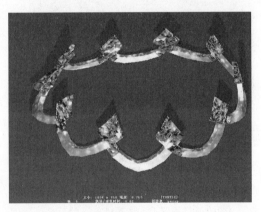

图 6-59 最终效果

6.5 课堂练习：水果

本节将带领大家学习写实水果的制作过程，主要讲解 2D 纹理贴图的创建和编辑方法，在操作的过程中还将向大家介绍一些贴图的基本编辑方法，具体操作步骤如下。

1 打开本书配套资料中提供的"水果"场景文件。在该场景中已经创建好了模型、灯光，在【大纲视图】中我们可以查看创建的对象，如图 6-60 所示。

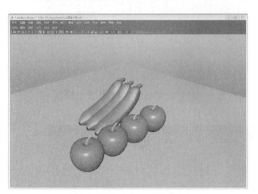

图 6-60　场景文件

2 打开 Hypershade 对话框创建一个 Phong 材质，将其命名为 apple，单击 apple 材质进入其属性编辑器。然后单击【颜色】选项后的按钮，在弹出的对话框中单击【文件】选项，进入【文件属性】对话框，单击【图像名称】后的按钮，选择苹果图像，如图 6-61 所示。

图 6-61　创建材质贴图

3 在 Hypershade 编辑器中单击 apple 材质，使用鼠标中键将 apple 材质拖曳到模型上，将材质赋予到模型，其结果如图 6-62 所示。

4 再次创建 Phong 材质，将其命名为 banana，单击 banana 材质进入其属性编辑器。然后单击【颜色】选项后的按钮，在弹出的对

话框中单击【文件】选项，进入【文件属性】对话框，单击【图像名称】后的按钮，选择香蕉图像，如图 6-63 所示。

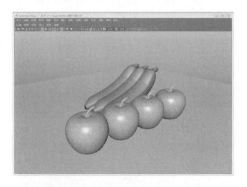

图 6-62　将 apple 材质赋予模型

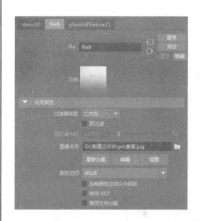

图 6-63　创建 banana 材质

5 在【Hypershade】编辑器中单击 banana 材质，使用鼠标中键将 banana 材质拖曳到模型上，将材质赋予到模型，其结果如图 6-64 所示。

图 6-64　将 banana 材质赋予模型

6 在 Hypershade 中创建一个新的 Phong 材质，单击【颜色】选项按钮■，创建一个白云贴图。接着单击【凹凸贴图】按钮■，创建一个白云的凹凸贴图，如图 6-65 所示。

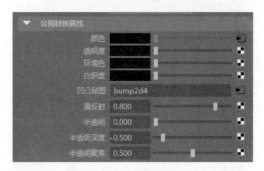

图 6-65 **Phong6 材质属性**

图 6-66 将 **Phong6** 材质赋予模型

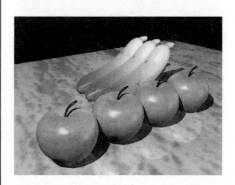

图 6-67 渲染结果

7 在 Hypershade 编辑器中单击 Phong6 材质，使用鼠标中键将 Phong6 材质拖曳到模型上，将材质赋予到模型，其结果如图 6-66 所示。我们来看一下大概的渲染效果，其结果如图 6-67 所示。

6.6 思考与练习

一、填空题

1. 节点是 Maya 中一个十分重要的概念，节点也是 Maya 中的最小计算单位，每个节点都有一个属性组，包括输入、_____ 和中间计算三个部分。

2. 根据材质的应用类型，Maya 自身将材质分为三种类型，即【表面材质】、【体积材质】和【置换材质】。但在 Maya 中不叫材质类型，而称为_____。

3. 2D 纹理即二维图像，它们通常贴图到几何对象的表面。在实际使用过程中，最为简单的 2D 纹理是_____。

4. Maya 中的 3D 纹理是根据_____以三维方式生成的图案。3D 纹理已经包含了 *XYZ* 坐标，所以使用 3D 纹理的模型不需要贴图坐标，不会出现纹理拉伸现象。

二、选择题

1. 在使用【投影类型】方式进行 2D 纹理贴图时，下列选项中不可以选择的投射类型是_____。

    A. 平面

    B. 球

    C. 立方

    D. 四面体

2. 下列选项中不属于 2D 纹理贴图方式的是_____。

    A. 法线

    B. 投影

    C. 蒙版

    D. 分段

3. 当给一个材质节点指定了 2D 纹理后，就会出现一个_____节点，双击该节点，可以打开其属性通道盒，在这里可以控制纹理的范围、重叠、旋转等操作。

  A．Place2dTexture

  B．Place

  C．Texture

  D．Place3dTexture

  4．下列选项中，制作双面材质必须用到的常用节点是_____。

  A．混合颜色

  B．条件节点

  C．设置范围

  D．projection

  5．下列选项中不属于条件节点属性的是_____。

  A．第一项

  B．运算

  C．为假时的颜色

  D．Min 和 Max

三、问答题

  1．简述材质、纹理以及节点的概念。

  2．说出 Hypershade 材质编辑工具。

  3．2D 纹理贴图有哪三种贴图方式？这三种贴图方式有什么区别？

  4．说说常用节点的种类，常用节点的主要作用是什么。

四、上机练习

1．制作木桌的材质

  本练习要求读者根据本章的知识点，使用 Maya 自带的 2D 纹理贴图给一个木桌的模型添加木纹贴图，要求桌面平滑而富有光泽。对于桌子的模型，读者可以使用前面学习的建模方法进行创建，这里我们以简单的几何体作为模型，制作了一个参考效果，如图 6-68 所示。

  图 6-68 木桌贴图参考效果

2．制作湿润的岩石

  本练习要求读者创建一个较复杂的材质，该材质需要用到两个 3D 纹理和一个【混合颜色】节点。最终的效果要求岩石的表面有凹凸感，且有点湿润。如图 6-69 所示。

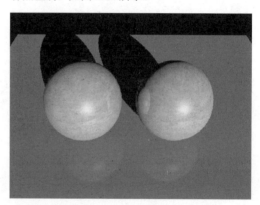

  图 6-69 湿润的岩石效果

第7章

动画基础

动画是基于人的视觉原理创建的运动图像。在一定时间内连续快速地观看一系列相关的静止画面，就会形成动画。关于动画的这些原理在前文中曾经介绍过。对于动画而言，由于它的应用面比较广泛，并且实现途径也比较多，往往会给初学者造成很大的困扰。鉴于此，本章将向大家介绍一些常用的动画制作方法，当然这些动画技术也是 Maya 2016 中常用的动画技术。

7.1 动画基本知识

对于电影工作者，使画面中的人物和场景变得连续流畅，这或许只是机械上的设置问题。而对于动画创作者来讲，这意味着庞大的工作量，一秒钟的动画就需要在纸上画 24 幅作品。因此，动画也是一个成本非常高昂的行业。

幸运的是，计算机将我们从繁重的手绘工作中解放出来。在 Maya 中制作计算机动画与传统的手绘制作有相同的理念，但又有着完全不同的方法。

7.1.1 动画基本原理

动画是基于人的视觉原理来创建的运动图像。人的眼睛会产生视觉暂留，对上一个画面的感知还未消失，下一张画面又出现，就会有动的感觉。我们在短时间内观看一系列相关联的静止画面时，就会将其视为连续的动作。如图 7-1 所示，一个小人走一步的动作可以分解成 8 个静态图像。

这 8 个图像可以称作一个动画序列，其中每个单幅画面称作一帧。在传统的二维动画中，制作一个动画需要绘制很多静态图像，而在三维软件中创建动画只需要记录每个动画序列的起始帧、结束帧和关键帧即可，中间帧会由软件计算完成。所谓的关键帧是指在一个动画序列中起决定作用的帧，它往往控制动画转变的时间和位置。一般而言，一个动画序列的第一帧和最后一帧是默认的关键帧，关键帧的多少和动画的复杂程度有关。关键帧中间的画面称为中间帧。

CONTACT RECOIL PASSING HIGH-POINT CONTACT RECOIL PASSING HIGH-POINT CONTACT

图 7-1　动画序列图片

7.1.2　动画种类

Maya 2016 中有多种创建动画的方式，按照不同的制作方式可以分为关键帧动画、路径和约束动画、驱动关键帧动画、表达式动画和运动捕捉动画。

1．关键帧动画

关键帧动画是制作中应用最为广泛的一种创建动画的方法，特别是在角色动画中更为常用。

2．路径和约束动画

使用这种创建方式，主要做一些沿特定路径运动或者受目标约束的动画，例如按照一定轨迹飞行的飞机、飞船、火箭等。

3．驱动关键帧动画

这种动画形式比较特殊，它是通过物体属性之间的关联，使一个物体的属性驱动另外一个物体的属性。例如，使用一个球体的位移来控制一个立方体的缩放等。

4．表达式动画

要使用这种动画方式，需要掌握比较专业的 Mel 编程语言。表达式动画在制作粒子特效方面应用得比较频繁。

7.1.3　动画基本操作

动画的基本操作包括时间范围的设置、时间轴及时间滑块的操作、关键帧的创建和编辑、动画播放器的使用等，首先看一下 Maya 2016 界面中的动画控制区域，如图 7-2 所示。

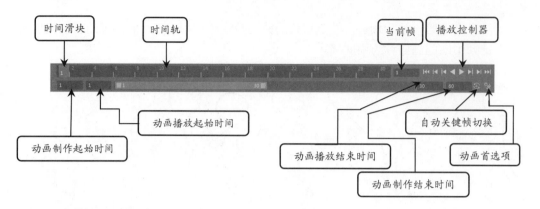

時間滑块　　時間軌　　　　　　　　　　　　　　　当前帧　播放控制器

动画播放起始时间

动画制作起始时间

自动关键帧切换

动画播放结束时间

动画首选项

动画制作结束时间

🔘 图7-2　动画控制区

接下来我们通过简单的操作来学习动画的基本创建和修改方法。

1. 创建初始关键帧

打开 Maya 2016，在场景中创建一个 NURBS 球体，将其放置在原点位置，选中球体，确保时间滑块在第 0 帧，然后按 S 键，给球体的所有属性设置关键帧，在通道栏中可以看到球体的所有变换属性的参数框都变成了橘红色，表示已经设置关键帧，如图 7-3 所示。

2. 创建移动关键帧

移动时间滑块到第 10 帧，然后在 Y 轴上移动球体 6 个单位，再次按 S 键设置关键帧，如图 7-4 所示。

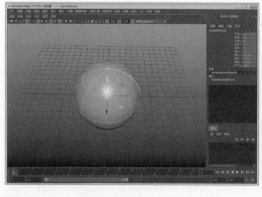

🔘 图7-3　创建初始关键帧　　　　　　　🔘 图7-4　创建移动关键帧

3. 创建缩放关键帧

移动时间滑块到第 14 帧，将球体 Y 轴上的位移改为 0，并使用缩放工具在 Y 轴上缩放球体，按 S 键设置关键帧，如图 7-5 所示。这时拖动时间滑块，可以看到球体从第 0 帧到第 10 帧向上移动，在第 10 帧到第 14 帧开始移动并变形。

4. 创建旋转关键帧

移动时间滑块到第 18 帧，然后在 Z 轴上旋转球体 270°，按 S 键设置关键帧，如图 7-6 所示。

图 7-5 　创建缩放关键帧 　　　　　　　图 7-6 　创建旋转关键帧

5. 移动关键帧位置

在时间轴上，按住 Shift 键不放，按住鼠标左键拖动，将第 18 帧选中，选中之后会出现红色区域，然后将其移动到第 20 帧处，如图 7-7 所示。

6. 复制关键帧

使用上一步的选择方法，在时间轴上同时选择第 10 帧和第 14 帧，然后右击，在弹出的快捷菜单中选择【复制】命令，如图 7-8 所示。

图 7-7 　移动关键帧位置 　　　　　　　图 7-8 　复制关键帧

将时间滑块移动到第 25 帧并右击，在弹出的快捷菜单中选择【粘贴】|【粘贴】命令，如图 7-9 所示。

7. 设置动画时间

在动画控制区中单击【动画首选项】按钮，在弹出的【首选项】对话框中将动画播放结束时间和动画制作结束时间分别设置为 150 和 200，如图 7-10 所示。

图 7-9 粘贴关键帧

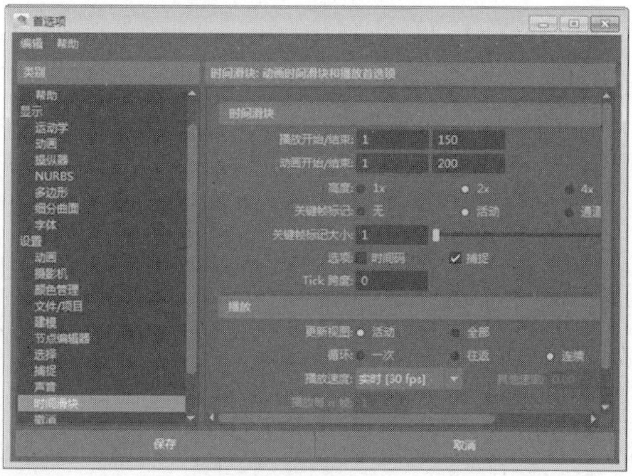

图 7-10 设置动画时间

8．调整动画范围

关闭【首选项】对话框，在轨迹条上选中所有关键帧，然后拖动红色区域最左端的箭头，将最后一帧放置在第 100 帧，这样将均匀缩放关键帧的间隔，如图 7-11 所示。

9．自动设置关键帧

除了按 S 键设置关键帧，Maya 还提供了另外一种快捷设置关键帧的方式，即自动关键帧。在动画控制区域中单击【自动关键帧切换】按钮，使其显示红色，这时候拖动时间滑块到 110 帧，在 Y 轴上移动小球，可以看到时间轨上已经创建了一个关键帧，如图 7-12 所示。

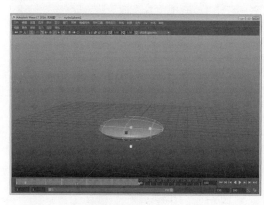

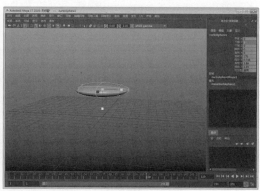

图 7-11 调整动画范围

图 7-12 自动设置关键帧

10．删除关键帧

在时间轴上选中所有的关键帧并右击，在弹出的快捷菜单中选择 Delete 命令，即可删除关键帧，如图 7-13 所示。如果使用 Delete 键，会将球体一块删除，这一点要注意。

11．为物体的单一属性设置关键帧

使用上面所讲的方法设置关键帧是对物体的所有属性进行设置，如果我们只对物体的一个或几个属性创建动画，那么其他属性就没有必要设置关键帧，那样会浪费计算机资源。在这种情况下，我们可以为某些属性单独设置关键帧。

现在再次单击按钮，去除自动设置。移动时间滑块到第 40 帧，在 X 轴上移动物体，然后在球体的属性栏中选择【平移 X】属性，右击，在弹出的快捷菜单中选择【为选定项设置关键帧】命令，即可对该属性设置关键帧，如图 7-14 所示。

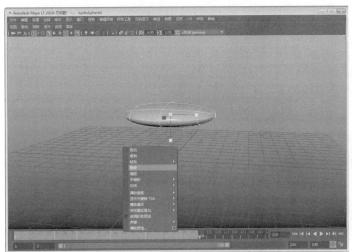

图 7-13　删除关键帧 　　　　　　　　　　　　　图 7-14　单独设置关键帧

如果要对球体的 X、Y、Z 三个轴的位移属性同时设置动画，可以在通道栏中框选三个位移属性，然后右击，在弹出的快捷菜单中选择【为选定项设置关键帧】命令即可。

技巧

> 这里有同时为 X、Y、Z 三个轴的属性设置关键帧的快捷键：Shift＋W 可以快速为 Translate X、Y、Z 三个平移属性设置关键帧；Shift＋E 可以快速为 Scale X、Y、Z 三个缩放属性设置关键帧；Shift＋W 可以快速为 Rotate X、Y、Z 三个旋转属性设置关键帧。

12．禁止设置关键帧

讲到这里，我们可能感觉到每次右击选择【为选定项设置关键帧】命令没有直接按 S 键方便，而使用 S 键又会为通道栏中的所有属性设置关键帧，很不方便。下面介绍另外一种快速设置关键帧的方法，这种方法可以强行将与动画无关的属性锁定。

选中球体，在通道栏中框选所有旋转和缩放属性，右击，在弹出的快捷菜单中选择【使选定项不可设置关键帧】命令，可以看到球体的所有旋转和缩放属性都变成了浅灰色，如图 7-15 所示。

现在，再为球体创建位移动画，按 S 键添加关键帧，则旋转和缩放属性不会被设置关键帧，如图 7-16 所示。

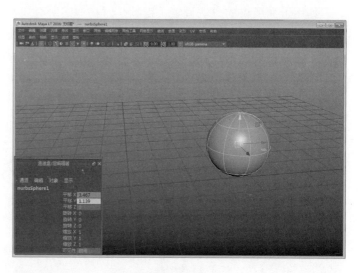

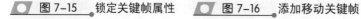

图 7-15 锁定关键帧属性   图 7-16 添加移动关键帧

提 示

如果我们想为某个关键帧属性去除锁定，可以在属性栏中选中该属性选项，例如【缩放 Y】属性，然后右击，在弹出的快捷菜单中选择【为选定项设置关键帧】命令即可。

13. 锁定属性

在设置动画时还有一个非常有用的命令，即锁定属性。选中球体，在通道栏中选中除【平移 X】属性外的所有属性，右击，在弹出的快捷菜单中选择【锁定选定项】命令，被选择的属性将以灰蓝色显示，如图 7-17 所示。

此时，使用 S 键只能对球体的【平移 X】属性设置关键帧。同时也无法对小球做任何旋转、缩放操作，这是因为【锁定选定项】命令将这些属性全部设置成了冻结模式。使用这一命令的好处在于，当我们只想让球体具有 X 轴方向上的动画时，为避免误操作而导致球体在其他轴向上移动或者旋转等，就需要将其他属性锁定。

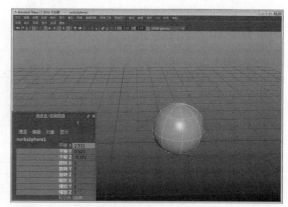

图 7-17 锁定属性

想解除锁定，在通道栏中选中属性，执行和【锁定选定项】相对应的【解除锁定选定项】命令即可。

7.1.4 动画预览

在创建复杂的动画场景时，Maya 在实时播放的过程中会出现由于计算量过大而导致卡帧现象。在这种情况下，通过单击动画控制区的【播放】按钮无法真实预览最终的动画效果，所以 Maya 提供了另外一种预览方式——【播放预览】。

在动画控制区中进行播放和使用【播放预览】的不同之处是：前者是实时计算播放，后者是先集中计算输出成样品再调用播放器进行播放。【播放预览】输出的样片是 AVI 格式，它不会渲染材质和灯光，只是渲染 Maya 的操作环境，因而样片的测试速度非常快。

下面我们来看一下它的设置对话框，并介绍几个重要的参数。单击【窗口】|【播放预览】按钮▣，即可打开【播放预览】的设置对话框，如图 7-18 所示。

1．格式

如果选中下面的 avi 项，则生成样片之后，Maya 会自动调出播放器进行播放动画。如果选择的是 image 项，则生成的是序列图片。

2．显示大小

这里控制生成样片的尺寸大小。在后面的下拉列表中有三个选项，其中【来自窗口】使预览图像与"活动视图"大小相同。【从纹理烘焙设置】使预览图像具有该选项设置的大小。选择【自定义】允许在下面的输入框中自定义大小。

3．保存到文件

启用该复选框，下面的保存选项就会被激活。Maya 默认为禁用，即生成的样片不被保存。

设置好后，Maya 开始计算生成样片，计算结束之后会自动调出播放器进行播放，如图 7-19 所示。

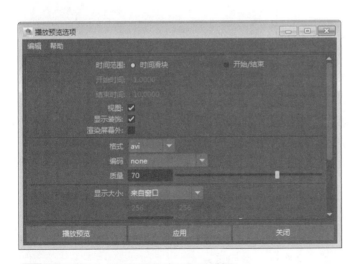

图 7-18 【播放预览选项】对话框

图 7-19 播放动画

如果我们制作的动画比较长，例如1000帧，而我们只想使用【播放预览】预览前200帧的动画，这时候，可以在时间轨上选中前200帧的关键帧，然后在红色区域上右击，在弹出的快捷菜单中选择【播放预览】命令即可。

7.2 操作练习：创建弹跳的小球

学习任何事物都是一个循序渐进的过程，都需要从最基础的知识进行入门、提高，最后成为一个高手。动画学习也是如此，也需要从最基础的入门知识开始。所以，本例通过创建一个弹跳小球，来练习 7.1 节学习的动画制作工具。操作步骤如下。

1. 在 Maya 2016 中新建一个场景，创建一个【半径】值为 2 的 NURBS 球体，并将其位移的属性值都改为 0。然后创建一个【宽度】和【长度比率】分别为 25、1.5 的平面，并将其【平移 Y】和【平移 Z】的值分别改为 −2、−12，如图 7-20 所示。

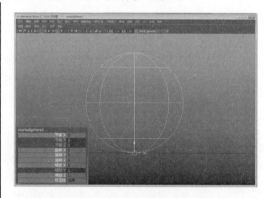

图 7-21　锁定属性并调整轴心点

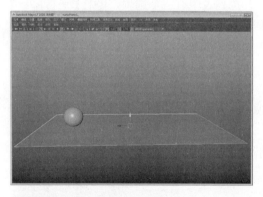

图 7-20　创建球体和平面

2. 选择球体，在其属性栏中选中除【平移 Y】、【平移 Z】和【缩放 Y】三个属性外的所有属性，在右键快捷菜单中选择【锁定选定项】命令。按 Insert 键，在 Y 轴上移动轴心点到球体的底部，再次按 Insert 键回到选择模式，如图 7-21 所示。

3. 在动画控制区中将动画结束时间设置为 50帧。移动时间滑块到第 0 帧，在通道栏中设置【平移 Y】的值为 7，按 S 键设置关键帧，如图 7-22 所示。

图 7-22　第 0 帧动画

4. 移动时间滑块到第 18 帧，在通道栏中选择球体的【缩放 Y】属性，在右键快捷菜单中选择【为选定项设置关键帧】命令，设置一个关键帧，然后移动时间滑块到第 20 帧，将【缩放 Y】的值改为 0.6，设置【平动 Y】的值为 0，按 S 键设置关键帧，如图 7-23所示。

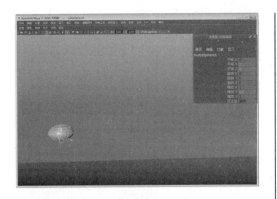

图 7-23 第 20 帧动画

5 移动时间滑块到第 22 帧,将球体的【缩放 Y】值改为 1 并为其单独设置关键帧,然后移动时间滑块到第 30 帧,将【平动 Y】、【平动 Z】的值分别改为 5、−1,按 S 键设置关键帧,如图 7-24 所示。

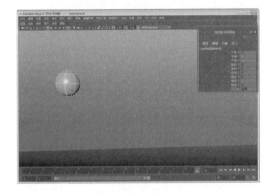

图 7-24 第 30 帧动画

6 移动时间滑块到第 38 帧,在通道栏中选择球体的【缩放 Y】属性,并为其单独设置一个关键帧,然后移动时间滑块到第 40 帧,

将【缩放 Y】的值改为 0.6,并将【平动 Y】、【平动 Z】的值分别改为 0、−2,按 S 键设置关键帧,如图 7-25 所示。

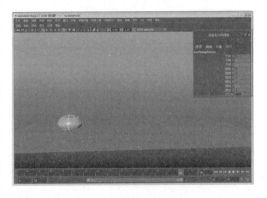

图 7-25 第 40 帧动画

7 移动时间滑块到第 42 帧,将球体的【缩放 Y】的值改为 1 并为其单独设置关键帧,然后移动时间滑块到第 50 帧,将【平移 Y】、【平移 Z】的值分别改为 5、−1,按 S 键设置关键帧,如图 7-26 所示。读者还可以按照这个规律继续设置动画。

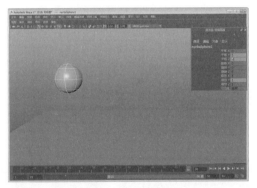

图 7-26 第 50 帧动画

7.3 动画编辑器

本节我们学习如何使用曲线编辑器来修整动画的运动轨迹,重点在于理解物体的运动轨迹与时间轴之间的对应关系,来完善物体动画的运动轨迹。

7.3.1 动画曲线图编辑器

下面讲解如何在曲线编辑器中编辑、修改动画曲线。使用曲线编辑器首先要理解物

体的运动轨迹与时间轴之间的关系。在学习曲线编辑器之前，我们先打开 7.2 节课堂练习中的动画场景。选中小球，执行【窗口】|【动画编辑器】|【曲线图编辑器】命令，弹出的窗口如图 7-27 所示。

【曲线图编辑器】窗口和【摄影表】窗口的布局是一样的。在对象列表中选择物体，则在编辑区中会显示该物体的所有动画曲线，如果选择物体的单一属性，则在编辑区中只显示该属性的动画曲线，如图 7-28 所示。

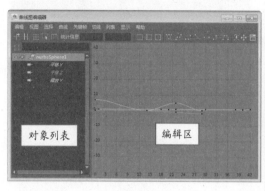

图 7-27　曲线编辑器　　　　　　　　　　　图 7-28　显示单一属性动画曲线

编辑区中，横轴代表帧序列，纵轴代表当前帧上曲线点的数值。红色的竖线代表时间轴，竖线的下方还有当前帧的标识。在时间轨上移动时间滑块，这里的时间轴也跟着运动。

在对象列表中选择【平移 Y】属性，编辑区中运动曲线以绿色显示，运动曲线上每一个黑色的点都代表一个关键帧，其实曲线上的每一个点都对应一个球体在 Y 轴上运动的数值，运动曲线就是由这无数个数值点构成的。

切换到左视图，一边在时间轨上拖动时间滑块，一边观察编辑区中时间轴的运动，会发现场景中小球在 Y 轴上的运动会随着曲线的起伏而变化，如图 7-29 所示。

在左视图中将时间滑块移动到第 20 帧，然后在曲线编辑器的编辑区中选中第 20 帧的关键帧，使用鼠标中键向下移动，则在视图中小球也会向下移动，如图 7-30 所示。

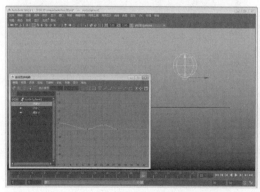 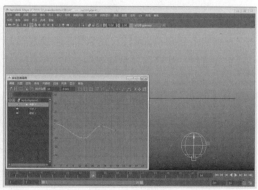

图 7-29　观察运动曲线和小球的运动　　　　图 7-30　移动动画曲线上的关键点

接下来介绍【曲线图编辑器】工具栏上的常用工具，在这里和【摄影表】中相同的工具就不再介绍了，只介绍【曲线图编辑器】特有的编辑工具。为了便于观看，我们先

将小球 *Y* 轴上的动画曲线通过移动关键点编辑成如图 7-31 所示的模样。

1．样条线切线

该工具可以使相邻的两个关键点之间产生光滑的过渡曲线，关键帧上的操纵手柄在同一水平线上，旋转一边的手柄同时会带动另一边的手柄同角度旋转，这样能够使关键帧两边曲线曲率进行光滑连接，如图 7-32 所示，选中第 22 帧一侧的手柄后，使用鼠标中键移动，观察结果。Maya 默认创建的曲线都是这种类型的曲线。

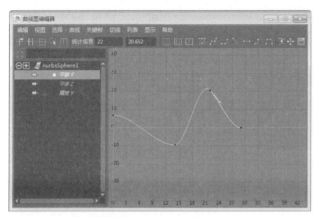

图 7-31　调整动画曲线 　　　　　　　　　　　　　图 7-32　样条曲线工具

2．钳制切线

该工具可以使动画曲线既有样条线的特征又有直线的特征。选择第 18 帧右侧的曲线手柄，然后单击该工具按钮，结果如图 7-33 所示。

3．线性切线

该工具可以使两个关键帧之间的曲线变为直线，并影响到后面的曲线连接。在运动曲线上选择第 14 帧和第 22 帧，然后单击【线性切线】工具按钮，效果如图 7-34 所示。这样小球在第 14 帧和第 22 帧之间将做匀速运动，从第 22 帧到第 29 帧由匀速运动变成减速运动。

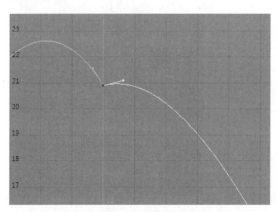

图 7-33　使用钳制切线的前后效果

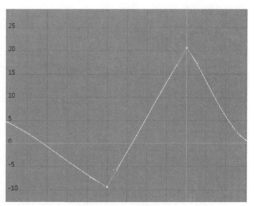

图 7-34　线性处理前后

4．平坦切线

该工具可以将选择的关键帧上的控制手柄全部旋转到水平角度。接着上面的操作，仍然选择第 14 帧和第 22 帧的关键帧，然后单击【水平化工具】按钮，结果如图 7-35 所示，注意控制手柄的变化。

5．阶跃切线

该工具可以将任意形状的曲线强行转换成锯齿状的台阶形状，选择第 14 帧、第 22 帧和第 29 帧，然后单击【阶跃切线】工具按钮，结果如图 7-36 所示。现在小球的运动状态是：从第 14 帧到第 22 帧，Y 轴上的位移保持不变，在第 22 帧上直接过渡到最高点，然后再保持不变。读者可以拖动时间滑块观察。

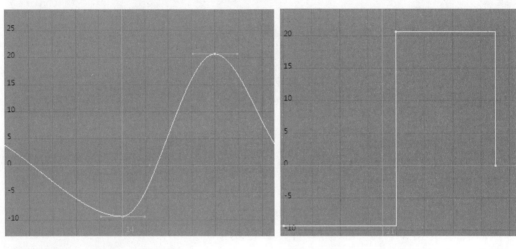

图 7-35　使用水平化工具后　　　　　图 7-36　使用台阶工具

6．断开切线

该工具可以将关键帧上的两个控制手柄强行打断，打断之后两个控制手柄再也没有联系，我们可以单独操作控制手柄，从而更自由地调整曲线形状，如图 7-37 所示。

7．统一切线

该工具可以将关键帧上打断的控制手柄再次连接成一个相关联的手柄，调节一个手柄，另一个手柄也跟着运动。

8．缓冲区曲线快照

该工具可以将动画曲线捕捉到缓冲器上，这样做的好处是，可以将现在调整的曲线和原来的动画曲线进行对比，便于我们修改。选中动画曲线，单击【缓

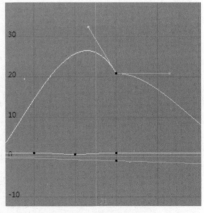

图 7-37　断开切线

冲区曲线快照】工具按钮，然后在编辑器的菜单栏中执行【视图】|【显示缓冲区曲线】
命令，再调整曲线上的关键点就可以看到原来的曲线，如图7-38所示。

9. 交换缓冲区曲线

该工具可将已编辑的曲线和缓冲曲线进行交换，交换后编辑过的曲线就不再起作
用，如图7-39所示。至此对动画曲线的基本操作讲解完毕，下一节将介绍曲线编辑的较
为高级的操作。

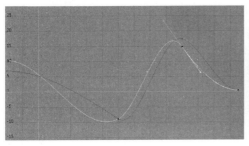

图 7-38　缓冲区曲线快照　　　　　图 7-39　交换缓冲区曲线

7.3.2　动画曲线图的高级操作

在动画的制作过程中往往会遇到不同类型的循环动画，例如机械轴的往复运动，角
色的行走动画等。制作这类动画，如果使用前面讲的创建关键帧的方式无疑是很麻烦的，
Maya为我们提供了更为简便的解决方法——延长运动曲线。

首先在编辑器的菜单栏中执行【视图】|【无限】命令，激活曲线延伸的显示，然
后选中曲线，执行【曲线】|【后方无限】命令，会弹出如图7-40所示的关联菜单。

【后方无限】和并列的选项【前方无限】，都有这5种延伸方式。

1. 循环

曲线自动循环延伸，这种循环方式通常用在均衡的循环动画中，例如鸟的匀速飞行、
人行走时手臂规则的摆动等。如图7-41所示，图中的水平轴为时间轴，垂直轴是物体运
动参数轴，实线代表我们创建的动画曲线，虚线代表Maya自动生成的动画曲线。

图 7-40　【后方无限】菜单

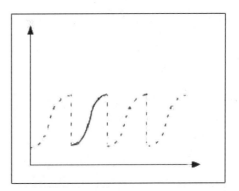

图 7-41　循环

2．带偏移的循环

这种方式可以使曲线在延伸时，下一段曲线的开始高度位于前一段曲线的末端，并累计产生位置偏移，如图 7-42 所示。这种延伸方式通常使用在既需要动作循环又需要位置偏移的动画制作上，例如两足动物脚的行走动画。

3．往返

这种方式可以使曲线每延伸一次就镜像翻转一次，如图 7-43 所示，可以用在运动周期完全对称的情况下。

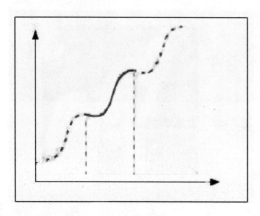

图 7-42　循环偏移的循环　　　　　图 7-43　相位往返延伸

4．线性

在这种方式下，曲线的首尾端在延伸时，沿着当前曲线的切线方向进行延伸，如图 7-44 所示。

5．恒定

平直延伸是 Maya 默认的延伸方式，其首尾端点的延伸线都是水平延伸，其实没有任何动画延伸效果，如图 7-45 所示。

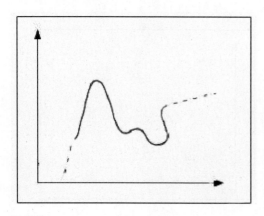

图 7-44　沿切线线性延伸

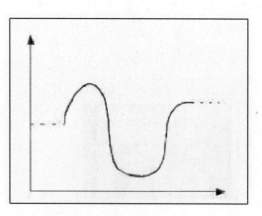

图 7-45　恒定延伸

7.3.3 摄影表

【摄影表】编辑器可以直观精确地反映关键帧和时间轴之间的关系。在制作动画过程中经常用它来快速调节关键帧时序、缩放整体动画的节奏等。

打开 7.2 节创建的球体动画场景，选中球体，然后执行【窗口】|【动画编辑器】|【摄影表】命令，打开【摄影表】编辑器，该编辑器可以划分为 4 个部分，即菜单栏、工具栏、对象列表、编辑区，如图 7-46 所示。

1. 菜单栏

在菜单栏中分类集成了各种关于帧操作的命令，它和曲线编辑器中菜单栏的命令有很多重复选项。这些选项我们将在后面的操作中会逐渐讲到。

2. 对象列表

显示当前被选择物体的各节点属性。单击前面的【＋】号可以展开并显示该物体的所有关键属性。单击左侧的属性名称，在右侧的编辑区中将显示该属性的所有关键帧。

3. 编辑区

该区域显示当前被选中物体上的所有关键帧序列，编辑区中每一个黑色小方块都代表单独的一个关键帧，被选中属性的关键帧以黄色小方块显示，最顶部的横轴帧序列代表当前所有帧序列的组合。

4. 工具栏

该工具栏中集成了对关键帧进行各种操作的工具，下面我们将详细介绍这些工具的作用。

1）选择关键帧工具

单击█按钮后，在编辑区中可以单击选择，也可以框选关键帧，以蓝色区域确定选择范围，被选择的帧以黄色显示，如图 7-47 所示。

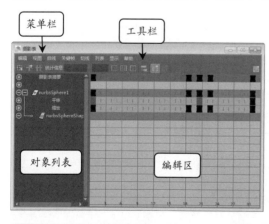

图 7-46 【摄影表】编辑器

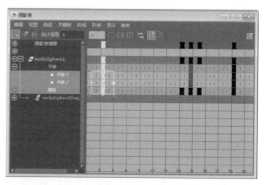

图 7-47 选择帧

2）移动最近拾取的关键帧工具

单击■按钮后，在编辑区中选择一个或多个要移动的关键帧，使其以黄色高亮显示，然后按住鼠标中键不放，这时鼠标指针会变成一个双向箭头，水平移动鼠标即可移动关键帧，如图 7-48 所示。

3）插入关键帧工具

单击■按钮后，首先在左边的对象列表中选择要插入帧的属性，例如【平移 Y】属性，然后在该属性的两个关键帧之间使用鼠标中键单击，即可插入关键帧，如图 7-49 所示。

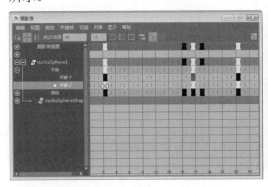
图 7-48 移动最近拾取的关键帧

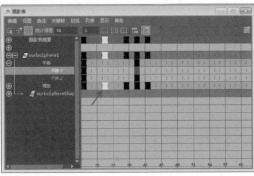
图 7-49 插入关键帧

4）统计信息

第一个文本框显示当前帧所在的位置，第二个文本框显示的是当前帧物体的属性值。

5）框显所有的关键帧序列

单击■按钮，可以快速显示所有关键帧序列，如图 7-50 所示。

6）框显播放范围

单击■按钮，编辑区中只显示时间轴播放范围上的关键帧序列。

7）使视图围绕当前时间居中

单击■按钮，可以将选中的关键帧序列居中到编辑区，以方便我们编辑。

接下来学习怎样在【摄影表】中缩放和对齐关键帧。还是用先前创建好动画的球体，在场景中将其选中，回到【摄影表】中展开关键帧属性，在编辑区中使用 Alt＋鼠标右键缩放视图，将所有的关键帧全部显示出来，然后框选所有关键帧，按 R 键切换到缩放工具，这时在摄影表的编辑区会显示一个选择范围的白色边框，如图 7-51 所示。

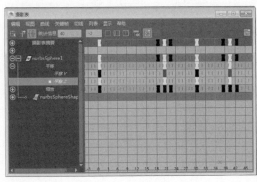
图 7-50 框显所有的关键帧序列

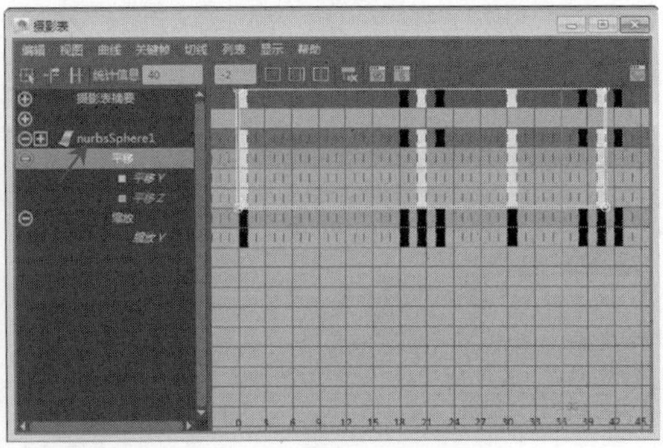

图 7-51 使视图围绕当前时间居中

用鼠标拖动右侧的白边到第 30 帧，这样就将动画范围压缩到了 30 帧，如图 7-52 所示。

将关键帧序列压缩之后，单击帧序列上第 2 个关键帧，在【统计信息】的信息框中可以看到，第 2 个关键帧的序列号是 29.025，关键属性值为-2，如图 7-53 所示。

我们知道帧的序列号只能是整数，不应该产生小数值。这里是由于【摄影表】是按照非线性原则进行缩放处理的，

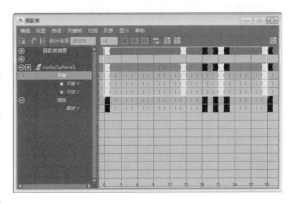

图 7-52　压缩关键帧

它只保证帧序列两端的帧达到精确位置，而内部的帧缩放后会按整体的缩放比例进行重新计算，所以会有小数值。对于这种情况，我们可以使用【捕捉】命令进行纠正。选中所有的关键帧，在【摄影表】的菜单栏中执行【编辑】|【捕捉】命令，现在再选择任何一个关键帧，信息表中显示的都是整数，如图 7-54 所示。

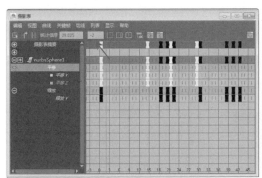

图 7-53　选择第 2 个关键帧

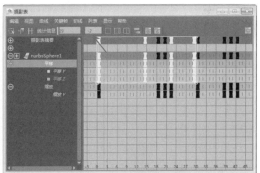

图 7-54　执行【捕捉】命令后

7.4　路径动画

在前面的章节中，我们学习了如何制作关键帧动画。设想一下，如果我们要制作汽车在地面上奔驰，或者飞机在天空翱翔，自然也可以用为物体移动实行添加关键帧的方式来制作。但是这样的方式很难控制物体的运动轨迹，如转弯处的平滑转向。假如要制作物体沿一条 NURBS 曲线轨迹运动，用 Key 关键帧的方式是难以达到理想效果的。在这种情况下，我们就需要用到路径动画，它的创建方法如下。

在视图中任意创建一条 NURBS 曲线和一个简单的立方体，如图 7-55 所示。先选择立方体，然后配合 Shift 键加选曲线。

将时间轴上的结束时间改为 60，然后在动画模块的菜单栏中执行【约束】|【运动路径】|【连接到运动路径】命令，结果如图 7-56 所示。现在播放动画发现立方体已经沿着曲线运动了。

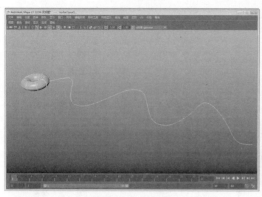

图 7-55 创建物体和路径

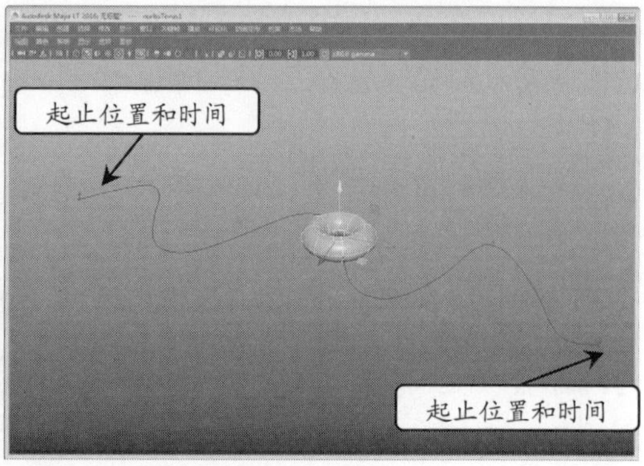

起止位置和时间

起止位置和时间

图 7-56 创建路径动画

7.4.1 路径动画设置对话框

执行【约束】|【运动路径】|【连接到运动路径】命令，打开路径动画的设置对话框，如图 7-57 所示。下面介绍该对话框中各选项的含义。

1. 时间范围

该选项的后面有三个单选按钮，当选中【时间滑块】单选按钮时，时间轨上的开始时间和结束时间分别控制路径上的开始时间和结束时间；当选中【起点】单选按钮时，下面的【开始时间】参数被激活，可以在这里设置物体沿路径运动的开始时间；当选中【开始/结束】单选按钮时，下面的【开始时间】和【结束时间】两个参数同时被激活，可以设置物体沿路径的开始和结束时间。

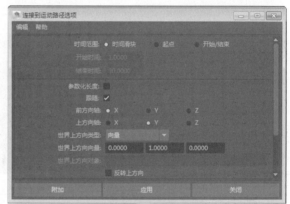

图 7-57 路径动画的设置对话框

2. 参数化长度

在 Maya 中有两种沿曲线定位物体的方式，即参数间距方式和参数长度方式。勾选该复选框，使用的是参数间距方式。禁用该复选框，则使用的是参数长度方式。

3. 跟随

启用该复选框，Maya 将计算物体沿曲线运动的方向。

Maya 使用前向量和顶向量来计算对象的方向，并把对象的局部坐标轴和这两个方向进行对齐。在曲线的任意一点，前向量都和曲线的切线对齐，并指向对象的运动方向，而顶向量和切线总是保持垂直。

为了便于讲述，打开在建模部分创建的卡通飞船场景文件，将飞船的所有部件框选，将其设为群组。在【大纲视图】中，选中飞船组物体并配合 Shift 键加选曲线，执行【约

束】|【运动路径】|【连接到运动路径】命令，结果如图 7-58 所示。现在播放动画会发现，飞船横着飞行，方向不对，待会我们再进行纠正。

4．前方向轴

选择 *X*、*Y*、*Z* 三个坐标轴中的一个和【前方向轴】对齐。当物体沿曲线运动时，设置物体的前方方向。

5．上方向轴

选择 *X*、*Y*、*Z* 三个坐标轴中的一个和顶向量对齐。当物体沿曲线运动时，设置物体的顶方方向。将【前方向轴】改为 *Z* 轴，现在飞船的运动方向就正确了，如图 7-59 所示。

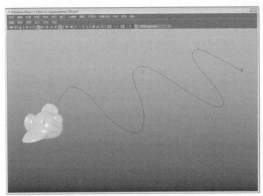

图 7-58　飞船路径动画　　　　　　图 7-59　更改前方向轴

6．倾斜

启用该复选框可以使对象在运动时向着曲线的曲率中心倾斜，就像摩托车在拐弯时总是向里倾斜。该复选框只有在【跟随】复选框启用时才有效，可以使用下面的【倾斜比例】和【倾斜限制】两个参数调整倾斜度。

启用【倾斜】复选框，并将【倾斜比例】和【倾斜限制】的值改为 6 和 60，现在播放动画我们会看到，在第 47 帧的时候，飞船会向内倾斜，如图 7-60 所示。

7.4.2　创建快照动画

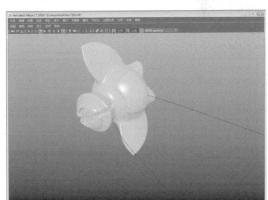

图 7-60　飞船倾斜

快照动画是路径动画的一种形式，它可以沿路径快速复制物体，在某些情况下可以极大地提高工作效率，如创建一个有弧度的吊桥等。下面我们来学习它的操作方法。首先，在 Maya 2016 中新建一个场景，创建一条曲线和一个锥体，如图 7-61 所示。

将动画的时间范围设置为 0~100 帧，然后使用 7.4.1 节讲的方法创建路径动画，如图 7-62 所示。

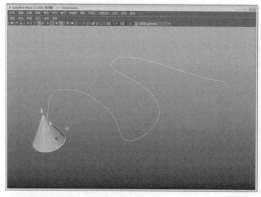

图 7-61　创建物体

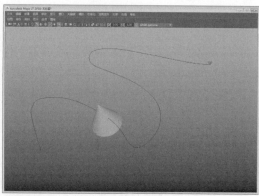

图 7-62　创建路径动画

选中锥体，执行【可视化】|【创建动画快照】命令。这时会弹出【动画快照选项】对话框，如图 7-63 所示。

该对话框中各选项的作用如下。

1．时间范围

该选项的后面有两个单选按钮，选中【开始/结束】单选按钮，可以自定义生成快照的时间范围。选中【时间滑块】单选按钮表示使用时间轴上的时间范围。

图 7-63　【动画快照选项】对话框

2．增量

该选项控制生成快照的取样值，单位为帧。例如，设置为 3，表示每隔两帧生成一个快照物体。

3．更新

该选项下面有三个单选按钮，控制快照的更新方式。其中，【按需】单选按钮表示仅在执行【可视化】|【更新快照】命令后，路径快照才会更新。

【快速（仅在关键帧更改时更新）】单选按钮表示当改动目标物体关键帧动画后会自动更新快照动画。

【慢（始终更新）】单选按钮表示使用这种更新方式后，Maya 的运行速度会变慢，因为任何更改物体的操作都会进行一次更新。

接下来，在如图 7-63 所示的对话框中选中【开始/结束】单选按钮，设置【开始时间】和【结束时间】的值分别为 1 和 100，设置【增量】的值为 3，单击【快照】按钮，结果如图 7-64 所示。

要想控制快照物体的疏密，就调整【增量】的值，如图 7-65 所示是将【增量】的值设置为 5 的结果。

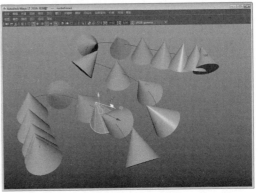

图 7-64 设置【增量】的值为 3 的结果   图 7-65 设置【增量】的值为 5 的结果

7.4.3 流动路径变形动画

沿路径变形动画也是一种比较常用的路径动画。它的原理是在路径动画的基础上添加晶格变形。例如创建一条蛇的爬行动画，不仅要让它沿路径运动，还必须让它沿路径弯曲。下面我们来学习它的创建方法。

首先在 Maya 2016 中新建一个场景文件，创建一条曲线和一个圆柱体。注意圆柱体高度上的分段不能太少，因为它要作弯曲运动，太少的话没有效果。在这里我们将圆柱体高度上的分段设置为 28，如图 7-66 所示。

将时间范围设置为 1～100，同时选中圆柱体和曲线，在菜单栏中执行【约束】|【运动路径】|【连接到运动路径】命令，先将其结合到路径上，如果方向不对则使用前面讲的方法将其纠正。现在移动时间滑块，圆柱体已经沿曲线运动了，但它不会随曲线的曲度变化，很僵硬。

选中圆柱体，执行【约束】|【运动路径】|【流动路径对象】命令，这时会弹出设置对话框，如图 7-67 所示。该设置对话框的各项参数的含义如下。

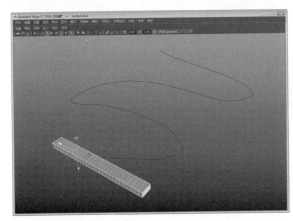

图 7-66 创建物体

图 7-67 设置对话框

1. 分段

该选项设置晶格在三个方向上的分割度，【前】控制沿曲线方向的分割度；【上】控制沿物体向上的晶格分割度；【侧】控制沿物体侧边轴上的晶格分割度。

2. 晶格围绕

该选项下有两种生成晶格的方式。【对象】方式是指沿物体周围创建晶格，创建的晶格包裹住物体，并跟随物体同时作路径运动。当曲线弯曲时，晶格跟随弯曲，从而带动物体弯曲，如图 7-68 所示。

【曲线】方式是指沿曲线创建晶格，即从曲线的开始端到末端，晶格沿着路径分布，如图 7-69 所示。

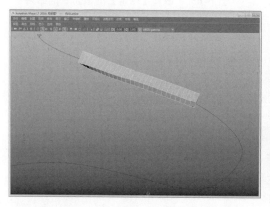

图 7-68 【对象】创建晶格方式

图 7-69 【曲线】创建晶格方式

3. 局部影响

该选项可以纠正在路径变形中局部的错误，特别是在曲线拐弯处。对于沿曲线创建晶格的方式尤为重要。如图 7-70 所示是禁用【局部影响】复选框的变形效果。

7.5 动画约束

前面我们学习了路径动画，事实上我们可以将路径动画理解成约束动画，即物体的旋转和空间坐标位移都被曲线所约束。在 Maya 中，还存在除路径约束之外的众多逻辑约束。本节将为大家逐一讲解 Maya 中的各种约束，这些知识对后面的角色动画至关重要。

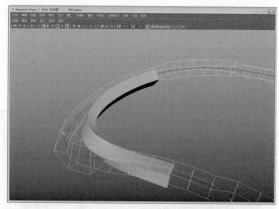

图 7-70 禁用【局部影响】复选框

7.5.1 父对象约束

父子约束是使一个物体对另一个物体同时进行点约束和旋转约束。我们还使用 7.4.3 节的两个物体，这次先选择摄像头物体再配合 Shift 键选择目标物体，然后执行【约束】|【父对象】命令，在弹出的对话框中启用【保持偏移】、【平移】和【旋转】三个复选框，如图 7-71 所示。

单击【应用】按钮，这时在通道栏中可以看到目标物体的移动和旋转属性都变成了蓝色，表示这些属性已经被摄像头物体约束，如图 7-72 所示。

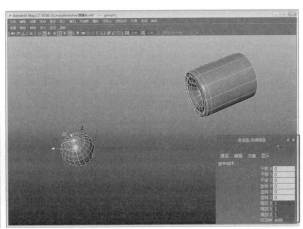

图 7-71　【父约束选项】对话框　　图 7-72　被约束属性

这里要特别注意一个问题，即虽然该约束的名称为父子约束，但它和在逻辑上建立父子关系不是一个概念，千万不能混淆。例如现在选择球体（父物体）然后将其缩小，这时目标物体（子物体）的大小并没有改变，如图 7-73 所示。

执行返回操作，在【大纲视图】中将父子约束节点删除，然后先选择目标物体，再选择摄像头物体，按 P 键，这样就建立了逻辑上的父子关系。现在再缩放眼球，可以看到目标物体也会跟随缩放，如图 7-74 所示。

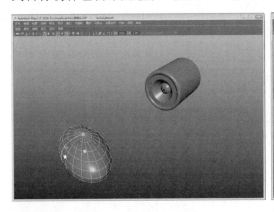

图 7-73　缩放父物体

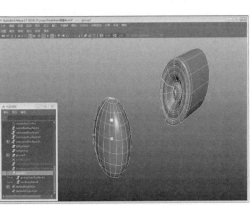

图 7-74　逻辑上的父子关系

第 7 章　动画基础

7.5.2 点约束

点约束可以理解为位移约束，即用一个物体的空间坐标去约束另一个物体的空间坐标。要想建立点约束，至少需要两个物体，如图 7-75 所示，我们创建了一个球体和一个圆锥物体，下面我们让圆锥物体约束球体。

先选择球体再配合 Shift 键选择圆锥，然后在动画模块下，执行【约束】|【点】命令，这时会弹出【点约束选项】对话框，如图 7-76 所示。

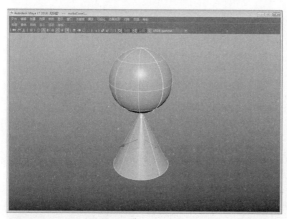

图 7-75　创建模型　　　　　　　　　　　　　图 7-76　【点约束选项】对话框

下面对对话框中几个选项的含义进行解释。

1. 保持偏移

在约束时允许控制物体和被控制物体之间存在原始位置差，如果在创建点约束时不启用该复选框，那么被控制物体的原点就会吸附到控制物体上。

2. 约束轴

该选项控制对物体哪个轴向进行约束。启用【全部】复选框则对所有轴向进行约束，被约束对象将完全跟随约束物体。如果只启用【X】复选框，则只约束物体 X 轴上的位移，其他两个轴向上可以自由移动。

3. 权重

该参数控制着约束的权重值，即受约束的程度。

现在使用对话框中的默认值，单击【添加】按钮，两个物体的原点会重合在一起，如图 7-77 所示。

移动球体，圆锥会跟着运动。如果在对话框中启用【保持偏移】复选框，则圆锥的坐标不会改变，但同样受球体的控制，如图 7-78 所示。

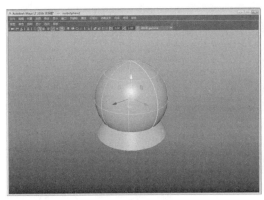

图 7-77 使用默认值

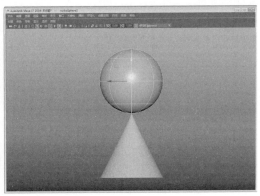

图 7-78 启用【保持偏移】复选框

选择圆锥，在其通道栏中可以看到位移属性都变成了蓝色，表示被约束，如图 7-79 所示。在【形状】属性下有一个 nurbsSphere1_pointConstraint1 节点，在这里可以调整三个轴向上的偏移值。

另外还有两个陌生的参数，最下面的 Nurbs Sphere 1 W0 即是约束的权重参数，就不再解释了。上面有一个【节点状态】选项，该选项控制的是点约束的节点状态，默认为【正常】，即普通模式。单击该选项，可以看到一个下拉菜单，在这 6 种选项中只有【等待-正常】选项

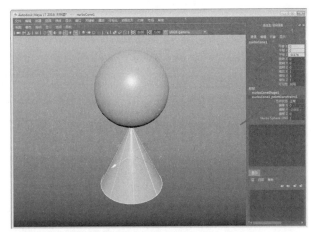

图 7-79 被约束的属性

常用，其他选项就不再介绍了。【等待-常用】的含义是等待回到普通模式。当使用该模式时，物体停留在上一次【正常】状态时的位置，同时点约束暂时失效，当再次切换到【正常】状态后点约束又恢复作用。

7.5.3 方向约束

旋转约束是使用一个物体的旋转属性约束另一个物体的旋转属性，注意要和目标约束区别开。而缩放约束是使用一个物体的缩放属性约束另一个物体的缩放属性。

我们还使用 7.4.3 节中的两个物体，将它们的目标约束节点删除，然后先选择目标物体再配合 Shift 键选择眼球，执行【约束】|【方向】命令，会弹出【方向约束选项】对话框，如图 7-80 所示。

该对话框中的参数都在前面介绍过，启用【保持偏移】复选框，然后单击【应用】按钮，现在选择目标物体进行旋转，可以看到眼球也以同样的角度旋转，如图 7-81 所示。

图 7-80 【方向约束选项】对话框

图 7-81 旋转约束效果

7.5.4 目标约束

目标约束是使用一个物体的位移属性来约束另一个物体的旋转属性。最典型的例子就是制作眼睛动画，我们可以将眼球约束到一个物体上，物体移动到哪里，眼球就注视哪里。在创建目标约束之前，我们先创建两个简单的模型，如图 7-82 所示。

选中目标物体再配合 Shift 键选择眼球，然后在动画模块下，执行【约束】|【目标】命令，会弹出【目标约束选项】对话框，如图 7-83 所示。

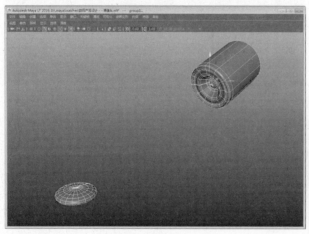

图 7-82 创建模型

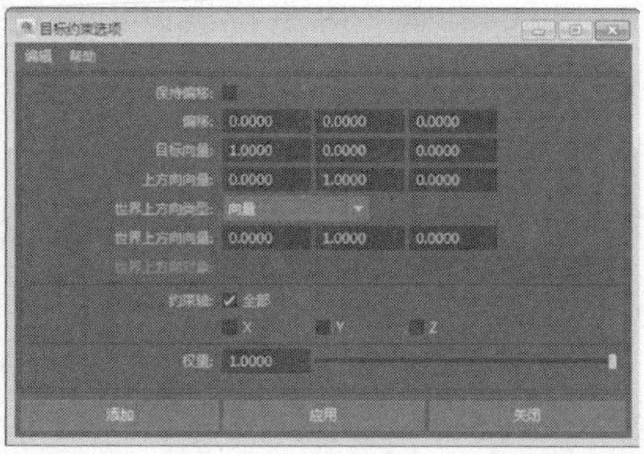

图 7-83 【目标约束选项】对话框

下面来学习该对话框中各选项的含义，和点约束设置中相同的参数这里不再赘述，只介绍目标约束特有的参数。

1. 目标向量

该选项设置目标向量在约束物体局部空间中的方向，目标向量指向目标点，从而迫使被控制物体对齐自身轴向。

2. 上方向向量

设置向上向量可以控制围绕目标向量的受约束对象的方向。与目标向量类似，上方向向量也是相对于受约束对象的局部空间定义的。

3. 世界上方向量类型

设置世界向量在空间坐标中的类型，默认的选项为【向量】。

使用默认设置，单击【应用】按钮，我们发现眼球不是注视目标物体而是朝下，这是不对的。按 Z 键返回操作，在设置对话框中启用【保持偏移】复选框，再单击【添加】按钮，这时约束的方向就正确了，移动目标物体观察效果，如图 7-84 所示。

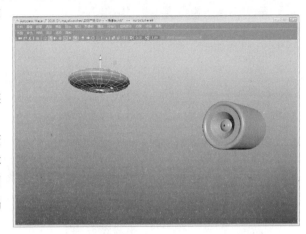

图 7-84　纠正之后的约束

在添加约束之后，【大纲视图】中会多出一个 group3_aimConstraint1 节点，将此节点删除也就删除了目标约束节点。

7.6　课堂练习：宇宙

在了解了有关路径动画制作要点后，下面将要进入实际操作阶段。本例将向大家详细介绍路径动画的制作方法，以及本案例的制作思路。通过本节的实际操作，要求读者掌握路径动画的实际应用技巧。具体操作步骤如下。

1　创建场景，打开本书配套资料中目录下的"宇宙"文件，如图 7-85 所示。

图 7-85　打开场景

2　在视图中选中地图物体，将时间滑块拖到第一帧，按 S 键，再拖动时间滑块到第 200 帧，按 E 键，旋转 Y 轴 360°，按 S 键，

从而制作出地球自转动画，如图 7-86 所示。

图 7-86　制作地球自转的动画

3　切换到【曲线/曲面】选项卡，单击 ⬤ 按钮，创建出一个 NURBS 球体，如图 7-87 所示。

4　打开 Hypershade 窗口，为该球体制作一个合适的贴图，制作一个合适的贴图，在后期的动画制作中将使用该球体充当月球，如图 7-88 所示。

图 7-87 创建球体

图 7-88 赋予月球材质

5 切换到【创建】选项卡，单击 ◯ 按钮，在视图中创建一个圆，如图 7-89 所示。

图 7-89 创建圆形

6 切换到【动画】模块，选中球体和圆，执行【约束】|【运动路径】|【连接到运动路径】命令，产生一个路径动画，如图 7-90 所示。

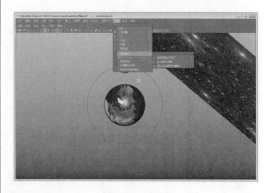

图 7-90 创建路径动画

7 完成动画，切换到摄影机视图中，快速渲染，观察此时的效果如图 7-91 所示。

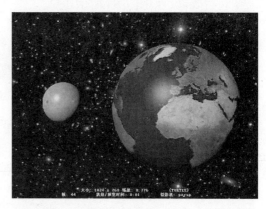

图 7-91 渲染效果

7.7 课堂练习：百花齐放

本例将向大家介绍一组花蕾沿路径运动并逐渐绽放的动画的具体实现过程。这个动画由两个基本的动画部分组成：第一，花蕾沿路径动画的绽放；第二，字体随着花蕾沿路径运动的动画。在下面的讲解当中，将分别向大家介绍它们的实现过程。具体操作步骤如下。

1. 打开本书配套资料中提供的"百花齐放 1.mlt"场景文件，在该场景中已经创建好了字体模型和一个花瓣的模型，并创建了路径曲线，如图 7-92 所示。

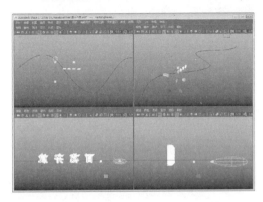

图 7-92 场景文件

2. 使用移动工具选中花瓣模型，切换到顶视图，按 Insert 键，然后调整坐标轴到如图 7-93 所示的位置，再次按 Insert 键完成操作。

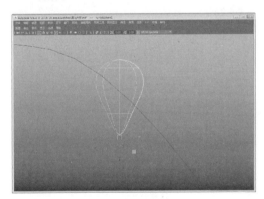

图 7-93 调整坐标轴

3. 执行【编辑】|【特殊复制】命令，在弹出的对话框中设置【旋转】的 Y 轴角度为 72，设置【副本数】的值为 4，单击【特殊复制】按钮，结果如图 7-94 所示。

4. 选中所有花瓣，复制出 3 组，然后将"百""花""齐""放" 4 个字分别放置在 4 个花朵上，并将每个字体的中心坐标轴调整到底部中心上，如图 7-95 所示。

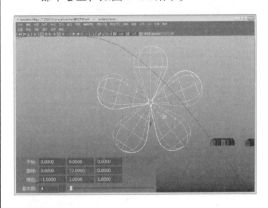

图 7-94 复制结果

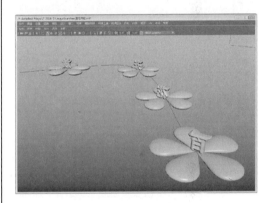

图 7-95 复制模型

5. 选择"百"字和下面的花瓣模型，按 Ctrl + G 快捷键将其群组，并在【大纲视图】中将组的名称改成 flower1，然后将其他花朵和对应的字体也进行群组，分别将组命名为 flower2、flower3、flower4，如图 7-96 所示。

6. 将动画的时间范围改为 0 ~ 300。在【大纲视图】中选择 flower1 组物体，配合 Shift 键加选路径曲线，然后在动画模块下执行【约束】|【运动路径】|【连接到运动路径】命令，这时组物体已经约束到了路径上，如图 7-97 所示。

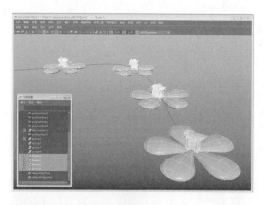

图 7-96　群组模型

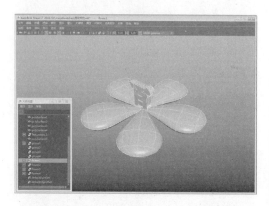

图 7-97　路径约束

7　为其他三组物体设置路径动画，移动时间滑块观察效果，现在出现一个问题，就是所有组物体都没有完全跟随路径，如图 7-98 所示。这是因为组物体的坐标不在其中心上的原因。

图 7-98　全部设置路径动画

8　选中组物体，执行【修改】|【居中枢轴】命令，将坐标都移动到组物体的中心，这时 4 个组物体会重合在一起，如图 7-99 所示。

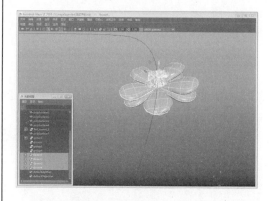

图 7-99　调整组物体的坐标

9　移动时间滑块到第 160 帧，在【大纲视图】中选中 flower1 组物体，在其属性栏中将【U 值】的值改为 0.78，并选择该参数，然后右击，在弹出的快捷菜单中执行【为选定项设置关键帧】命令，为其设置关键帧，如图 7-100 所示。

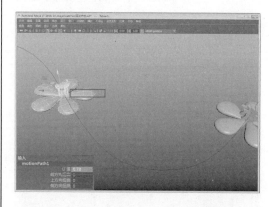

图 7-100　为 flower1 组物体设置关键帧

10　选择 flower2 组物体，在其通道栏中将【U 值】的值改为 0.7，并设置关键帧，如图 7-101 所示。

11　同样设置 flower3 组物体沿路径的动画，将其【U 值】设置为 0.615，并设置关键帧，如图 7-102 所示。这样花瓣的运动节奏不至于呆板。

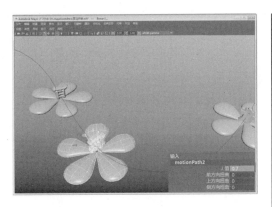

图 7-101　为 flower2 组物体设置关键帧

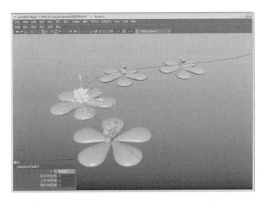

图 7-102　　为 flower3 组物体设置关键帧

12 最后【U 值】不变，直接选中 flower4【U
值】为关键帧，如图 7-103 所示。

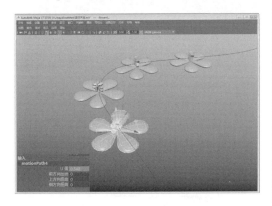

图 7-103　　为 flower4 组物体设置关键帧

13 将时间滑块移动到第 1 帧，选择所有花瓣模
型，然后使用旋转工具将其在 X 轴上旋转，
并设置关键帧，使花瓣收拢，结果如图
7-104 所示。

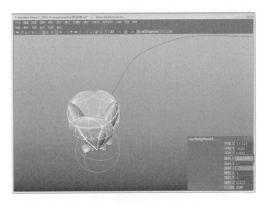

图 7-104　　旋转花瓣并设置关键帧

14 移动时间滑块到第 160 帧，确保所有花瓣被
选择，然后使用旋转工具在 X 轴上旋转，使
花瓣张开，如图 7-105 所示。

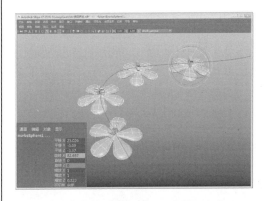

图 7-105　　设置第 160 帧花瓣的旋转

15 选择"百"字下面的 5 个花瓣，然后执行【窗
口】|【动画编辑器】|【摄影表】命令，
打开摄影表编辑器，选中所选花瓣第 160
帧处的所有关键帧，使用鼠标中键将它们移
动到第 250 帧，如图 7-106 所示。

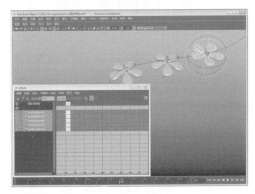

图 7-106　　调整关键帧

16　使用同样的方法，在摄影表中分别将"花"字下面的 5 个花瓣和"齐"字下面的 5 个花瓣的关键帧移动到第 210 帧和第 180 帧，图 7-107 所示。

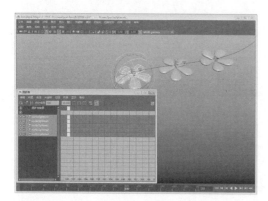

图 7-107　调整关键帧到第 180 帧

17　在【大纲视图】中，同时选中 4 个组物体，移动时间滑块到第 0 帧，在通道栏中将【上方向扭曲】的值改为-110。设置关键帧，如图 7-108 所示。

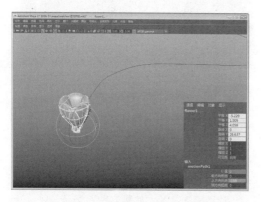

图 7-108　设置组物体第 0 帧处的关键帧

18　移动时间滑块到第 160 帧，将【上方向扭曲】的值改为 50，如图 7-109 所示。这样字体将一直面向受众。

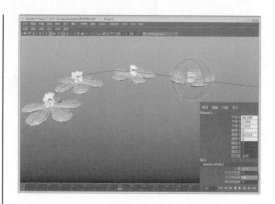

图 7-109　设置组物体第 160 帧处的关键帧

19　最后，选择 4 个组物体，执行【窗口】|【动画编辑器】|【曲线图编辑器】命令，在打开的曲线编辑器中我们可以看到 4 个组物体的路径动画曲线。目前组物体在 X 轴上的运动是一条直线，表示物体做匀速运动，如果想让物体有速度上的变化，可以选中曲线上的所有关键帧，单击███按钮即可，如图 7-110 所示。

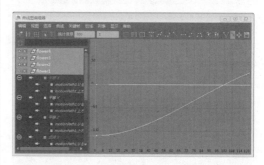

图 7-110　调整动画曲线

20　本练习的动画到此就制作完了，可以执行【播放】|【播放预览】命令进行动画效果预览。

7.8　思考与练习

一、填空题

1. 在传统的二维动画中制作一个动画需要绘制很多静态图像，而在三维软件中创建动画只需要记录每个动画序列的起始帧、结束帧和_____即可，中间帧会由软件计算完成。

2．在 Maya 2016 中有多种创建动画的方式，按照不同的制作方式可以分为关键帧动画、路径和约束动画、驱动关键帧动画、_____和运动捕捉动画。

3．在创建复杂的动画场景的时候，Maya 在实时播放的过程中会出现由于计算量过大而导致的卡帧现象。这时候我们使用_____工具进行预览动画。

4．在介绍动画编辑器的时候，我们学习了两种动画编辑器，即_____ 和【曲线图编辑器】。

5．目标约束是使用一个物体的_____属性来约束另一个物体的旋转属性。

二、选择题

1．【摄影表】编辑器可以直观精确地反映关键帧和时间轴之间的关系。该编辑器可以划分为4 个部分，下列选项中不属于 4 个部分之一的选项是_____。

  A．菜单栏

  B．工具栏

  C．对象列表

  D．视口

2．在曲线编辑器中，_____工具可以将关键帧上的两个控制手柄强行打断，打断之后两个控制手柄再也没有联系，我们可以对控制手柄单独操作，从而更自由地调整曲线形状。

  A．阶跃切线

  B．线性切线

  C．断开切线

  D．平坦切线

3．路径动画的设置对话框中，可以使对象在运动时向着曲线的曲率中心倾斜的选项是_____。

  A．前方向轴

  B．跟随

  C．倾斜

  D．拉伸

4．在沿路径变形设置对话框中，_____选项可以纠正在路径变形中局部的错误，特别是在曲线拐弯处，对于沿曲线创建晶格的方式尤为重要。

  A．分段

  B．晶格围绕

  C．节点

  D．局部效果

5．_____约束是使用一个物体的表面信息去约束另一个物体的位移。

  A．目标

  B．点

  C．父对象

  D．旋转

三、问答题

1．简述动画基本原理。

2．简述摄影表和动画曲线编辑器各自的作用。

3．什么是路径动画，它都是应用在哪些方面？

4．简述动画约束的种类及其作用。

四、上机练习

1．创建钟表动画

本练习要求读者根据钟表的时针、分针、秒针的运动原理来创建一段模拟动画。主要使用的是关键帧动画，另外还有关于轴心坐标的调整。

2．制作字母上滑落的精灵动画

本练习要求读者使用关键帧动画制作一片树叶从 Maya 上滑落的运动，如图 7-111 所示。

（a）

（b）

图 7-111 动画效果

第8章

变形器

变形器是 Maya 中的一大亮点，使用变形器可以对模型进行变形操作的原理同样是控制模型顶点的位置，它的优势在于可以通过一个变形器来控制一个区域内的所有模型顶点，例如使模型整体弯曲、扭曲以及局部修改。另一个重要的功能就是创建变形动画，常见的角色的表情动画就是使用变形器制作的。Maya 中的变形器分为多种类型，根据不同的要求，所使用的变形器也不相同。本章将以一些典型的案例为基础，介绍变形器的使用方法，以及实际制作过程中的一些注意事项。

8.1 混合变形

在创建表情动画的时候，【混合变形器】是"变形"中非常重要的"变形"工具，常用来制作人物表情动画。它与其他"变形"工具最大的区别是混合变形本身并不创建新的变形。它只负责将同一个物体的多个变形形状连接起来，制作过渡变形动画。

●--8.1.1 创建混合变形

创建混合变形首先需要一个原始物体，在这里我们还是使用人头模型作为例子。选中人头模型，复制出三个，如图 8-1 所示。在表情动画的实际制作中，要复制很多个模型副本，这里复制三个是为了便于讲解。

使用前面学的簇变形和晶格变形，编辑复制头部的表情。如图 8-2 所示，中间的两个使用簇变形工具做了两个表情，最右侧的一个使用的是晶格变形，使头部变胖。

在这里，我们将变形模型称为目标物体，将原始模型称为基础物体。先选择三个目标物体，再选择最左端的基础物体，然后执行【动画变形】|【混合变形】命令，这时会弹出混合变形器的设置对话框，如图 8-3 所示。

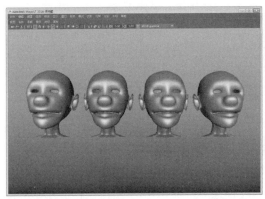

图 8-1 复制模型

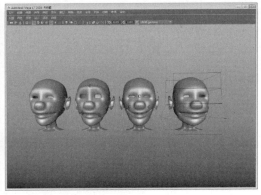

图 8-2 编辑表情

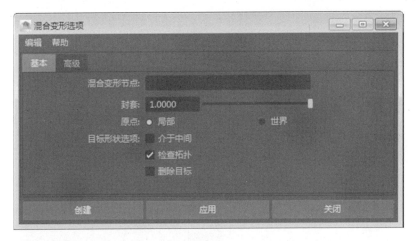

图 8-3 【混合变形选项】对话框

该对话框中同样两个选项卡，我们只需要掌握 Basic 选项卡中的选项即可。

1. 混合变形节点

在该选项的输入框中可以给创建的混合变形器命名，默认按创建顺序命名。

2. 封套

该选项控制变形系数，默认值是 1。

3. 原点

该选项后面有两个单选按钮，控制混合变形中基础物体和目标物体的位置、旋转、比例差异按照哪种坐标方式进行计算。有两种坐标方式，一种是【局部】，另一种是【世界】。

4. 目标形状选项

选项后面有三个复选框，其中【介于中间】复选框决定变形方式是平行变形还是系列变形。【检查拓扑】复选框是用来检查基础物体和变形物体的拓扑结构线是否相同。【删除目标】复选框决定是否在变形后删除目标物体。

8.1.2 混合变形编辑器

接着上节的操作，在执行【变形】|【混合变形】命令后，全部使用默认值，单击【创建】按钮创建混合变形。这时场景中的模型并没有任何变化，接着执行【窗口】|【动画编辑器】|【混合变形】命令，这时会弹出混合变形编辑窗口，如图8-4所示。

该窗口中显示 blendShape1 就是刚创建的混合变形。窗口中的三个滑竿分别对应三个目标物体的变形幅度，滑竿下面有各自的变形参数值和名称。在场景中将三个目标物体隐藏，只保留基础物体，然后在变形编辑窗口中分别拖动三个变形物体的滑竿进行测试，如图8-5所示。

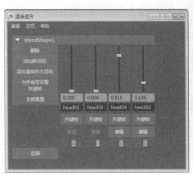 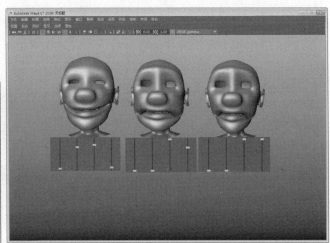

图 8-4 混合变形编辑窗口 图 8-5 变形表情

下面分别介绍【混合变形】编辑窗口的菜单中的各按钮的含义。

1．删除

单击该按钮可以在编辑窗口中删除刚创建的变形节点，所有的变形效果都消失。

2．添加基础作为目标

使用该工具可以对调整出的变形效果进行烘焙，并将其作为新的目标物体添加到变形当中。例如，将表情调整到如图8-6所示的状态。

选中模型，然后单击【添加基础作为目标】按钮，这时编辑器中会生成一个新的滑竿，并在场景中多出一个基础的目标物体，可以使用移动工具将其移动出来或隐藏，如图8-7所示。

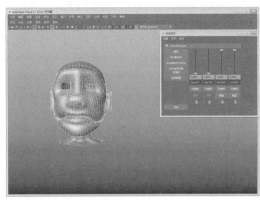

图 8-6　编辑表情

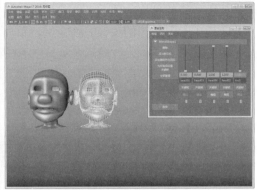

图 8-7　烘焙添加目标物体

该工具在实际的制作中非常有用，使用这种方法不仅可以创建出更丰富的表情，更重要的是节约了大量的时间。如图 8-8 所示是调整出的新的表情。

3．为所有项设置关键帧

在创建表情动画时，使用该按钮可以为所有变形创建关键帧。另外，在每个滑竿的下方都有一个【关键帧】按钮，单击这些按钮只对其中的一个变形效果创建关键帧。

4．全部重置

单击该按钮可以将所有滑竿的幅度值变为 0。

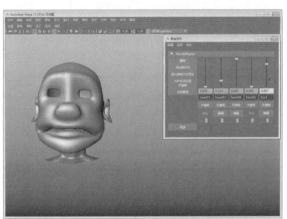

图 8-8　使用烘焙的变形节点编辑表情

5．选择

单击该按钮，可以在时间轨上显示混合变形的动画关键帧。在默认情况下，创建混合动画后，时间轨上不会显示关键帧。

除了这些命令外，我们还可以横向排列编辑窗口，在编辑窗口的菜单中执行【选项】|【方向】|【水平】命令后，选项的排列方式将发生改变，如图 8-9 所示。

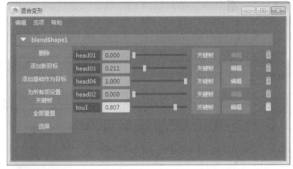

图 8-9　重新排列编辑窗口

● 8.1.3　添加和删除目标物体

在制作表情动画或其他混合动画的过程中，可能会遇到目标物体不够的情况，这时就需要添加新的目标物体。下面我们来学习它的操作方法。

还使用上面创建的头部表情为例。首先，我们需要在场景中复制出一个基础物体，重新命名并对其形状进行编辑，如图 8-10 所示。

选中右边复制出的目标物体，再加选左边的基础物体，执行【动画变形】|【混合变形】|【添加】命令，这时会弹出【添加混合变形目标选项】对话框，如图 8-11 所示。对话框中各选项的含义如下。

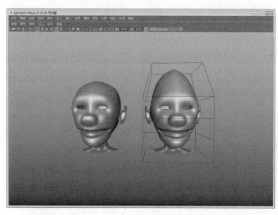

● 图 8-10 复制并编辑目标物体

● 图 8-11 【添加混合变形目标选项】对话框

1. 指定节点

该复选框默认情况下是禁用的，要添加新的混合变形需要启用该复选框。

2. 混合变形节点

在这里输入要加入混合变形器的名称，可以在【现有变形】的下拉列表中选择要加入的变形器。

3. 目标形状选项

该选项和混合变形器设置对话框中同名称选项的含义相同，该选项后面的【检查拓扑】复选框用来检查基础物体和变形物体的拓扑结构线是否相同。

现在，单击【应用并关闭】按钮，则新的目标物体已经添加到了变形器 BlendShape1 中，如图 8-12 所示。

删除目标物体的操作，和添加目标物体类似。在场景中先选择要删除的目标物体，再选择基本物体，然后执行【变形】|【混合变形】|【移除】命令即可。

● 图 8-12 添加目标物体后

8.2 簇变形

在将状态切换到顶点状态下，我们可以尝试用鼠标依次选择并调节模型上顶点的位置，可以发现这是非常费时费力的工作。而【簇变形】就是将原被选中的顶点替换显示成簇控制器的标识符。此时我们将其选中按下需要的操控键就可以进行调节了。

8.2.1 创建簇变形器

簇变形器是对模型顶点的编辑，在创建簇变形之前必须进入模型的顶点编辑状态，直接在物体层级进行创建得不到任何变形效果。下面来学习具体的创建方法以及相关参数。首先创建或导入一个模型（在这里我们使用一个人物的头部模型，读者可以创建一个球体进行练习），选择模型后，进入其顶点编辑状态，使用选择工具选中一组顶点，如图 8-13 所示。

切换到【装备】模块，执行【变形】|【簇】命令，这时会弹出设置对话框，如图 8-14 所示。先看【基本】选项卡，在该选项卡下有两个选项，【模式】选项在后面会讲到，只看【封套】选项，该选项控制簇的影响系数，值越大效果越明显。

图 8-13 选择模型上的定点

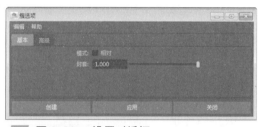

图 8-14 设置对话框

使用默认值单击【创建】按钮。这时候我们发现角色的鼻头上多了一个绿色的大写字母 C，如图 8-15 所示，这就是簇变形器的控制标识。

现在使用移动工具移动控制点，可以看到，原来选择的一组点被这个 C 点所取代，如图 8-16 所示。

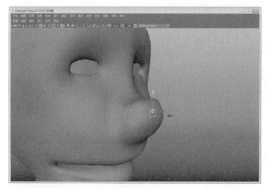

图 8-15 创建簇变形后

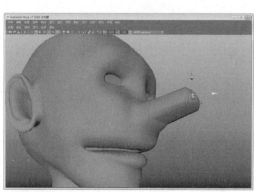

图 8-16 移动控制点

回到刚才遗留的问题，在簇变形的设置对话框中，【模式】选项的后面有一个【相对】（关系）复选框，该参数控制着模型和簇变形器的相对性。打开【大纲视图】，在这里可以看到，刚才创建的簇并没有和模型连在一起，移动模型，簇不会跟着运动，如图8-17所示。

撤销移动操作，在大纲中使用鼠标中键将cluster1Handle节点拖曳到boy head模型节点上，这样创建的簇就作为模型的子物体跟随模型。再移动模型，簇物体就跟随运动，但簇变形会发生偏移，如图8-18所示。

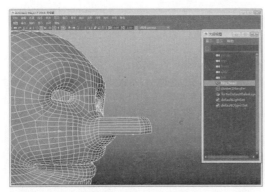

图 8-17 移动模型

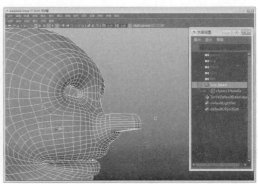

图 8-18 簇变形偏移

如果刚开始创建时，在设置对话框中启用【相对】复选框就可以纠正这样的错误。如果簇变形已经被创建，可以选中模型，按Ctrl＋A快捷键打开其属性面板，在cluster1节点面板中启用【相对】复选框即可，如图8-19所示。

现在选择簇，使用旋转工具进行调整，发现会有很多锐利的棱角，如图8-20所示，这种变形效果很不理想，下一节我们将学习簇的权重调节。

图 8-19 启用【相对】复选框

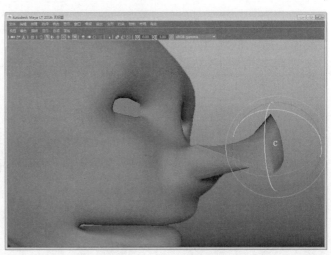

图 8-20 旋转簇

8.2.2 簇的权重

首先，将拉伸后的模型切换到顶点编辑状态，如图 8-21 所示。在这里可以清楚地看到，选择的顶点会跟随簇移动到一个新的位置，中间的结构线被硬性地拉伸，这样很容易造成变形的失败。解决这一问题的方法就是本节要学的调节簇的权重，通过对权重的编辑可以使变形更加平缓和自然。

将模型撤销回到变形之前，选中模型，在菜单栏【变形】的【绘制权重】中，执行【变形】|【簇】命令，这时在通道盒中会打开权重笔刷属性通道盒，如图 8-22 所示。

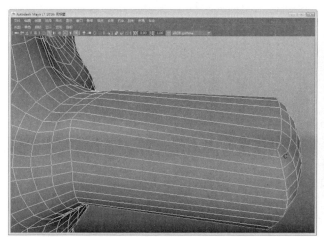

图 8-21 拉伸后的结构线

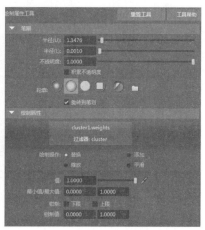

图 8-22 笔刷属性通道盒

绘制权重状态下的模型以黑白两色显示，白色区域表示权重值为 1，也就是说这里的顶点完全受簇的影响。黑色部分表示权重值为 0，完全不受簇的影响。回到通道盒中，在这里有很多设置笔刷的参数，对于簇权重的编辑只需要掌握【笔刷】和【绘制属性】两个卷展栏中的参数即可，下面我们对这些选项进行介绍。

1. 笔刷卷展栏

该卷展栏主要用来调整笔刷的半径大小。调整笔刷半径的快捷方式是在场景中按住 B 键的同时拖动鼠标左键。

1)【半径（U）】和【半径（L）】

分别控制【笔刷】半径的最大值和最小值。

2）不透明度

显示笔刷痕迹的明暗程度，并不改变笔刷的力度。

3）轮廓

该选项后面有 5 种笔刷的样式，从左至右依次为【高斯笔刷】、【软笔刷】、【硬笔刷】、【方形笔刷】和【文件浏览】。选择不同的笔刷类型，可以绘制不同的权重效果，其中文件笔刷类型是指可以选择一个图片文件作为笔刷，Maya 使用图片中的黑白信息作为笔刷的权重控制。

2.【绘制属性】卷展栏

该卷展栏控制笔刷的具体绘制属性，包括笔刷效果、笔刷权重以及一些特殊的设置，下面分别向读者进行介绍。

1）Cluster N.weights

如果一个物体上有多个簇控制器，按住该按钮不放会弹出选择簇的快捷菜单，在这里可以选择想要编辑的簇，如图 8-23 所示。在本例中只有一个簇，所以按钮上显示为 Cluster1.weights。

2）过滤器

按下该按钮，在弹出的列表中可以切换到其他变形器类型，如图 8-24 所示。

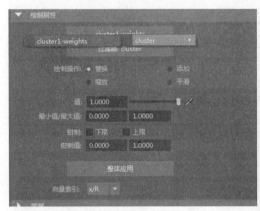

图 8-23 簇对象过滤

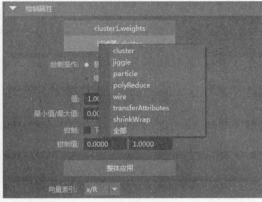

图 8-24 切换变形器类型

3）绘制操作

该选项后面有 4 个单选按钮，【替换】是用当前笔刷的值替换已有的权重值；【添加】是在已有的权重上添加当前笔刷的值；【缩放】是通过笔刷的权重参数缩放当前顶点的权重值；【平滑】可以平滑两个不同权重值之间的过渡。

4）值

设置当前笔刷的权重值，范围是 0～1。在该选项的后面有一个权重"吸管"工具，使用该工具可以在绘制的模型上吸取任意一点的权重作为当前值。

5）最大值/最小值

可以控制当前权重的最大值和最小值，默认情况下笔刷的值只能是 0～1，使用该选项可以突破这个范围，甚至设置成负值。

6）钳制

该选项后面有【下限】和【上限】两个复选框，它们可以将笔刷的权重强制在一个范围内。

7）整体应用

单击该按钮，可以将当前笔刷的权重值应用到整个簇控制区。例如当前笔刷的值为 0.7，单击该按钮后，簇的控制区的权重值都为 0.7，如图 8-25 所示。

通道盒中的参数讲解完毕，下面学习对簇的权重进行绘制的操作过程。

首先，在【大纲视图】中将原来创建的簇删除。进入模型的顶点编辑状态，选中整个鼻子上的顶点，如图 8-26 所示。

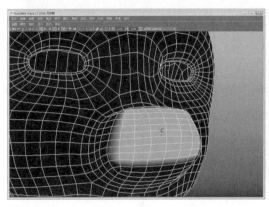

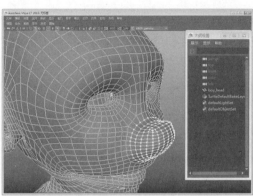

图 8-25　权重溢出　　　　图 8-26　选中顶点

然后，使用前面讲的方法给选中的顶点添加一个簇变形器。选择模型，进入其对象编辑状态，在菜单栏【变形】的【绘制权重】中，再执行【变形】|【簇】命令，打开笔刷属性通道盒。

在通道盒中，选择【软笔刷】类型，在【绘制操作】后面选中【替换】单选按钮，将【值】设置为 0.3，如图 8-27 所示。

回到场景中，适当调整笔刷半径大小，然后在模型鼻子的根部绘制一圈，如图 8-28 所示。

图 8-27　参数设置　　　图 8-28　绘制权重

绘制一圈后，将【值】设置为 0.7，接着刚才绘制的区域再绘制一圈，使权重由重到轻进行过渡，如图 8-29 所示。

返回通道盒，在【绘制操作】后面选中【平滑】单选按钮，在模型上将使绘制时不同的权重值得到平滑过渡，如图 8-30 所示。

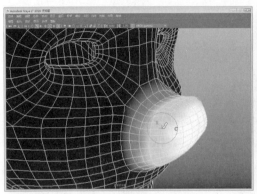

图 8-29　调整笔刷值后绘制

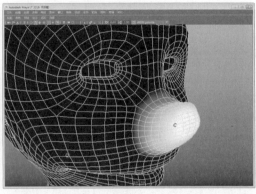

图 8-30　平滑权重

最后，按 W 键，切换到移动工具，选择簇进行移动，观察效果。可以切换到物体的顶点编辑状态，观察模型现在的结构线，如图 8-31 所示。

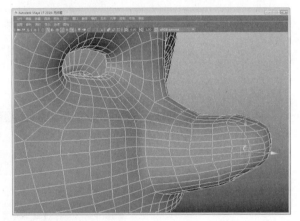

图 8-31　最终调整效果

8.3　晶格变形

在 8.2 节中，我们详细介绍了簇控制器以及利用簇变形修改最终模型。在诸多变形器中，Maya 还提供了另一种"变形"工具——晶格变形，在实际动画和建模中，常常用晶格变形来修正动画变形或者调节模型外观。

● 8.3.1　创建晶格变形

相对于簇变形器而言，晶格变形器的使用比较灵活，它不仅可以在模型的顶点级别进行编辑，也可以直接编辑物体级别，下面学习该变形器的具体创建过程以及相关参数。首先在 Maya 2016 中，切换到【动画】模块，新建一个场景，创建一个 NURBS 球体，选中球体，执行【动画变形】|

图 8-32　晶格变形器设置对话框

【晶格】命令，这时会弹出晶格变形器的设置对话框，如图 8-32 所示。

在该对话框中有两个选项卡，我们只需要掌握【基础】下的选项即可。

1．分段

该选项设置晶格在三维空间的分段数目，后面的三个值分别对应物体 X、Y、Z 三个轴向上的晶格分段。

2．局部模式

设置每个晶格点可以影响到的模型变形范围，启用【使用局部模式】复选框，可以在【局部分段】选项中为每个顶点设置影响的空间范围。如果禁用【使用局部模式】复选框，则晶格上任意一点的移动都会对整个模型产生影响。

3．局部分段

该选项可以精确设置晶格上单个顶点对模型的影响范围，值越大，影响的范围就越大。

4．位置

默认情况下【绕当前选择居中】复选框被启用，表示只对晶格所包围的模型部分变形有效。

5．分组

控制是否将影响晶格和基础晶格进行群组，这样做允许同时变换两者。默认为禁用。单击【创建】按钮，结果如图 8-33 所示。

现在移动晶格物体，球体会跟随运动。确保晶格被选中，在视图的空白处右击，在弹出的快捷菜单中选中【晶格点】命令，进入控制点编辑状态，如图 8-34 所示。

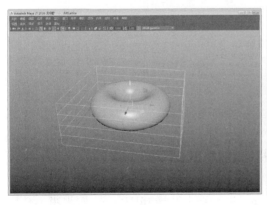

图 8-33　默认创建结果

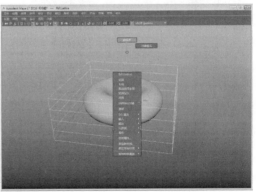

图 8-34　进入控制点编辑状态

选中晶格顶部的 8 个控制点，使用移动工具向上移动，如图 8-35 所示，一个"瓷杯"的模型就出来了。

晶格变形器的功能是十分强大的，对控制点不仅可以进行移动操作，还可以进行旋转和缩放处理，如图 8-36 所示为编辑的效果。

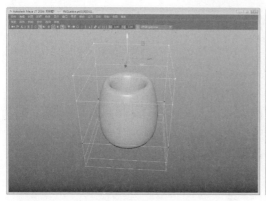

图 8-35　移动控制点

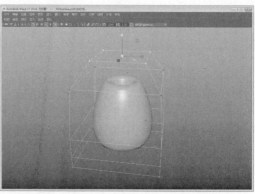

图 8-36　对控制点的缩放处理

如果在创建晶格后，想对晶格的分段重新调整，首先要进入晶格的物体编辑状态，然后在器属性通道栏中的【形状】选项下进行修改，如图 8-37 所示。

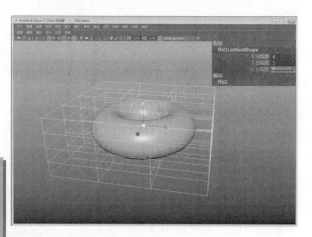

图 8-37　更改晶格分段

提 示

一旦晶格的控制点有了移动，则无法设置晶格的分段。必须执行【动画变形】|【晶格】|【重置晶格】命令，将编辑过的晶格还原成初始状态后，才能继续通过属性栏进行设置。

8.3.2　晶格变形器的特殊操作

在讲簇变形器的时候，提到了簇的相对性，在晶格变形中也存在类似的问题。例如，移动物体，晶格不会随着运动，如图 8-38 所示。下面将讲解产生此问题的原因，以及解决问题的方法。

首先介绍一下晶格变形器的工作原理。执行【窗口】|【大纲视图】命令，打开【大纲视图】，在这里可以看到晶格变形器实际上是由 ffd1Lattice 和 ffd1Base 两个控制器组成的。在默认情况下，Maya 只显示 ffd1Lattice。在大纲中选择 ffd1Base，则视图中会显示出一个简单的绿色立方体线框，这就是基础晶格的外形，如图 8-39 所示。

Maya 在计算晶格变形时，是以 ffd1Lattice 和 ffd1Base 之间的空间坐标差为计算依据的。如果我们只选择 ffd1Lattice 物体，当对它进行移动时，虽然物体会随着运动，但 ffd1Base 是保持不动的，如图 8-40 所示。

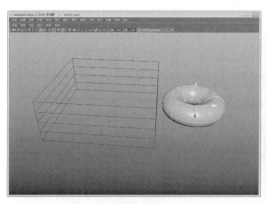

图 8-38 移动物体

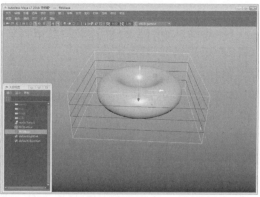

图 8-39 基础晶格

　　如果只移动 ffd1Base，则模型会发生错误的变形，如图 8-41 所示。在创建晶格变形动画的时候，这种问题是必须解决的。只有晶格物体和模型同时运动才能创建正确的动画。通常的做法是，创建好晶格控制器后，在大纲中同时选择 ffd1Lattice 和 ffd1Base 两个节点，按 Ctrl＋G 快捷键将它们群组，然后在大纲中选择组物体，使用鼠标中键将其拖曳到模型节点上，使组物体成为模型的子物体，如图 8-42 所示。这样在创建晶格动画的时候就不会出现问题了。

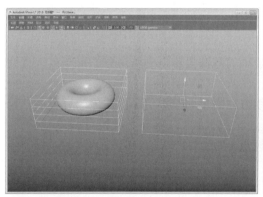

图 8-40 只移动影响晶格

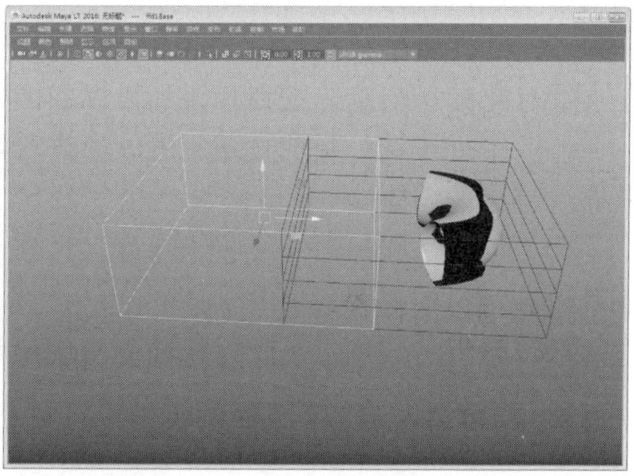

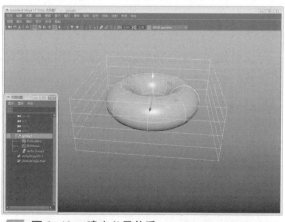

图 8-41 只移动基础晶格

8.4 收缩包裹

　　包裹变形是一个相当强大的变形器，它允许使用另外一个曲面物体或者多边形物体来控制当前物体变形。在实际动画制作过程中，高质量的动画角色模型结构比较复杂，直接对其进行变形并不是一种有效的手段，如果使用包裹变形则可以大大降低劳动强度，并能够提高模型的变形精度。

图 8-42 建立父子关系

8.4.1 创建收缩包裹变形器

要使用收缩包裹变形器产生表情动画，则可以按照下面所介绍的方法执行操作。首先，根据模型的外轮廓创建一个 NURBS 曲面，编辑曲面使其大小和外形与原模型完全吻合，将其与原模型位置对齐，选中模型，执行【变形】|【收缩包裹】命令，弹出【收缩包裹选项】对话框，如图 8-43 所示，下面介绍该对话框中各选项的含义。

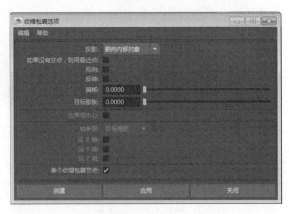

图 8-43 【收缩包裹选项】对话框

1. 投影

该选项用来设置包裹器对象的每个点投影到的目标对象。左侧有 5 个单选按钮，分别控制着 5 种不同的投影。

（1）朝向内部对象：【朝向内部对象】进行收缩包裹。朝向内部对象投影包裹器对象的每个点，直到其碰到目标的曲面。

（2）朝向中心：在该模式中，朝向目标的中心进行收缩包裹。朝向目标的中心投影包裹器对象的每个点，直到其碰到目标曲面。

（3）平行于轴：延轴收缩包裹。沿平行于轴的方向投影包裹器对象的每个点，直到其碰到目标的曲面。

（4）顶点法线：沿法线收缩包裹。沿法线方向的反向投影包裹器对象的每个点，直到其碰到目标的曲面。

（5）最近：收缩包裹到目标曲面上的最近点。

2. 如果没有交点，则用最近点

启用该选项时，Maya 2016 将为未使用当前选定的投影方法碰到目标对象的点使用"最近"投影方法，此选项可确保包裹器对象的所有点都变为目标形状。

3. 双向

启用此选项后，会向后和向前投影包裹器对象的点，以查看它们是否碰到目标对象。如果某个点在两个方向上都碰到目标，则会使用最短距离。

4. 反转

启用此选项后，会在相反的方向上投影包裹器对象上的点。

5. 偏移

指定发生变形后包裹器对象与其目标之间的距离。如果增大"偏移"值，Maya 会沿目标的曲面法线移动包裹气的点。

6．目标膨胀

指定沿其曲面法线应用到目标对象的膨胀量。

虽然【目标膨胀】和【偏移】会产生类似的效果，但【目标膨胀】通常会生成更好的变形，尽管会耗费一些额外的计算成本。

7．边界框中心

该选项仅在【投影】设置为【朝向中心】时可用，如果禁用此选项（默认设置），会朝向目标的局部坐标系的中心投影包裹器对象的点。启用此选项时，会朝向目标的边界框的中心投影包裹器对象的点。

8．轴参照

在投影设置为"平行于轴"时设置参考坐标系，可以从"目标局部""变形局部"和"全局"中选择。

9．沿 X、Y、Z 轴

指定沿哪个轴投影包裹器的点。如果选定多个轴，投影会沿相应的单位向量发生。

10．单个收缩包裹节点

启用此选项后，可将所有收缩包裹对象视为单个收缩包裹节点。执行此操作可在整个组内应用同一设置。

> **注 意**
>
> 在使用 NURBS 物体作为变形器时，需要在场景中首先选中 NURBS 物体作为变形器，然后再选择 NURBS 物体作为要变形模型，执行【变形】 | 【收缩包裹】命令。

现在使用对话框中的默认设置，单击【创建】按钮，球体包裹器将会围绕人头模型对其进行收缩，如图 8-44 所示。

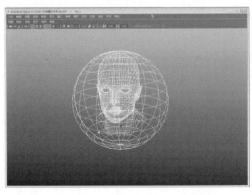

(a)　　　　　　　　　　　　　　(b)

图 8-44　创建收缩包裹变形器前后

8.4.2　编辑收缩包裹变形器

重新给模型创建收缩包裹变形器，这一次启用（编辑）收缩包裹，然后使用子菜单栏中的选项对创建的收缩包裹变形器进行编辑，如图 8-45所示。下面介绍该菜单栏中各选项的含义。

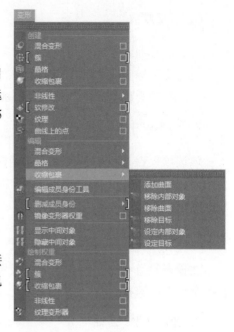

图 8-45　编辑收缩包裹

1．添加曲面

将 NURBS 曲面添加到现有的变形器。

2．移除内部对象

选择包裹器，内部对象和包裹器之间的连接将断开，并且对目标所做的更改将不再影响包裹器。

3．移除曲面

从现有的变形器中移除 NURBS 曲面。

4．移除目标

使用【移除目标】选项命令，将会使目标和包裹器之间的连接将断开，并且对目标所做的更改将不再影响包裹器。

5．设定内部对象

选择包裹器，按住 Shift 键并选择内部对象。将在包裹器和内部对象之间建立连接，并且对目标所做的更改将影响包裹器。

6．设定目标

选择包裹器，然后按住 Shift 键并选择新的目标对象。使用此命令将在包裹器和新目标之间建立连接，并且对目标所做的更改将影响包裹器。

8.5　软修改工具

褶皱变形可以快速地创建褶皱效果，它的原理其实是簇变形和线变形的结合，也就是说，它可以像簇变形器一样用点进行控制，也可以像线变形器一样用线进行控制。该变形器有三种不同的变形方式，灵活使用可以得到非常复杂的变形效果。我们经常使用该变形器制作布料的褶皱、老人的皱纹以及其他复杂的建模效果。

在 Maya 2016 中，选择一些点后，创建软修改变形，选择字母 S 可以改变形状，当再次选择其他点进行软修改时，之前的软修改就会被替代，就是没有了，但若在建立下一个软修改之前对它进行过操作，它就会被保留，这是为什么？建立几个软件修改后，怎样对之前的软修改进行权重的绘制？【软修改工具】是具有可调整衰减属性的变形器，通过这些属性可操作 3D 几何体，就像美工人员推拉一块模型粘土来改变其形状一样。

默认情况下，操作器中心的变形量最大，然后从中心向外逐渐衰减。但是，可以控制变形的衰减来产生各种类型的效果。

执行【变形】|【软修改】命令，在弹出的对话框中可以看到该对话框的参数设置选项，如图 8-46 所示。下面我们解释各选项的含义。

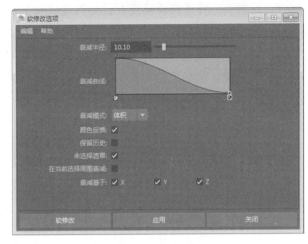

图 8-46 【软修改选项】对话框

1．衰减半径

通过软修改工具确定变形区域。半径所确定的区域取决于【衰减模式】及【在当前选择周围衰减】选项是否打开。

2．衰减曲线

控制【衰减半径】所确定区域内的变形权重。在选择区域中心，【衰减曲线】的默认形状所指定的影响较大，在变形区域的外缘，其默认形状所指定的影响较小。根据所需结果，可手动调整【衰减曲线】的形状。该选项用来设置变形线的数量，如图 8-47 所示。

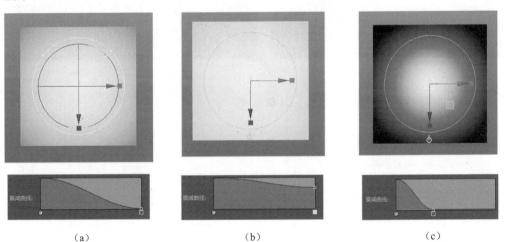

（a）　　　　　　　　　（b）　　　　　　　　　（c）

图 8-47 不同的衰减曲线效果图

3．衰减模式

确定选定区域的变形方式。

（1）体积：将【衰减模式】设定为【体积】后，软修改便基于影响区域中心位置附近某一球体的 3D 体积。

（2）表面：将【衰减模式】设定为【表面】后，软修改便基于一个贴合曲面轮阔的区域。若想将软修改变形包裹在曲面上，则可使用曲面模式。例如，可以使用给予曲面的衰减模式，将角色脸部的上嘴唇和下嘴唇分离。

4．保留历史

打开【保留历史】后，可保存【软修改工具】创建的所有节点。若要为软修改变形器的效果设定动画或随后对变形属性进行修改，则需要打开【保留历史】，以确定保存变形历史。

关闭【保留历史】后，【软修改工具】将尝试移除其创建的变形历史和所有附加节点。若将软修改作为建模工具且无需采用建模历史，则应关闭【保留历史】。

5．未选择遮罩

关闭【未选择遮罩】后，所有组件均变形。打开【未选择遮罩】后，只变形选定组件，如图 8-48 所示。

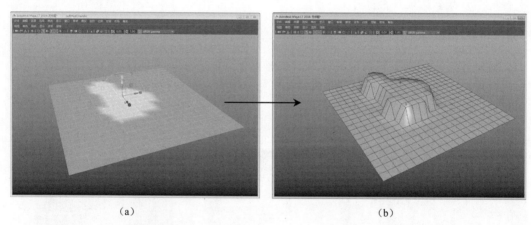

（a）　　　　　　　　　　　　　　　（b）

图 8-48　打开【未选择遮罩】

6．在当前选择周围衰减

启用该选项则在各选定顶点周围成辐射状进行衰减。这样可以生成一个更自然的衰减效果，尤其当选定顶点构成一个任意形状时。若关闭该选项，则衰减的形状是一个围绕选择中心的球形。

7．衰减基于

变形衰减曲线图的 X、Y 或 Z 轴方向。通过关闭沿一个或多个方向的衰减，可以创建各种效果。如图 8-49 所示分别是变形衰减曲线图的（X、Y、Z 轴）、（Y、Z 轴）、（X、Y 轴）的效果图。

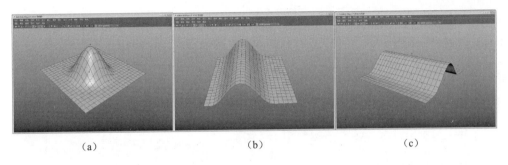

(a)   (b)   (c)

图 8-49 不同变形衰减曲线图

8. 颜色反馈

关闭【颜色反馈】后，在软修改变形器的影响区域内，曲面网格暂时涂有一层渐变色。无论何时启用软修改操纵器，颜色渐变都会临时替代指定的着色材质，如图 8-50 所示。

【颜色反馈】直观地指出了影响的区域，以及受影响区域内的影响和衰减量。受影响最大的区域（基于【衰减曲线】的形状）显示为黄色。随着变形器的影响逐渐减弱，颜色渐变混合为较深

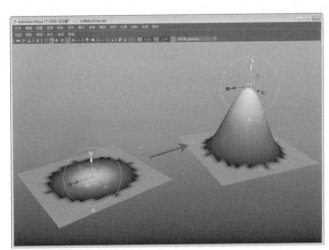

图 8-50 开启【颜色反馈】

的橙色/红色。影响区域中未变形的区域显示为黑色。【衰减半径】外侧的区域显示为灰色。

【颜色反馈】可以通过线框或着色模式呈现在【多边形曲面】上。【颜色反馈】只能通过着色模式呈现在【NURBS 曲面】上，且不支持细分曲面。

使用【软修改工具】编辑其中的设置来打开或关闭【颜色反馈】显示。

8.6 非线性变形

所谓非线性变形，是指一类变形器，而不是一个或者两个。这种变形器都具有相似的特性，即它们的变形都不是线性的。在 Maya 2016 中，非线性变形器包括弯曲、扩张、正弦、挤压和扭曲等类型，本节将带领大家认识和学习非线性变形器。

8.6.1 弯曲变形

弯曲变形可以将一个模型进行弯曲处理，并可以设置弯曲的位置、角度、上限和下限等。下面我们使用一个简单的模型来讲解该变形器，首先切换到【装备】模块，然后在 Maya 2016 中新建一个场景，创建一个多边形圆柱体，参数设置如图 8-51 所示。

选中多边形圆柱体，切换到动画模块，执行【变形】|【非线性】|【弯曲】命令，弹出的对话框如图8-52所示。首先我们来看三个选项的含义。

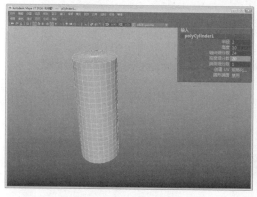

图 8-51 创建多边形圆柱体

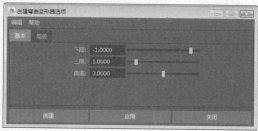

图 8-52 弯曲变形对话框

1. 下限

控制弯曲变形影响范围的下限。

2. 上限

控制弯曲变形影响范围的上限。

3. 曲率

控制弯曲变形的曲率，该值可以设置为正负值，分别对应物体左右弯曲方向。

单击【创建】按钮，在透视图中按4键将模型线框显示，我们可以看到，圆柱体的中央会多出一条绿色的直线，如图8-53所示。

按T键，在视图中看到弯曲变形的控制手柄，该控制手柄有三个控制点，上下两个控制点可以垂直移动，控制着弯曲的上限和下限。中间的控制点可以水平移动，控制弯曲的曲率，使用鼠标左键拖动中间的控制点，结果如图8-54所示。

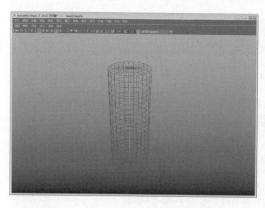

图 8-53 弯曲变形的控制线

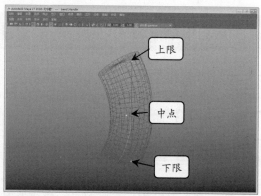

图 8-54 移动中间的控制点

在图8-55中，左侧的图是改变上限的结果，右侧的图是改变下限的结果。

按 W 键，切换到移动工具，选择控制手柄，分别沿 Y 轴和 X 轴进行移动，结果如图 8-56 所示。

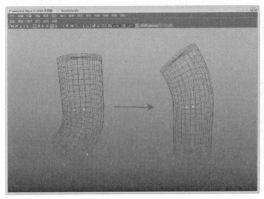

图 8-55　改变控制手柄的上下限

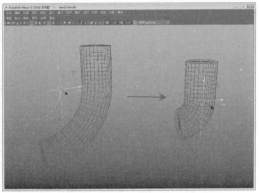

图 8-56　移动控制手柄

按 E 键，切换到旋转工具，对控制手柄进行旋转操作，如图 8-57 所示，左侧的图是在 Y 轴上旋转的，右侧的图是在 X 轴上旋转的。

按 R 键，切换到缩放工具，对控制手柄进行缩放操作，如图 8-58 所示，左侧的图是对控制手柄整体进行缩放，右侧的图是在 Y 轴上进行缩放。另外，在创建弯曲变形器后，在其属性栏中也可以改变其参数设置。

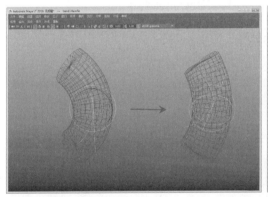

图 8-57　旋转控制手柄

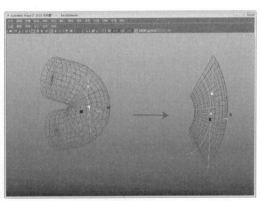

图 8-58　缩放控制手柄

8.6.2　扩张变形

扩张变形可以对模型进行收缩或者扩张处理，同样可以控制扩展的位置。例如要做一个腰鼓的模型，就可以使用该变形器对一个圆柱进行变形得到。下面学习它的具体操作方法，首先在场景中创建一个多边形管状物体，参数设置如图 8-59 所示。

选中管状物体，执行【变形】|【非线性】|【扩张】命令，弹出的对话框如图 8-60 所示。下面来看一下对话框中的几个特殊的选项，和弯曲变形器相同的参数这里不再介绍。

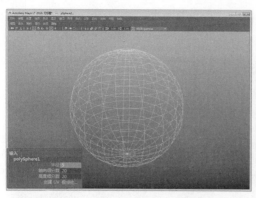

图 8-59 创建管状物体并设置参数   图 8-60 【创建扩张变形器选项】对话框

1. 开始扩张 X

X 轴上的初始扩张值，即模型底端变形器沿 X 轴缩放的幅度。

2. 开始扩张 Z

Z 轴上的初始扩张值，即模型底端变形器沿 Z 轴缩放的幅度。

3. 结束扩张 X

X 轴上的末端扩张值，即模型顶端变形器沿 X 轴缩放的幅度。

4. 结束扩张 Z

Z 轴上的末端扩张值，即模型顶端变形器沿 Z 轴缩放的幅度。

5. 曲线

控制模型中间部分的扩张变形幅度。

使用默认值，单击【创建】按钮，然后在透视图中按 T 键，显示出扩张变形器的控制手柄。该控制手柄上有 7 个控制点，其中垂直线上中间的点控制模型中间部分的扩张幅度，可使用鼠标左键左右移动，如图 8-61 所示。

垂直线上两端的点分别控制扩展的上限和下限，在图 8-62 中，左侧的图调整的是上限，右侧的图调整的是下限。

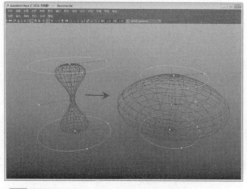

图 8-61 调整中间的控制点

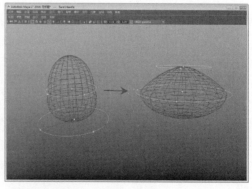

图 8-62 调整上下限

控制手柄上端和下端水平线上的
两个点分别控制 X 轴和 Z 轴上的扩展
值，如图 8-63 所示为调整的结果。如
果想对 X 轴和 Z 轴等值扩展，可以在物
体的通道栏中调整参数。

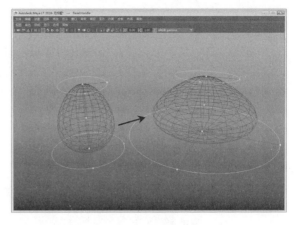

8.6.3 正弦变形

我们对正弦曲线都比较熟悉，那么
正弦变形的概念也就不难理解了。在建
模中，该变形器通常会用来对一些细长
的物体进行变形，达到快速建模的目

图 8-63　X 轴和 Z 轴上的扩展

的，例如创建一些规则的花边或装饰物体等。这里我们使用一个细长的立方体作为操作
对象，如图 8-64 所示。

选中立方体，执行【变形】|【非线性】|【正弦】命令，弹出的对话框如图 8-65
所示。下面对该变形器的几个特殊参数进行介绍。

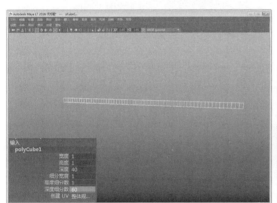

图 8-64　创建立方体

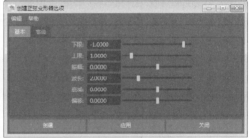

图 8-65　正弦变形对话框

1．振幅

该值决定正弦变形的振幅，也就是模型变形的幅度。

2．波长

该值正弦变形的波长。波长越长，形变越平滑柔和；波长越短，模型变形越频繁。

3．衰减

该值控制形变幅度值的衰减系数。默认无衰减，如果设为负数，则形变会逐渐缩小；
设为正数，形变会逐渐增大。

4. 偏移

改变该值只会影响物体形变端点的幅度，并不会影响形变的振幅和衰减。

使用默认值，单击【创建】按钮。如果是在左视图中创建的圆柱体，单击【创建】按钮后变形器会垂直模型，如图 8-66 所示。

选中变形器，在其通道栏中将 X 轴上的旋转值改为 90。然后回到视图中按 T 键，我们可以看到正弦控制手柄上有 4 个控制点，中间的点控制变形的振幅，向右移动该点，结果如图 8-67 所示。

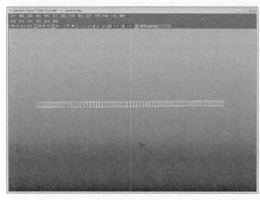
图 8-66　变形器和模型的位置

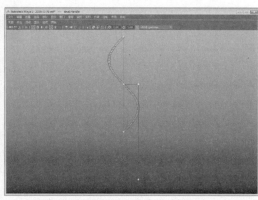
图 8-67　改变振幅

和振幅控制点在同一水平面上的最左端的点，控制的是模型形变的波长，向右移动该点，结果如图 8-68 所示。

中间线上两端的点控制的就是形变的上限和下限，将它们都向里移动，结果如图 8-69 所示。现在中间线上还有一个点，它控制的是形变的偏移，可以左右移动。

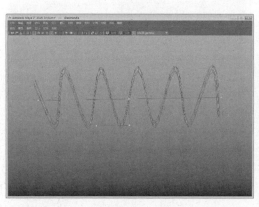
图 8-68　改变波长

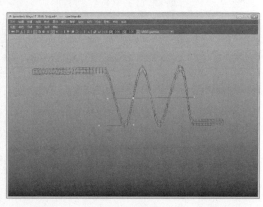
图 8-69　改变上限和下限

8.6.4　挤压变形

在制作动画中，挤压和拉伸是经常用到的变形手段，它可以使制作的动画效果更富有生气。在 Maya 2016 中，我们可以修改物体的缩放值来制作挤压和拉伸效果，但【挤压】变形器提供了更多的控制参数，使操作更加方便。

我们先在场景中创建一个 NURBS【圆环】，执行【变形】|【非线性】|【圆环】命令，弹出的对话框如图 8-70 所示。下面对挤压变形器的几个特殊参数进行介绍。

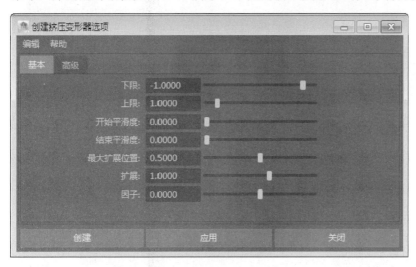

图 8-70 【创建挤压变形器选项】对话框

1．开始平滑度

该值控制挤压变形在起始端的平滑程度。

2．结束平滑度

该值控制挤压变形在结束端的平滑程度。

3．最大扩展位置

该值用来设定上限位置和下限位置之间最大扩展范围的中心。

4．扩展

用来设定挤压变形的扩展程度。

5．因子

该参数设置模型的变形程度。如果参数值小于 0，则挤压模型；如果参数值大于 0，则拉伸模型。

使用默认值单击【创建】按钮，按 T 键，我们可以看到挤压控制手柄上也有 4 个控制点，最右侧的点控制的是挤压的幅度，可以左右移动，如图 8-71 所示是向右移动的结果。

中间线上两端的点控制的是挤压上限和下限，中间的点控制的是扩展位置，将其向下移动然后再调整上下限，结果如图 8-72 所示。

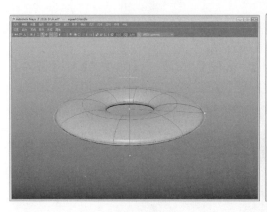

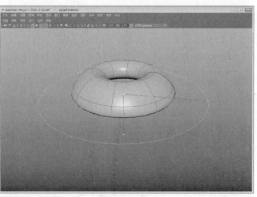

图 8-71 调整挤压幅度　　　　图 8-72 移动扩展中心

在控制手柄上没有平滑度的控制，我们可以在变形器的属性栏中进行调整，如图 8-73 所示。

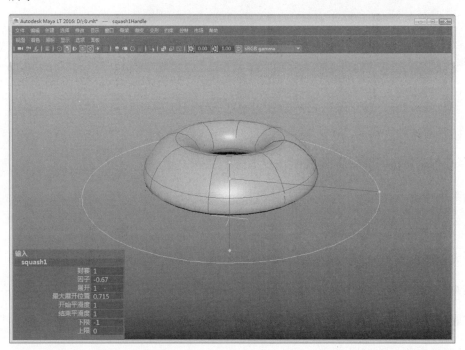

图 8-73 调整平滑度

8.6.5 扭曲变形

扭曲变形器可以使模型产生扭曲、螺旋的效果。在建模和创建动画中都可以用到。扭曲变形器的参数控制比较简单，在这里我们使用一个圆柱体进行测试，圆柱体的参数设置如图 8-74 所示。

选中圆柱体，执行【变形】|【非线性】|【扭曲】命令，弹出的对话框如图 8-75 所示。该对话控制只有 4 个控制参数，【开始角度】和【结束角度】分别控制着扭曲的起始角度和结束角度。

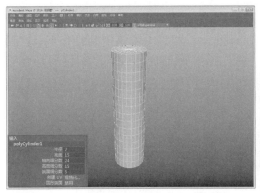

图 8-74　创建长方体

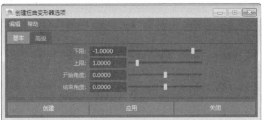

图 8-75　【创建扭曲变形器选项】对话框

使用默认值单击【创建】按钮，按 T 键，我们看到扭曲变形的控制手柄只有两个控制点，这两个点分别控制扭曲的上限和下限。在控制点的周围都有一个蓝色的圆圈，旋转圆圈即可改变扭曲值。如图 8-76 所示是对长方体扭曲后调整上限和下限的结果。

● 8.6.6　波浪变形

波浪变形器主要用在创建类似水波类的动画，该变形器的控制点较多，可以模拟多种波浪效果，也可以配合

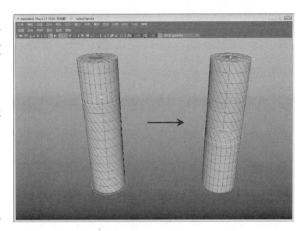

图 8-76　扭曲效果

其他变形器制作特殊的动画。本节使用一个 NURBS 平面物体进行测试，平面的参数设置如图 8-77 所示。

选中平面物体，执行【变形】|【非线性】|【波浪】命令，弹出的对话框如图 8-78 所示。该对话框中的参数含义在前面的变形器中都有类似的介绍，这里不再赘述。

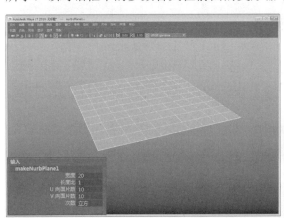

图 8-77　创建平面

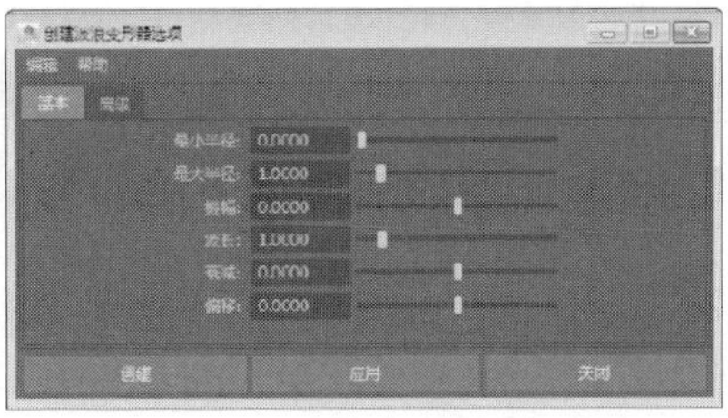

图 8-78　【创建波浪变形器选项】对话框

使用默认值单击【创建】按钮，按 T 键，这时在控制手柄上只能看到三个控制点，选中中间的点水平拖动，然后再选择中间的点垂直拖动，可以看到该控制器有 5 个控制点，如图 8-79 所示。

图 8-80 所示的两个点分别控制着波浪的振幅和波长。控制振幅的点可上下移动，控制波长的点可以左右移动。

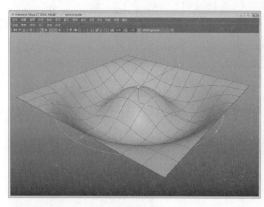

图 8-79　变形器的控制点　　　　　　　　图 8-80　波浪振幅和波长的控制

前后移动图 8-81 所示的点，可以控制波浪的半径大小。前后移动图 8-82 所示的点可以控制波浪的衰减效果。另外，移动最中间的点可以调整波浪的偏移。

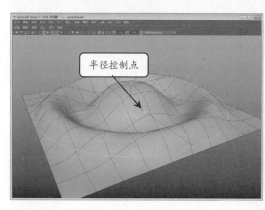
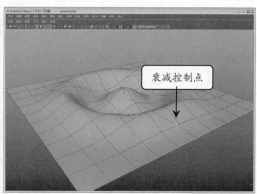

图 8-81　波浪半径的控制　　　　　　　　图 8-82　波浪衰减的控制

到此线性变形器就讲完了，最后提示读者，在对模型创建线性变形器后，尽量不要改变模型上点的数目，否则可能导致错误的变形效果。

8.7　课堂练习：卡通小蘑菇

在本例中，我们通过制作卡通小蘑菇，对要做的变形进行分析。在本节中大家将会对所学习的非线性进行操作，具体包括弯曲、扩张、正弦、挤压进行练习。具体操作步骤如下。

1 在 Maya 2016 中，新建一个场景，创建一个多边形球体，参数设置如图 8-83 所示。选中球体，在装备模块下，执行【变形】|【非线性】|【挤压】命令，然后回到前视图中按 T 键，调整挤压变形器的控制手柄，可以参考如图 8-84 所示的参数设置。

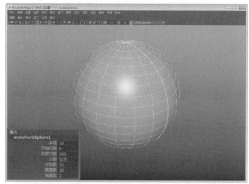

图 8-83　创建球体

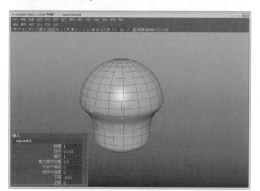

图 8-84　添加挤压控制器

2 同时选中模型和变形器两个物体，使用旋转工具调整角度，然后选择球体，执行【变形】|【非线性】|【弯曲】命令，给模型添加弯曲变形器，如图 8-85 所示。

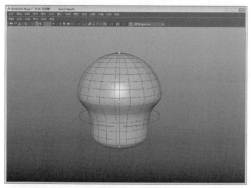

图 8-85　添加弯曲变形器

3 在前视图中按 T 键，调整弯曲变形器的控制手柄，然后按 W 键切换到移动工具，向左移动变形器的位置，如图 8-86 所示。

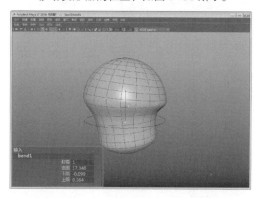

图 8-86　调整弯曲控制手柄

4 选择模型，执行【变形】|【非线性】|【扩张】命令，为模型添加扩张变形器，然后调整控制手柄，结果如图 8-87 所示。

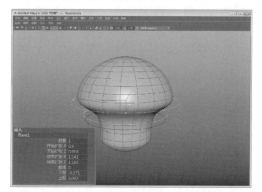

图 8-87　扩张变形器

5 在【大纲视图】中选择挤压变形器，调整【挤压因子】的值，结果如图 8-88 所示。

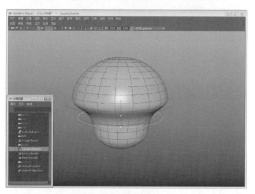

图 8-88　调整控制手柄

6 蘑菇的身体就先做到这里。接下来再创建一个球体，将球体放置在蘑菇的根部，给蘑菇创建一双脚，执行【变形】Ⅰ【非线性】Ⅰ【扩张】命令，给模型添加扩张变形器，结果如图 8-89 所示。

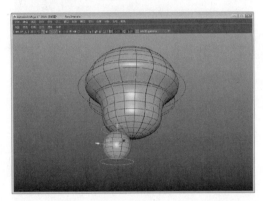

图 8-89　添加变形器

7 在变形器的通道栏中将 Z 轴上的旋转改成 -90，纠正扩展方向。然后按 T 键，调整手柄将球体编辑成如图 8-90 所示的模样，可以参照通道栏中的参数。

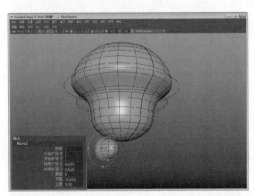

图 8-90　修改模型

8 接着在【大纲视图】中单击 flare2Handle，按住鼠标中键将 flare2Handle 拖曳到 nurbsSphere3，然后选中蘑菇的脚，按 Ctrl+D 快捷键进行复制，其调整结果如图 8-91 所示。

9 在场景中再创建一个球体，进入其面编辑状态，按 R 键，切换到缩放工具，然后对球体进行调节，接着执行【变形】Ⅰ【非线性】Ⅰ

【扩张】命令，添加扩张变形器，并将模型调整到如图 8-92 所示的模样。

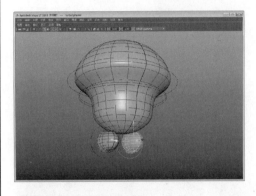

图 8-91　模型调整

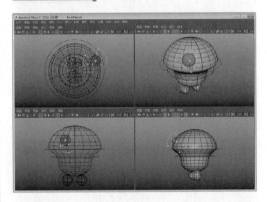

图 8-92　创建眼睛

10 在【大纲视图】中，使用鼠标中键将变形器拖曳到半球模型上，作为其子物体，在旋转模型的时候，变形器也随之旋转。复制一个半球，调整它们的角度和位置，如图 8-93 所示。

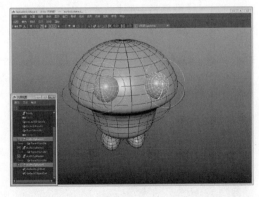

图 8-93　复制眼睛

11 使用同样的方法创建蘑菇的嘴巴。再创建两个球体，并使用缩放工具将其压扁，适当调整大小，然后放置到蘑菇的头上，作为嘴巴的模型，如图 8-94 所示。

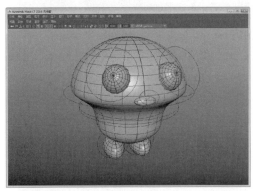

图 8-94　创建嘴巴

12　最后来创建蘑菇的两个手。同样创建一个球体，将高度上的分段设得高一些，如图 8-95所示。

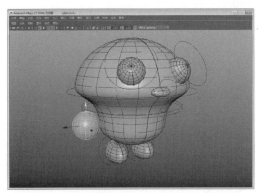

图 8-95　创建球体

13　进入面编辑状态，使用选择工具框选模型上半部的面，将其删除，如图 8-96 所示。

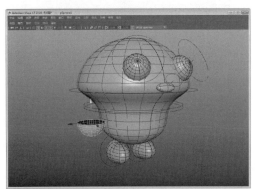

图 8-96　删除面

14　进入物体编辑状态，执行【变形】|【非线性】|【扩张】命令，添加扩张变形器，并将模型调整到如图 8-97 所示的模样，可参照通道栏中的参数。

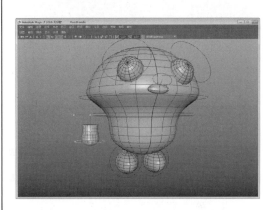

图 8-97　使用扩张变形器编辑模型

15　选择模型，使用缩放工具在 Z 轴上挤压模型，然后执行【变形】|【非线性】|【弯曲】命令，添加弯曲变形器，通过调整变形器的控制手柄将模型编辑成如图 8-98 所示的模样。

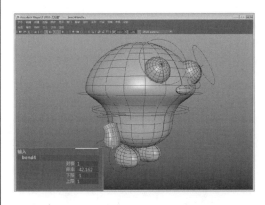

图 8-98　使用弯曲变形器编辑模型

16　在【大纲视图】中，使用鼠标中键将扩展变形器和弯曲变形器都拖曳到蘑菇型上，作为其子物体，然后选择手模型，使用缩放和旋转工具调整其大小和位置，如图 8-99 所示。

17　最后，将手模型进行镜像复制一个，完成整个蘑菇模型的创建，如图 8-100 所示。

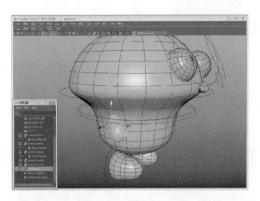

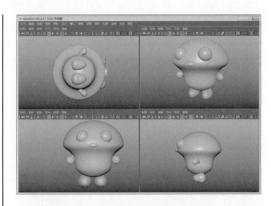

图 8-99　调整模型

图 8-100　最终模型效果

8.8　课堂练习：医药广告动画

　　本实例介绍的是一个医药广告动画的单镜头，在这个镜头当中，摄影机不再进行任何动作，仅仅是一些肠胃蠕动的动画。由于场景的原因，这个小动画将做出各种变形动作，借此来烘托场景，并吸引观众。具体操作步骤如下。

1."胃涨"动画

1　打开本书配套资料中提供的"胃"场景文件。在该场景中我们已经创建好了一个胃的模型，如图 8-101 所示。

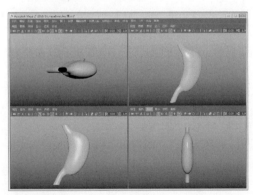

图 8-101　场景文件

2　选中模型，在【装备】模块下执行【变形】|【扩张】命令，在打开的对话框中（如图 8-102 所示）单击【创建】按钮，完成操作。

3　按 4 键可以将模型网格显示，在【大纲视图】中选中 flare2Handle 物体，按 T 键，然后按住鼠标中键将 flare2Handle 物体拖到 pSphere1 上，如图 8-103 所示。

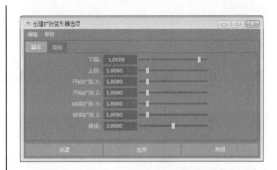

图 8-102　【创建扩张变形器选项】对话框

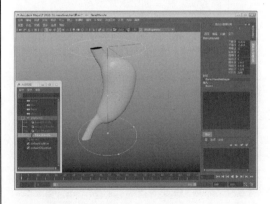

图 8-103　创建扩张变形器

4 将动画的时间范围改成 1~100，并将时间滑块移动到第 1 帧，在【大纲视图】中选中 flare2Handle 组物体，按 S 键给缩放属性设置关键帧，如图 8-104 所示。然后选中 pSphere1 物体，按 S 键给"胃"模型设置关键帧。

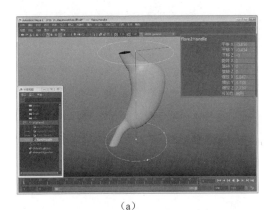

(a)

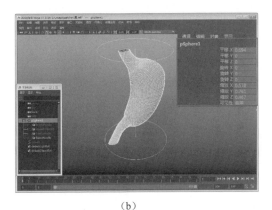

(b)

图 8-104　设置第 1 帧

5 移动时间滑块到第 25 帧，确保 flare2Handle 组物体被选中，对其上限进行调整，按 S 键设置关键帧，然后选中 pSphere1 物体，按 S 键给"胃"模型设置关键帧，如图 8-105 所示。

6 同理移动时间滑块到第 35 帧，给 pSphere1 物体与"胃"模型分别设置关键帧，如图 8-106 所示。

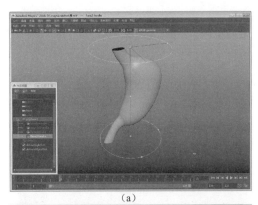

(a)

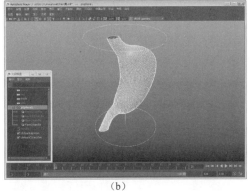

(b)

图 8-105　设置第 25 帧

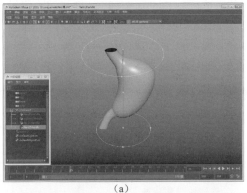

(a)

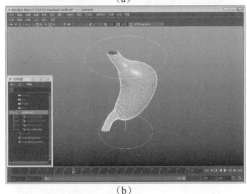

(b)

图 8-106　设置第 35 帧

7 同理将时间滑块移动到第 55 帧，给 pSphere1 物体与"胃"模型分别设置关键帧，如图 8-107 所示。

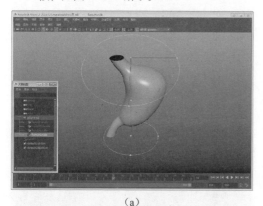

（a）

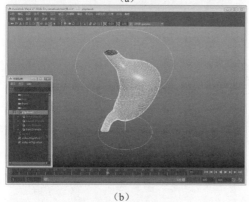

（b）

图 8-107 设置第 **55** 帧

8 移动时间滑块到第 90 帧，将其缩放属性的值都改为 3.7，按 S 键设置关键帧，如图 8-108 所示。如果现在想观察变形效果，可以执行【窗口】|【播放预览】命令，让 Maya 生成预览动画，生成之后会自动调出播放器进行播放。

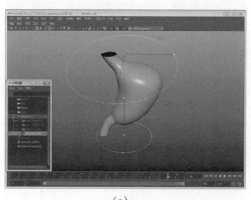

（a）

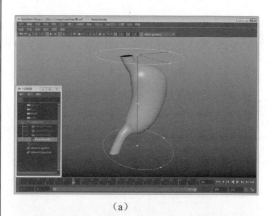

（b）

图 8-108 设置第 **90** 帧

9 在【大纲视图】中用同样的方法对"胃"部下限设置关键帧，首先在第 1 帧处设置一个关键帧，然后移动时间滑块到第 30 帧处，将其缩放，并设置关键帧，如图 8-109 所示。

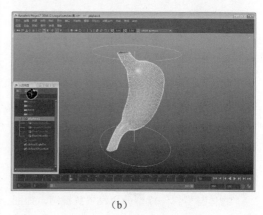

（a）

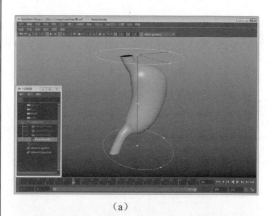

（b）

图 8-109 设置第 **30** 帧

10　继续为"胃"组物体设置关键帧，在第 40 帧时缩放值设置关键帧，如图 8-110 所示。

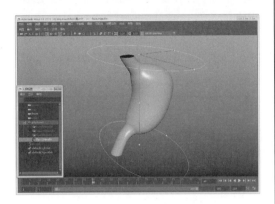

（a）

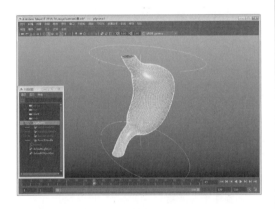

（b）

图 8-110　设置第 40 帧

11　移动时间滑块到第 60 帧，将缩放模型设置为关键帧，效果如图 8-111 所示。

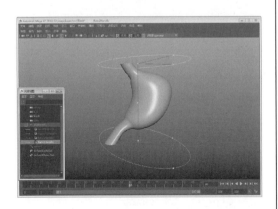

（a）

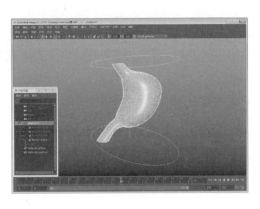

（b）

图 8-111　设置第 60 帧

12　最后移动时间滑块到第 90 帧，将其缩放模型设置为关键帧，如图 8-112 所示。到此，"胃胀"动画制作完毕。

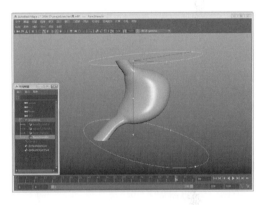

（a）

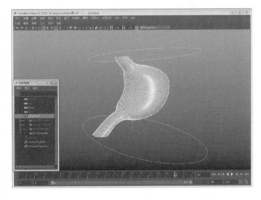

（b）

图 8-112　设置第 90 帧

8.9 思考与练习

一、填空题

1. 在绘制簇权重的【笔刷】卷展栏中_____显示笔刷痕迹的明暗程度，并不改变笔刷的力度。

2. 在晶格变形器的设置对话框中，_____选项可以精确设置晶格上单个顶点对模型的影响范围，值越大，影响的范围就越大。

3. 在混合变形编辑窗口中，_____选项可以将调整出的变形效果进行烘焙，并将其作为新的目标物体添加到变形当中。

4. 在挤压变形器的设置对话框中，_____设置模型的变形程度。如果参数值小于 0，则挤压模型；如果参数值大于 0，则拉伸模型。

5. 设置启用_____后，会向后和向前投影包裹器对象的点，以查看它们是否碰到目标对象。如果某个点在两个方向上都碰到目标，则会使用最短距离。

二、选择题

1. 下列选项中，不属于非线性变形器的是_____。
   A. 正弦
   B. 扭曲
   C. 晶格
   D. 扩张

2. 下列选项中，_____变形器是将一个物体的多个变形效果连接起来，创建过渡变形动画。
   A. 晶格
   B. 簇变形
   C. 包裹变形
   D. 混合变形

3. 如果我们要创建螺旋效果，经常用到的变形器是_____。
   A. 扭曲
   B. 正弦
   C. 波浪
   D. 簇

4. 在收缩包裹变形中有 5 种不同的包裹器对象的每个点投影到目标对象，下列选项中不属于这 5 种类型的是_____。
   A. 朝向内部对象
   B. 朝向中心
   C. 平行于轴
   D. 因子

5. 在软修改中_____通过软修改工具确定变形区域。
   A. 衰减半径
   B. 衰减曲线
   C. 衰减模式
   D. 保留历史

三、问答题

1. 简述晶格变形器的原理和用法。

2. 在混合变形中，混合编辑器的作用是什么？有哪些功能？

3. 非线性变形器有哪几种类型，它们的作用分别是什么？

4. 说说软修改工具的原理和用法。

四、上机练习

制作卡通形象

本练习要求读者使用线性变形器、晶格变形器和簇变形器制作一个卡通形象，例如卡通鸭子、卡通狗等。使用的模型不一定是球体，可以先使用 NURBS 或者多边形建模创建一个基础模型，然后再使用变形器进行修改，如图 8-113 所示是狗的卡通形象。

图 8-113　卡通形象

第 9 章
综合实例

经过漫长的学习，终于可以一展身手了。随着网络的进一步发展、计算机技术的不断更新，游戏质量也发生着翻天覆地的变化，从原来的网页游戏到二维游戏，乃至发展到现在的三维游戏。对于学习 Maya 的读者来说，学习一些比较复杂的综合实例方面的知识是非常必要的，因此在本书的后面安排了这样的一个实训内容。

9.1 案例 1 咖啡壶设计

在游戏当中，最常见的就是一些静态物体的设计，例如手枪、茶杯、长鞭、椅子等，这些游戏元素都是用来模拟真实环境的，是必不可少的。本实例中要求大家运用以前学过的建模、材质和灯光来创建物体，而本例中的重点则是曲线建模，如图 9-1 所示是最终效果。具体操作步骤如下。

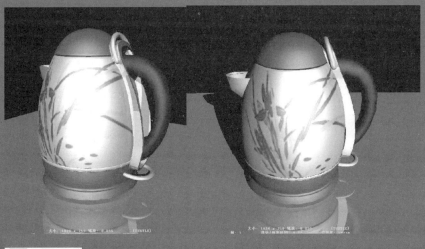

图 9-1 最终效果

1. 创建咖啡壶模型

1. 打开 Maya 2016，将视图切换到【前视图】，选择【创建】|【曲线工具】|【CV 曲线工具】命令进行绘制，绘制瓶身曲线，结果如图 9-2 所示。

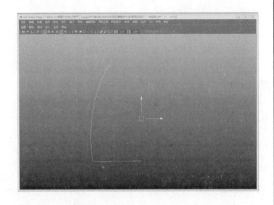

图 9-2　绘制瓶身

2. 选中绘制的曲线，在菜单栏中选择【曲面】|【旋转】命令建立模型，旋转成瓶身，如图 9-3 所示。

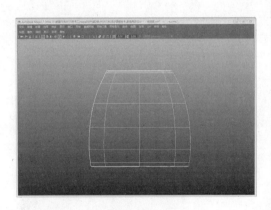

图 9-3　旋转成瓶身

3. 接着再次选中【CV 曲线工具】命令，在前视图中绘制瓶盖曲线，结果如图 9-4 所示。

4. 选中绘制的曲线，选择【曲面】|【旋转】命令建立模型，旋转成瓶盖，如图 9-5 所示。

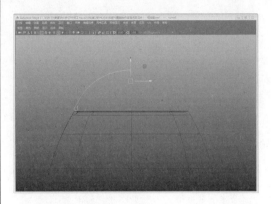

图 9-4　绘制瓶盖

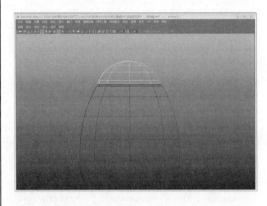

图 9-5　旋转成瓶盖

5. 同样选中【CV 曲线工具】进行绘制，绘制瓶底曲线，如图 9-6 所示。

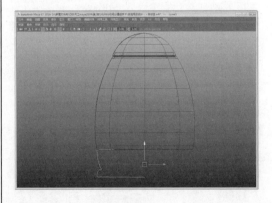

图 9-6　绘制瓶底

6. 选中所绘制的瓶底曲线，旋转成瓶底模型结果，如图 9-7 所示。

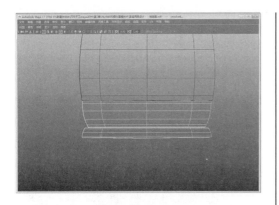

图 9-7　旋转成瓶底

7 选中【CV 曲线工具】绘制，绘制壶环曲线，
如图 9-8 所示，旋转成壶环，结果如图 9-9
所示。

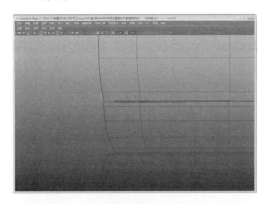

图 9-8　绘制底环曲线

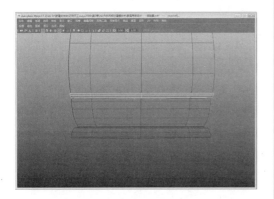

图 9-9　旋转成壶环

8 选中【CV 曲线工具】绘制，绘制一个如图
9-10 所示的曲线形状。

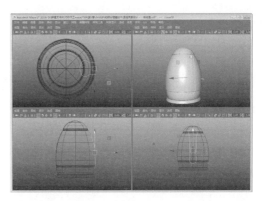

图 9-10　绘制曲线

9 按 Ctrl+D 快捷键对所绘曲线进行复制，如
图 9-11 所示。

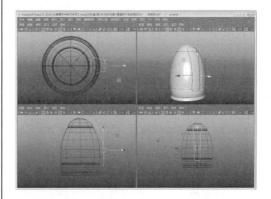

图 9-11　复制曲线

10 再次按 Ctrl+D 快捷键对所绘曲线进行复制，
然后对复制的曲线调节缩放、移动，结果如
图 9-12 所示。

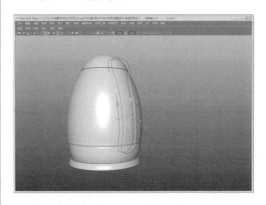

图 9-12　复制曲面

11 选中两条曲线。进入曲面创建状态，执行【曲

第 9 章　综合实例

面】|【放样】命令，结果如图 9-13 所示。

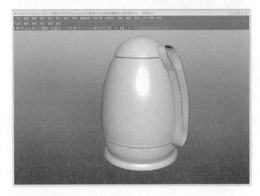

图 9-13 放样成面

12 选中【放样】曲面并右击，选中【等参线】对曲面进行添加，然后选中另一条曲线，执行【曲面】|【放样】命令，如图 9-14 所示。

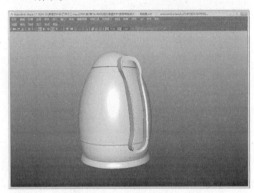

图 9-14 放样成面

13 选中【创建】|【NURBS 基本体】|【圆形】命令，对其位置大小进行调节，如图 9-15 所示。

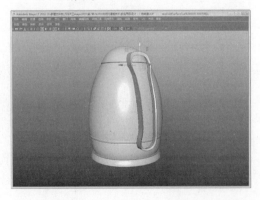

图 9-15 创建圆形

14 接下来用【CV 曲线工具】绘制一条曲线，结果如图 9-16 所示。

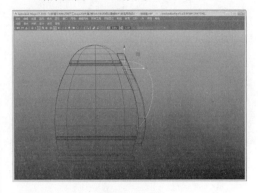

图 9-16 绘制曲线

15 在【前视图】中单击已创建的【圆形】，配合 Shift 键加选刚绘制的曲线，然后执行【曲面】|【挤出】命令，挤出一个咖啡壶柄，透视图中的结果如图 9-17 所示。

图 9-17 挤出壶柄

16 在一个由曲线挤出的曲面中，单击选中【控制顶点】命令，调整咖啡壶柄上的点，如图 9-18 所示。调整结果如图 9-19 所示。

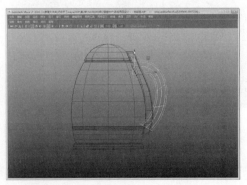

图 9-18 控制顶点

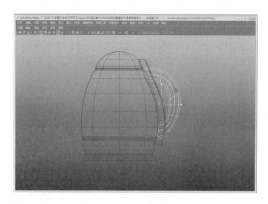

图 9-19 壶柄

17 绘制一条曲线，并将其进行多次复制，对所复制的曲线进行调节创建咖啡壶瓶嘴曲线，如图 9-20 所示。

图 9-20 绘制曲线

18 在选中的三条曲线中，使用同上的方法，执行【曲面】|【放样】命令，将瓶嘴放样成形，如图 9-21 所示。

图 9-21 放样成瓶嘴

19 选中【放样】曲面并右击，选中【等参线】对曲面进行添加，然后选中另一条曲线，执行【曲面】|【放样】命令，如图 9-22 所示。

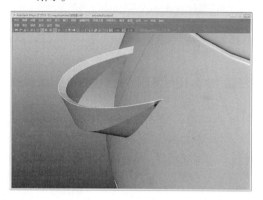

图 9-22 放样成瓶嘴沿

20 使用【CV 曲线工具】绘制一条壶环曲线，如图 9-23 所示。

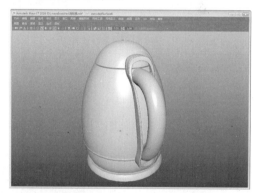

图 9-23 绘制壶环

21 执行【创建】|【圆形】命令，对其进行调节，调整位置如图 9-24 所示。

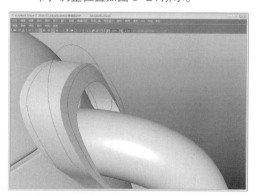

图 9-24 创建圆形

22　单击选中【圆形】曲线，按住 Shift 键的同时选中另一条曲线，执行【挤出】命令，创建一个如图 9-25 所示的圆环。

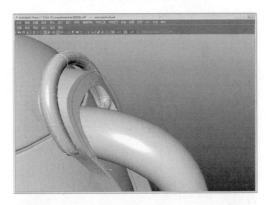

图 9-25　挤出成环

23　按 Ctrl+D 快捷键复制圆环，将其旋转 -110°，下移至如图 9-26 所示的位置。此时咖啡壶模型完成，为了使咖啡壶场景看起来更加丰富，给其底部添加一个地板，其大小自行调节，结果如图 9-27 所示。

图 9-26　复制圆环

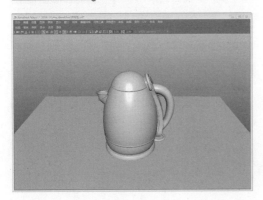

图 9-27　最终模型

2．材质和灯光

1　执行【窗口】|【材质/纹理烘焙编辑器】| Hypershade 命令，在弹出的 Hypershade 窗口中创建 Phong 材质球，单击创建的 Phong2 材质球，打开其属性通道盒，在【公用材质属性】卷展栏下将【颜色】的值改为 HSV（263，0.6，0.5），然后在【镜面反射着色】卷展栏下将【余弦幂】和【反射率】的值分别改为 2 和 0.2，并将【镜面反射颜色】的值改为 HSV（263，0.2，0.5）。然后选中 Hypershade 菜单栏中的 Phong2 材质球，按住鼠标中键将其拖到模型上，将材质赋予模型，其结果如图 9-28 所示。

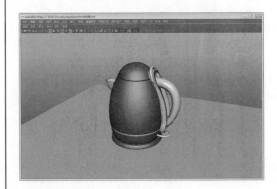

图 9-28　壶身材质

2　再次在弹出的 Hypershade 窗口中单击 Phong 材质球，创建一个 Phong3 材质球，打开其属性通道盒，在【公用材质属性】卷展栏下将【颜色】的值改为 HSV（263、0.03、0.08），然后在【镜面反射着色】卷展栏下将【余弦幂】和【反射率】的值分别改为 2 和 0.1，并将【镜面反射颜色】的值改为 HSV（263，0.2，0.5），按住鼠标中键将其赋予壶柄模型，如图 9-29 所示。

3　同理创建 Phong 材质球，打开其属性通道盒，在【公用材质属性】卷展栏下将【颜色】的值改为 HSV（60，0.9，0.9），然后在【镜面反射着色】卷展栏下将【余弦幂】和【反射率】的值分别改为 2 和 0.5，并将【镜面

反射颜色】的值改为 HSV（60，0.3，0.6），
按住鼠标中键将其赋予壶环模型上，如图
9-30 所示。

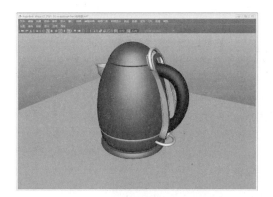

4　创建 Phong 材质球，打开其属性通道盒，
　在【公用材质属性】卷展栏下将【颜色】的
　值改为 HSV（263，0.2，0.8），然后在【镜
　面反射着色】卷展栏下将【余弦幂】和【反
　射率】的值分别改为 2 和 0.08，并将【镜
　面反射颜色】的值改为 HSV（263，0.08，
　0.7），按住鼠标中键将其赋予壶嘴、壶把、
　地板，如图 9-31 所示。

5　为了使地板材质与咖啡壶的其他材质有所
　差别，再次创建 Phong 材质球，打开其属
　性通道盒，在【公用材质属性】卷展栏下将
　【颜色】的值改为 HSV（263，0.1，0.8），
　然后在【镜面反射着色】卷展栏下将【余弦

幂】和【反射率】的值分别改为 2 和 0，并
将【镜面反射颜色】的值改为 HSV（263，
0.08，0.7），按住鼠标中键将其赋予地板，
如图 9-32 所示。

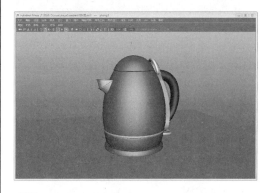

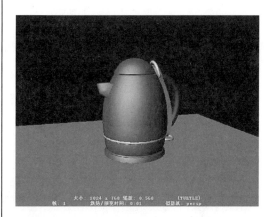

6　执行【创建】|【灯光】|【聚光灯】命令，
　将其进行适当的调整，如图 9-33 所示。

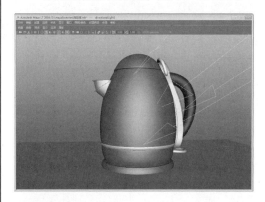

7 在视图中选中聚光灯，按 Ctrl＋A 快捷键打开其通道盒，在【光线跟踪阴影属性】卷展栏下勾选【使用光线跟踪阴影】复选框，然后再进行查看，咖啡壶的结果就正确了，如图 9-34 所示。

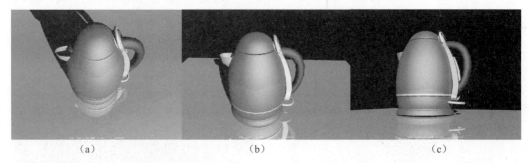

（a）　　　　　　　（b）　　　　　　　（c）

⬭ 图 9-34　使用光线跟踪阴影

8 在超级着色器的材质列表中单击 Phong 材质球，创建一个Phong材质，并命名为face。单击 face 材质，在打开的通道盒中，单击【颜色】选项后面的【贴图】按钮，在弹出的对话框中双击【文件】贴图类型，找到本书配套资料中提供的"陶贴"文件，单击打开，现在 face 材质的网络结构如图 9-35 所示。

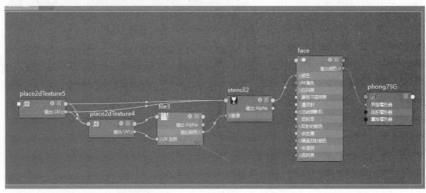

⬭ 图 9-35　材质的网络结构

9 单击创建好的 face 材质，按住鼠标中键将材质赋予咖啡壶，在透视图中调整视角，最终效果如图 9-36 所示。

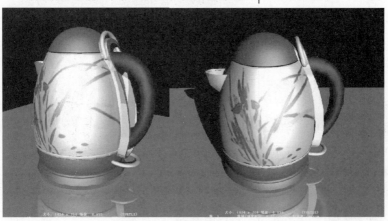

⬭ 图 9-36　最终效果

9.2 实例 2 台灯场景设计

在这个案例中，表现的是一个台灯的灯光环境。这里为了表现烘托气氛制作了一个台灯，辉黄的灯光形成了一个充满温馨的环境。接下来本节将制作这样的一个台灯。如图 9-37 所示是台灯的最终效果。具体操作步骤如下。

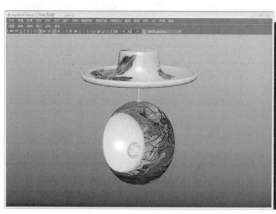
（a）

（b）

图 9-37　最终效果

1. 台灯模型

1 在 Maya 2016 中执行【创建】|【NURBS 基本体】|【球体】命令，在透视图中创建一个 NURBS 曲面，参数设置如图 9-38 所示。

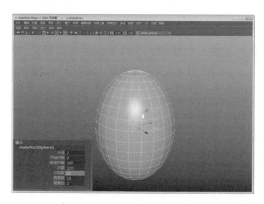

图 9-38　创建模型

2 在透视图模块下，再创建一个球体，然后使用移动工具移动球体模型，然后将两个球体选中，结果如图 9-39 所示。

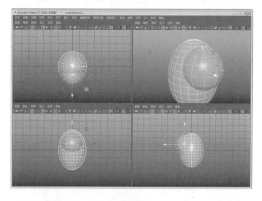

图 9-39　雕刻模型

3 执行【曲面】|【布尔】|【差集】命令，接着执行【曲面】|【曲面圆角】|【圆形圆角】命令，进行圆角处理，结果如图 9-40 所示。

4 选择模型底部的一条结构线，执行【曲面】|【分离】命令，然后将分离的曲面删除，并使用移动工具适当地调节控制顶点下的

模型，结果如图 9-41 所示。

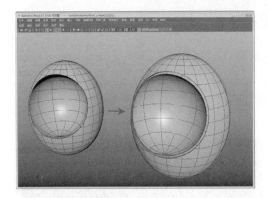

图 9-40 图 9-40 圆角

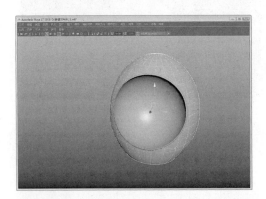

图 9-41 删除分离曲面

5 执行【创建】|【NURBS 基本体】|【圆形】命令，在透视图中创建一个圆形，参数自行设置，然后进入其面编辑状态，执行【曲面】|【在曲面上投影曲线】命令，将其投影到凹面上，如图 9-42 所示。

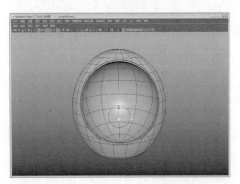

图 9-42 在曲面上的投影

6 使用【曲面】|【修剪工具】命令剪切面，

接着复制圆形曲线，并调整位置，然后配合 Shift 键加选剪切边，并使用【曲面】|【放样】命令放样成面，结果如图 9-43 所示。

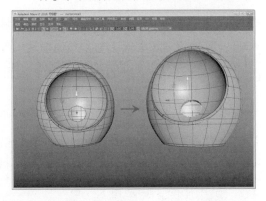

图 9-43 放样面

7 创建一个 NURBS 球体，自行设置参数，并使用移动工具将其调整到创建的洞口内，结果如图 9-44 所示。

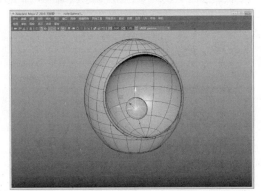

图 9-44 **NURBS 球体**

8 创建一个 NURBS 圆柱体，自行设置参数，然后使用移动工具调整位置，如图 9-45 所示。

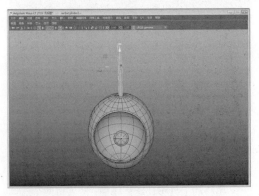

图 9-45 **NURBS 圆柱体**

9　执行【创建】|【曲线工具】|【CV曲线工具】命令，绘制一条曲线，如图9-46所示。

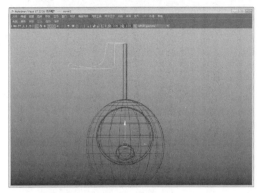

图 9-46 绘制灯罩曲线

10　绘制好曲线之后，执行【曲面】|【旋转】命令，将曲线旋转成如图9-47所示的模型。

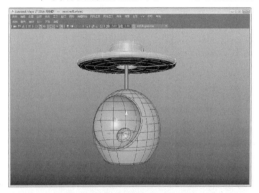

图 9-47 旋转成灯罩

11　最后添加一个NURBS圆环到圆柱的底部，参数自行设置，然后使用移动工具将其调整至如图9-48所示的位置，最终模型如图9-49所示。

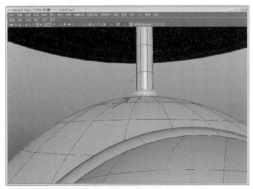

图 9-48 创建圆环

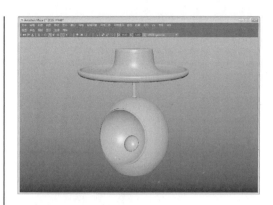

图 9-49 最终模型

2．创建灯光和材质

1　在创建灯光之前，先来创建模型的贴图，打开Hypershade编辑器，创建一个Phong材质，如图9-50所示。

图 9-50 **Phong2 材质**

2　在显示区中单击Phong2材质，切换到其属性通道盒，在【文件】节点上添加本书配套资料中提供的"花朵"文件，然后将该节点连接到材质节点的Color通道上，如图9-51所示为属性通道盒。

3　选择制作好的材质，按住鼠标中键，将其拖曳到场景中赋予灯身模型，如图9-52所示。

图 9-51　创建星球

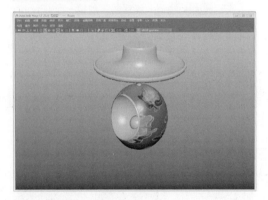

图 9-52　灯身材质

4　在 Hypershade 编辑器中，单击 Phong1 材质，然后在属性编辑中单击【凹凸贴图】后的■按钮，在弹出的对话框中单击【文件】节点，在属性编辑器的 2D 凹凸属性中将【凹凸深度】设置为 1.5，如图 9-53 所示。

图 9-53　材质属性

5　在【凹凸深度】数值调整好后，单击【凹凸值】后的■按钮。在【文件】节点上添加本书配套资料中提供的"花朵"文件，贴图效果如图 9-54 所示。

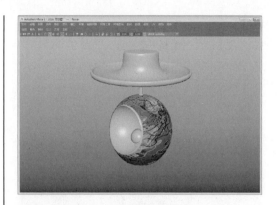

图 9-54　凹凸贴图效果

6　再在显示区中单击 Phong1 材质，切换到其属性通道盒，单击【颜色】后的■按钮，接着在【文件】节点上添加本书配套资料中提供的"花朵 4"文件，如图 9-55 所示为属性通道盒。

图 9-55　颜色设置

7　选择制作好的材质，按住鼠标中键，将其拖曳到场景中赋予灯罩，如图 9-56 所示。

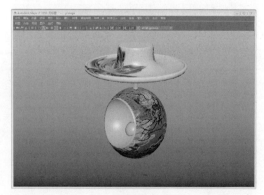

图 9-56　灯罩贴图

8　在 Hypershade 编辑器中，单击 Phong2 材质，然后在属性编辑中单击【凹凸贴图】后的 ■ 按钮，在弹出的对话框中单击【文件】节点，在属性编辑器的 2D 凹凸属性中将【凹凸深度】设置为 1，如图 9-57 所示。

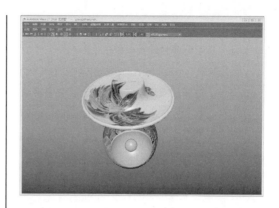

图 9-57　灯罩凹凸深度

图 9-60　贴图调整结果

9　在【凹凸深度】数值调整好后，单击【凹凸值】后的 ■ 按钮。在【文件】节点上添加本书配套资料中提供的"花朵"文件，灯罩的凹凸贴图效果如图 9-58 所示。

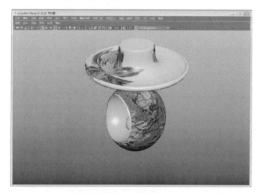

图 9-58　灯罩贴图

10　在 Hypershade 编辑器中单击 place2dTexture9，切换到如图 9-59 所示的属性编辑器中，然后单击交换式放置，对灯罩的贴图进行调节，结果如图 9-60 所示。

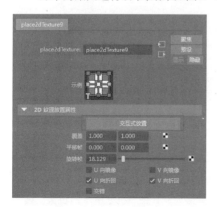

图 9-59　**place2dTexture9 属性**

11　在显示区中单击 Phong 材质，创建一个 Phong3 材质，然后单击 Phong3 材质切换到其属性通道盒，单击【颜色】后的 ■ 按钮，在【文件】节点上添加本书配套资料中提供的"水晶 2"文件，然后将该节点连接到材质节点的【颜色】通道上，如图 9-61 所示为属性通道盒。

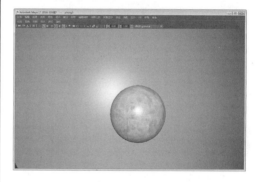

图 9-61　水晶贴图

12　将制作好的贴图赋予场景中后，设置环境色 HSV 值，如图 9-62 所示。

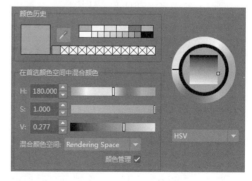

图 9-62　环境色设置

13 在 Hypershade 编辑器中，单击 Phong4 材质，然后在属性编辑中单击【凹凸贴图】后的■按钮，在弹出的对话框中单击【文件】节点，在属性编辑器的 2D 凹凸属性中将台灯的按钮【凹凸深度】设置为 5，如图 9-63 所示。

▶ 图 9-63　**2D 凹凸属性设置**

14 在【凹凸深度】数值调整好后，单击【凹凸值】后的■按钮。在【文件】节点上添加本书配套资料中提供的"水晶2"文件，如图 9-64 所示。

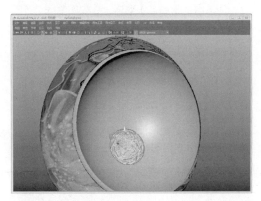

▶ 图 9-64　凹凸效果

15 单击 Phong 材质，创建一个 Phong5 材质，然后单击 Phong5 材质，将【颜色】设置为 HSV（300，0.476,1）、【环境色】设置为（42.642，0.393，1）、【镜面反射颜色】设置为（300，0.145，1），按住鼠标中键，将其拖曳到场景中赋予模型，结果如图 9-65 所示。

16 单击 Phong 材质，创建一个 Phong6 材质，然后单击 Phong6 材质，将其【颜色】设置为 HSV（180，1，0.277）、【环境色】设置为 HSV（42.642，0.393，1），按住鼠标中键，将其拖曳到场景中赋予圆边，结果如图

9-66 所示。至此模型贴图已经完成，最终模型如图 9-67 所示。

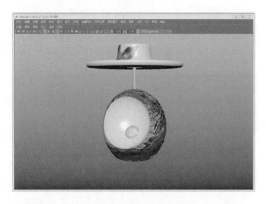

▶ 图 9-65　赋予材质

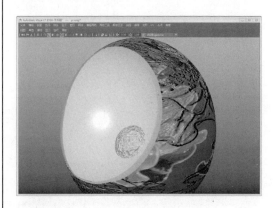

▶ 图 9-66　赋予圆边材质

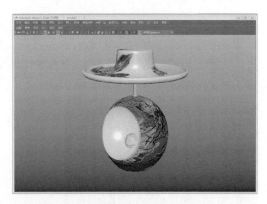

▶ 图 9-67　材质最终效果

17 现在为台灯创建灯光，执行【灯光】|【点光源】命令，建立一盏点光源，使用移动工具将其移动到如图 9-69 所示的位置。选择灯光，单击■按钮进入灯光属性编辑器，把

灯光的【颜色】设置为 HSV（42，0.941，0.663），然后按 Ctrl+D 快捷键复制并稍做移动，如图 9-68 所示。观察台灯的灯光，如图 9-69 所示。

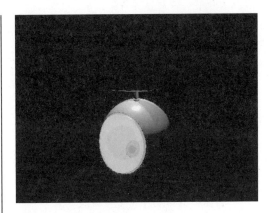

图 9-69 点光源灯光效果

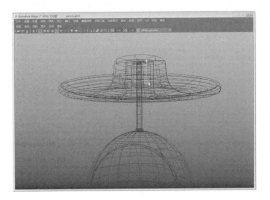

图 9-68 创建点光源

9.3 实例 3 知识的星空

知识的星空是一个栏目的包装效果，在这个作品当中，采用蓝色作为主题颜色，搭配一些黄色的辅助色，做出较为大气的效果。这个栏目包装作品由 3 个镜头组成，其中第 3 个镜头为整个栏目的定版镜头，前两个镜头主要用来介绍该栏目的主旨，当然这些内容都是通过动画的形式表现出来的。下面介绍本例动画实现的过程，图 9-70 是本节所创建的最终效果。具体操作步骤如下。

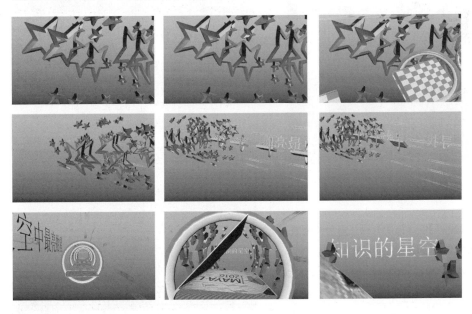

图 9-70 最终效果

1．制作场景—模型

1 打开本书配套资料中提供的"星空"项目中的 Scene1 场景文件，在该场景中，已经绘制了一个满天星的轮廓，如图 9-71 所示。

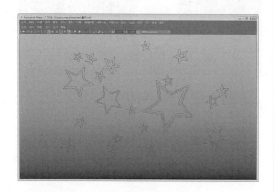

图 9-71 场景文件

2 选中星星曲线，切换到【曲面】模块，执行【曲面】|【放样】命令，在弹出的对话框中选择【多边形】、【四边形】、【计数】3 个单选按钮，然后将【计数】的值设置为 1200，单击【放样】按钮，结果如图 9-72 所示。

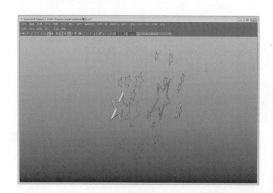

图 9-72 放样结果

3 在【大纲视图】中选择所有曲线将它们隐藏。回到场景中选择模型，进入其面编辑状态，选择所有面，然后在【建模】模块下执行【编辑网格】|【挤出】命令，然后移动面，如图 9-73 所示。

图 9-73 挤出面

4 进入模型的物体编辑状态，在动画模块下，执行【变形】|【非线性】|【弯曲】命令，给模型添加弯曲修改器，然后在视图中按 T 键，使用操纵手柄弯曲模型，结果如图 9-74 所示。

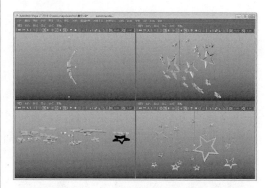

图 9-74 弯曲模型

5 接下来创建书的模型。执行【创建】|【曲线工具】|【CV 曲线工具】命令，然后在右视图中创建一个曲线轮廓，如图 9-75 所示，注意弯曲处顶点的数目。

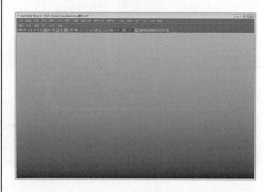

图 9-75 创建曲线轮廓

6 进入曲线的物体编辑状态，在【建模】模块下执行【曲线】|【开放/闭合】命令，将曲线关闭。然后在透视图中再创建一条直线，如图 9-76 所示。

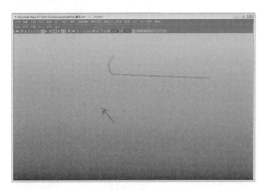

图 9-76　创建直线

7 选择曲线和直线，执行【曲面】|【挤出】命令，在弹出对话框中选中【多边形】和【控制点】两个单选按钮，然后单击【挤出】按钮，结果如图 9-77 所示。

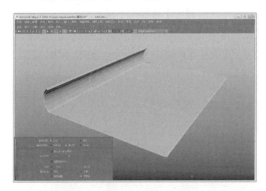

图 9-77　挤出面

8 切换到【建模】模块，选中模型，执行【网格】|【填充洞】命令，这样就将两边的面给补上了，然后使用同样的建模方法将"书皮"上面的模型创建出来，如图 9-78 所示。之所以分开来创建是因为后面要做简单的掀书动画。

9 然后将"书页"的模型也创建出来，将其和"书皮"进行群组，并命名为 book，如图9-79 所示。

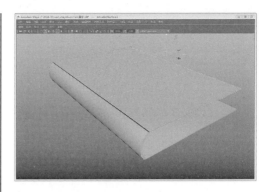

图 9-78　补面并创建上书皮

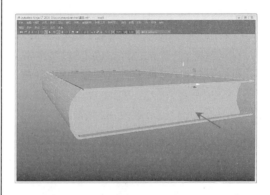

图 9-79　群组模型

10 创建一个 NURBS 圆环，将其和书模型中心对齐，设置参数如图 9-80 所示，并将圆环的接缝处放置在右侧。

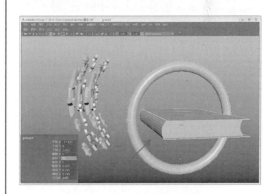

图 9-80　创建圆环并设置参数

11 选择书本和圆环模型，执行【编辑】|【特殊复制】命令，在弹出的对话框中设置 X 轴上的位移值为 3，设置复制数量为 3，单击【特殊复制】按钮，结果如图 9-81 所示。

图 9-81　复制结果

12　执行【创建】|【文本】命令，这时会弹出
文本设置对话框，在【文本】输入框中输入
"寻找夜空中最亮的星"，选择合适的字体，
并选中【曲线】单选按钮，其他使用默认值，
单击【创建】按钮，然后在视图中调整文字
的大小和位置，如图 9-82 所示。

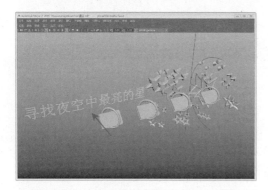

图 9-82　创建文本

13　接下来在场景中创建两个多边形平面，一个
水平、一个垂直，然后进行复制，并调整位
置，大致数量如图 9-83 所示。

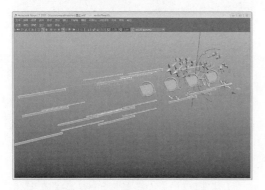

图 9-83　创建平面

2．创建场景—灯光和材质

1　在场景中创建 3 盏平行光，将主光源的强度
值设置为 1.2，其他使用默认值，然后将两
个辅光源的强度值都设置为 0.5，放置位置
如图 9-84 所示。

图 9-84　设置辅光源

2　在超级着色器中创建一个 Phone 材质，重
命名为 blue-m，然后切换到通道盒，在【镜
面反射着色】卷展栏下将【反射率】的值设
置为 0.6，在【特殊效果】卷展栏下将【辉
光强度】的值设置为 0.1，如图 9-85 所示。

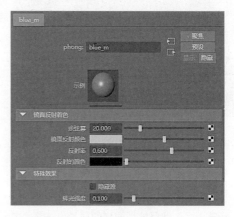

图 9-85　设置材质参数

3　在 Hypershade 中创建一个【渐变】贴图节
点，将其连接到 blue-m 材质的【颜色】属
性上，在【渐变】贴图节点的通道盒中，选
择【类型】下拉列表中的【U 向渐变】选项
和【插值】下拉列表中的【平滑】选项，并
设置渐变颜色，如图 9-86 所示。

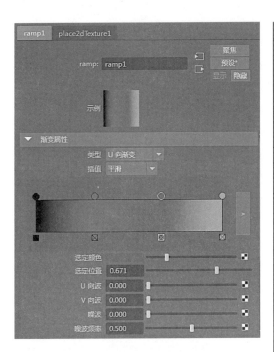

图 9-86 设置渐变贴图参数

4 将 blue-m 材质赋予场景中的世界地图模型，调整到一个正面的角度，测试效果如图 9-87 所示。

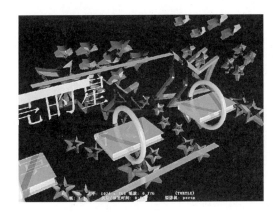

图 9-87 测试效果

5 在 Hypershade 中复制一个 blue-m 材质，并将其重命名为 yellow-m，然后在工作区中展开其节点网络，双击 ramp2 贴图节点，在通道盒中将渐变色改成黄色到橙色的渐变，如图 9-88 所示。

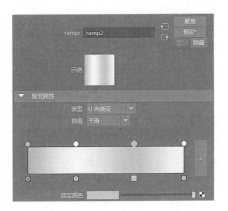

图 9-88 修改渐变贴图

6 在工作区中将 yellow-m 材质赋予场景中的中文字体，如图 9-89 所示。

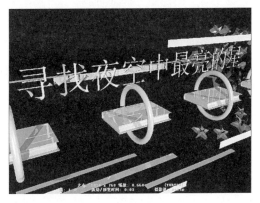

图 9-89 字体材质效果

7 在 Hypershade 中复制一个 yellow-m 材质，重命名为 yellow-g，双击该材质下的【渐变】贴图节点，在弹出的通道盒中将渐变色改成黄色到紫色的渐变，如图 9-90 所示。

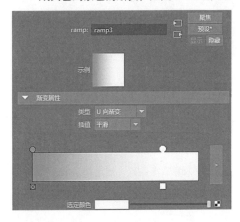

图 9-90 复制材质并修改贴图

8　双击 yellow-g 材质，在其通道盒中将【辉光强度】的值改成 0.2，然后将 yellow-g 材质赋予场景中的所有圆环物体，渲染结果如图 9-91 所示。

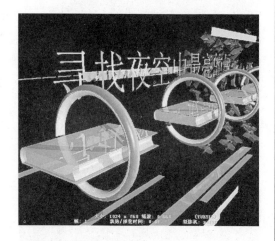

图 9-91　渲染结果

9　在超级着色器中创建一个 Phong 材质，命名为 blue-b，然后再创建一个【棋盘格】贴图节点，在工作区中将其连接到 blue-b 材质的【颜色】属性上，如图 9-92 所示。

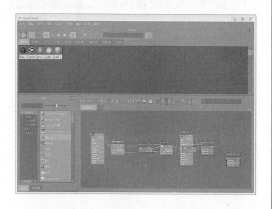

图 9-92　创建材质和贴图

10　在超级着色器中复制一个 blue-m 材质，重命名为 blue-bm，在工作区中展开节点网络，将环境节点删除，然后将该材质赋予场景中的所有"书页"模型，查看结果如图 9-93 所示。

图 9-93　查看结果

11　回到超级着色器，创建一个 Phong 材质，重命名为 text-m，然后创建两个文件节点，在工作区中将 file1 节点连接到 text-m 材质的【颜色】属性上，将 file2 节点连接到 text-m 材质的【透视图】属性上，如图 9-94 所示。

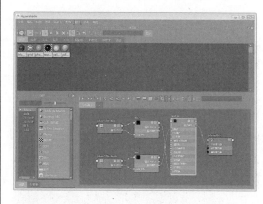

图 9-94　创建材质和贴图

12　在工作区中单击 file1 节点，在其通道盒中单击【文件夹】按钮，找到本书配套资料中提供的"字符"文件，双击打开，如图 9-95 所示。

13　使用同样的方法给 file2 节点添加本书配套资料中提供的"字符 1 透明.jpg"，单击 file2 节点，在其通道盒中展开【效果】卷展栏，启用【反转】复选框，如图 9-96 所示。

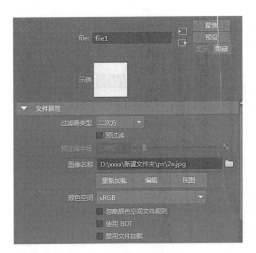

图 9-95　添加贴图文件

图 9-95　添加贴图文件

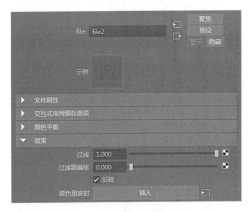

图 9-96　翻转贴图颜色

14　打开 text-m 材质的通道盒，在【特殊效果】卷展栏下将【辉光强度】的值设置为 0.4，然后将 text-m 材质赋予场景中的所有面片模型，最终效果如图 9-97 所示。

图 9-97　渲染结果

3．创建镜头 1 动画

1　首先在播放预览面板中将输出尺寸改为 720×576，如图 9-98 所示，这是亚洲地区电视视频大小。将现在的场景保存为 "镜头 1"，然后另存为"镜头 2"和"镜头 3"。

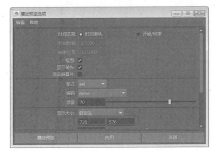

图 9-98　设置播放尺寸

2　打开"镜头 1"场景，创建一架摄影机，在其通道盒中展开【环境】卷展栏，单击【创建】按钮，如图 9-99 所示。

图 9-99　创建摄影机

3　在面板菜单中执行【面板】|【透视】| camera1 命令，切换到 camera1 视图，如图 9-100 所示。

图 9-100　camera1 视图

4 将动画时间改为 100 帧，然后在前视图中选中除【星空】模型之外的所有模型，使用移动工具向右移动一段距离，如图 9-101 所示。

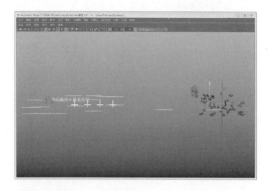

图 9-101 移动模型

5 切换到 camera1 视图，调整视角，放大世界地图模型，接着在【大纲视图】中选中 camera1，将时间滑块移动到第 1 帧，按 S 键设置关键帧。然后移动时间滑块到第 50 帧，调整视角如图 9-102 所示，并设置关键帧。

（a）第 1 帧

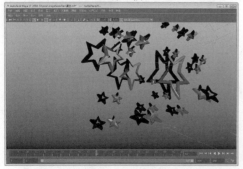

（b）第 50 帧

图 9-102 设置第 1 帧和第 50 帧

6 移动时间滑块到第 100 帧，调整视图如图 9-103 所示，并设置关键帧。

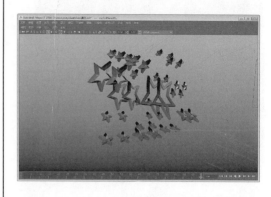

图 9-103 设置第 100 帧

注 意

在调整镜头的时候只是简单地推拉，没有旋转。这 3 个关键帧的效果是：从第 1 帧到第 50 帧，世界地图由大特写迅速进入视野，然后从第 50 帧到第 100 帧再缓慢移动。

7 切换到【前视图】，将书本和圆环模型移动到面片模型的中间，然后再复制出几个模型，并调整其位置，大致形状如图 9-104 所示。

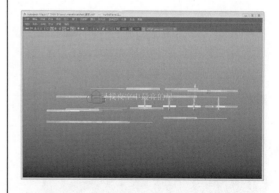

图 9-104 调整添加模型

8 移动时间滑块到第 10 帧，在左视图中选中所有面片、书本和圆环模型，将其向右移动一段距离，按 S 键设置关键帧。然后移动时间滑块到第 100 帧，向左移动选中的模型，并设置关键帧，具体位置如图 9-105 所示。

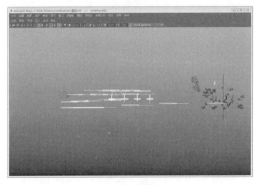

（a）第 10 帧

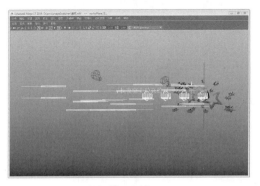

（b）第 100 帧

图 9-105　设置第 10 帧和第 100 帧

9　随机选中几个面片模型，在时间轨上将它们第 100 帧的关键点移动到第 70 帧，然后移动时间滑块到第 100 帧，再将选中的模型向左移动，并设置关键帧，这样面片的运动不至于呆板，如图 9-106 所示。

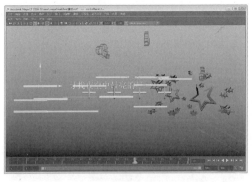

（a）

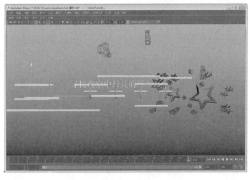

（b）

图 9-106　移动并设置关键帧

10　选中所有圆环的模型，移动时间滑块到第 25 帧，按 S 键设置关键帧，然后移动时间滑块到第 100 帧，使用旋转工具将模型在 Y 轴上旋转 40°，并设置关键帧，如图 9-107 所示。

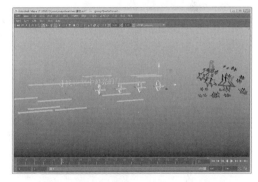

（a）第 25 帧

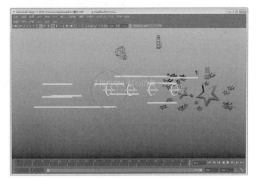

（b）第 100 帧

图 9-107　设置圆环第 25 帧和第 100 帧

11　在【大纲视图】中选择书本组物体，移动时间滑块到第 25 帧，按 S 键设置关键帧。然后移动时间滑块到第 100 帧,使用旋转工具将模型在 Z 轴上旋转 40°,并设置关键帧,如图 9-108 所示。

（a）第 25 帧

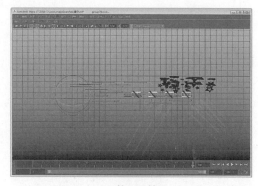

（b）第 100 帧

图 9-108　设置书本第 **25** 帧和第 **100** 帧

12　切换到 camera1 视图,如图 9-109 所示,分别是第 1 帧、第 65 帧、第 100 帧的动画效果。

（a）第 1 帧

（b）第 65 帧

（c）第 100 帧

图 9-109　动画效果

4. 创建镜头 2 动画

1　打开原来保存的"镜头 2"场景文件,创建一架摄影机,设置和 camera1 一样,,然后复制添加面片,并调整其他模型位置,如图 9-110 所示。

图 9-110　调整模型

2️⃣ 将时间范围改为 1~100 帧，在【大纲视图】
中选中 camera2，切换到 camera2 视图，
移动时间滑块到第 1 帧，调整摄影机视角如
图 9-111 所示，并设置关键帧。

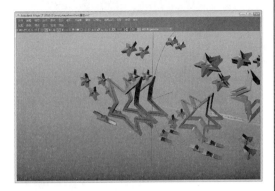

🔘 图 9-111　　设置第 1 帧

提　示

在这里向读者介绍摄影机的专用工具，在摄影
机视图的面板菜单中，执行【视图】|【摄影
机工具】命令，会弹出一个快捷菜单，其中包
括【侧滚工具】、【平移工具】、【推拉工具】和
【缩放工具】。这几个工具可以让我们更方便
地调整摄影机视角。

3️⃣ 移动时间滑块到第 70 帧，调整摄影机视角，
并设置关键帧，然后移动时间滑块到第 20
帧，旋转视角并设置关键帧，如图 9-112
所示。

4️⃣ 确保 camera2 被选中，执行【窗口】|【动
画编辑器】|【曲线图编辑器】命令，打开
曲线编辑器，这时可以看到 camera2 的运
动曲线，如图 9-113 所示。

（a）第 70 帧

（b）第 20 帧

🔘 图 9-112　　调整第 70 帧和第 20 帧镜头

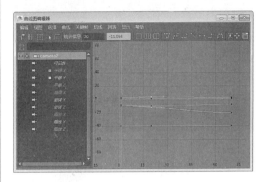

🔘 图 9-113　　**camera2** 的运动曲线

5️⃣ 选中运动曲线上的点，使用鼠标中键将其调
整到如图 9-114 所示的状态，这样 camera2
将做匀变速运动。

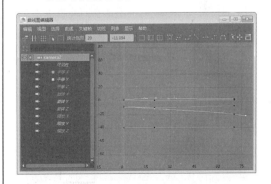

🔘 图 9-114　　调整运动曲线

6️⃣ 打开渲染设置面板，将动画的时间范围设置
为 0~70 帧，将文件名称改为 sence2，其
他设置和 camera1 相同，如图 9-115 所示
分别是第 25 帧和第 60 帧的渲染效果。

（a）第 25 帧

（b）第 60 帧

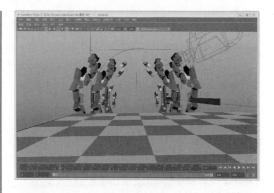

图 9-117　　camera3 视图

2　在前视图中选择所有书本模型，使用移动工
具在 Y 轴上向下移动，如图 9-118 所示。

图 9-115　第 25 帧和第 60 帧效果

5. 创建场景二

1　将"镜头 2"场景文件另存为"场景二"，
在该场景的基础上继续添加模型。在场景中
选中"星空"模型，然后执行【编辑】|【特
殊复制】命令，在弹出的对话框中将 Z 轴上
的【缩放】值改为–1，将复制数量设置为 1。
单击【特殊复制】按钮，结果如图 9-116
所示。接下来查看目前的 camera3 视图，
结果如图 9-117 所示。

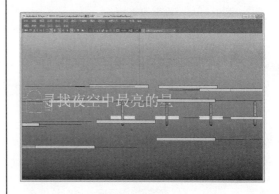

图 9-118　　移动书本

3　使用前面所讲的创建文字的方法创建 "知
识的星空"文字，如图 9-119 所示，注意
图中字体的位置和大小。

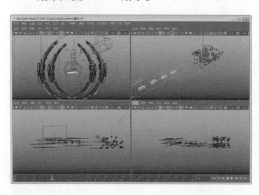

图 9-116　　复制结果

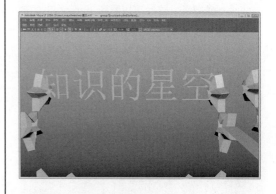

图 9-119　　创建字体

4 在顶视图中将摄影机平移到星空图的最右端，然后将 yellow-g 材质赋予刚创建的字体模型，切换到摄影机视图，查看效果如图 9-120 所示。

图 9-120　查看效果

6. 创建镜头 3 动画

1 首先将时间的范围设置为 1~100 帧，移动时间滑块到第 1 帧，然后调整 camera3 的位置如图 9-121 所示，按 S 键设置一个关键帧。注意观察摄影机视图中的视觉效果。

图 9-121　设置第 1 帧

2 移动时间滑块到第 65 帧，切换到顶视图，使用移动工具在 X 轴上向右移动摄影机，按 S 键创建关键帧，目前在摄影机视图中的效果如图 9-122 所示。

图 9-122　第 65 帧时的摄影机视图

3 在透视图中选择一个"书皮"模型，按 W 键切换到移动工具，再按 Insert 键激活坐标轴，然后将坐标轴移动到"书脊"处的边线上，如图 9-123 所示。再次按 Insert 键可以回到移动工具。对其他"书皮"模型进行同样的操作。

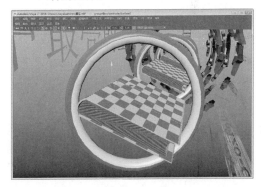

图 9-123　调整坐标轴

4 选中所有"书皮"模型，将时间滑块移动到第 1 帧，按 S 键设置关键帧，如图 9-124 所示。

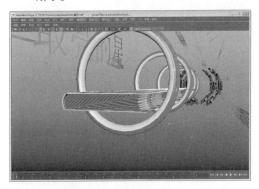

图 9-124　设置第 1 帧

5 移动时间滑块到第 15 帧，在透视图中选择离摄影机最近的一个"书皮"模型，使用旋转工具在 Z 轴上旋转 50°，并设置关键帧。注意观察摄影机视图中的动画，如图 9-125 所示。

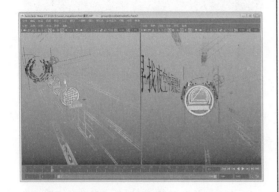

图 9-125 设置第 15 帧

6 移动时间滑块到第 33 帧，也就是摄影机刚好到达第 2 个"书皮"模型前面的时候，选中第 2 个"书皮"模型，设置和第 1 个"书皮"模型同样的动画，并设置关键帧，如图 9-126 所示。然后使用这个规律依次设置其他"书皮"模型。

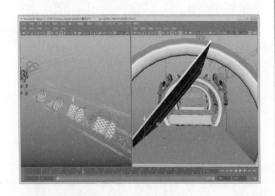

图 9-126 设置第 33 帧

7 为了丰富效果，下面为书的内页添加贴图。打开超级着色器，新建一个 Phong 材质，重命名为 book-n，再创建一个文件贴图节点，将其连接到 book-n 材质的【颜色】属性上，如图 9-127 所示。

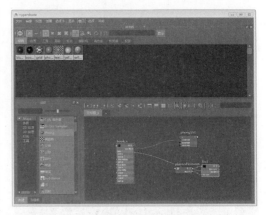

图 9-127 创建材质和贴图并连接节点

8 在工作区中双击 file3 节点，在其通道盒中单击【文件】按钮，添加一张图片，如图 9-128 所示。然后打开 book-n 材质的通道盒，在【特殊效果】卷展栏下将【辉光强度】的值设置为 0.5。

图 9-128 添加图片

9 单击透视图中最右端的【书页】模型，进入面编辑状态，选中上面的所有面，然后将 book-n 材质赋予它们，如图 9-129 所示。

图 9-129 赋予表面材质

10 对其他【书页】的上表面也赋予带有贴图的材质，材质的放光度要根据图片的明度给予适当的调整。到此镜头 3 的动画就制作完了，如图 9-130 所示为第 25 帧的效果。

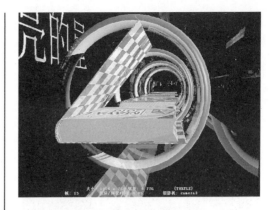

图 9-130　第 25 帧效果

9.4　实例 4　花开春来

在这个案例中，制作的是一个花园，这是为了能够在游戏中增添气氛而制作的。本节向读者介绍制作一棵郁金香的实现过程，它盛开在花园，形成了一个充满生气的画面。本节制作的是众多郁金香中的一朵。如图 9-131 所示的是本实例的效果。具体操作步骤如下。

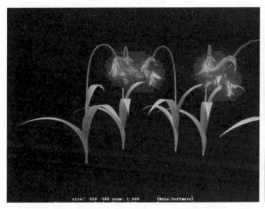

（a）　　　　　　　　　　　　　（b）

图 9-131　花朵效果

1．创建花瓣模型

1 新建一个场景文件，切换到顶视图模块，执行【创建】|【NURBS 基本体】|【圆形】命令，在右侧的面板中将【分段数】的值设置为 16，从而增加曲线的顶点数，如图 9-132 所示。

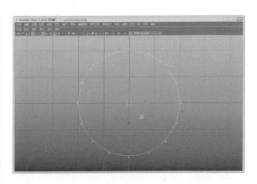

图 9-132　创建圆

2 切换到控制点状态，调整顶点的位置，从而改变圆的形状。其最终形状如图 9-133 所示。

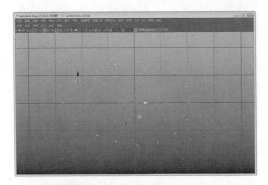

图 9-133 调整形状

3 退出顶点编辑模式。按快捷键 Ctrl+D 复制一个副本，并将其适当缩放一下，放置到如图 9-134 所示的位置。

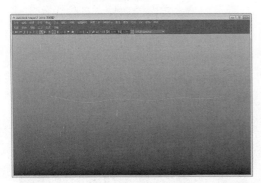

图 9-134 调整形状

4 在前视图中选择对称的顶点，沿 Y 轴调整它的位置，产生一定的波浪，这样可以在模型的表面产生褶皱，从而真实模拟物体表面纹理，如图 9-135 所示。

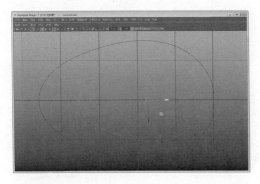

图 9-135 复制轮廓

5 再使用【圆形】创建一个圆，在右侧的面板中将 loft1【截面跨度数】的值设置为 8，然后将其调整到如图 9-136 所示的位置，这样就确定了花瓣的 3 个轮廓。

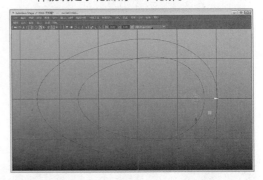

图 9-136 绘制曲线

6 然后，按住 Shift 键从里向外选择这 3 个 NURBS 形状，执行【曲面】|【放样】命令，创建出放样物体，注意此时放样的形状，如图 9-137 所示。

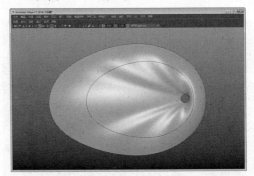

图 9-137 放样物体

7 选择中间的 NURBS 曲线，将其沿着 Y 轴向上调整一下，并利用旋转工具旋转它的角度，从而影响模型的形状，如图 9-138 所示。

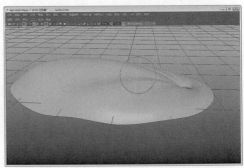

图 9-138 调整形状

8　再选择最里边的圆，向上调整它的位置并对其执行旋转操作，最终的效果如图 9-139 所示。

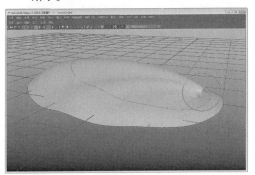

图 9-139　调整图形

9　在场景中选择创建的模型，执行【编辑】|【按类型删除】|【历史】命令，删除创建的历史。切换到【动画】模块，为模型添加一个【晶格】变形，并切换到【晶格点】状态调整模型的变形，如图 9-140 所示。

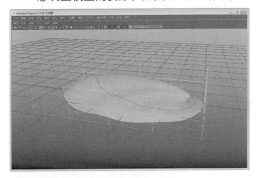

图 9-140　调整模型

10　再切换到 NURBS 的顶点控制状态，通过调整顶点的 UV 来具体调整模型的细节，最终效果如图 9-141 所示。

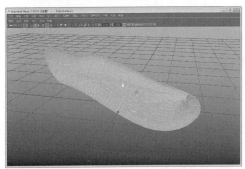

图 9-141　花瓣的造型

11　激活 Top 视图，按 Insert 键调整轴心的位置。然后，再激活 Side 视图调整轴心的位置，最终的位置如图 9-142 所示。

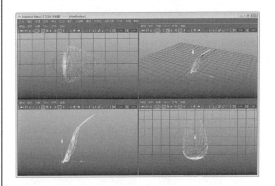

图 9-142　调整轴心位置

12　选择场景中的花瓣，执行【编辑】|【特殊复制】命令，创建一个简单的阵列，如图 9-143 所示。

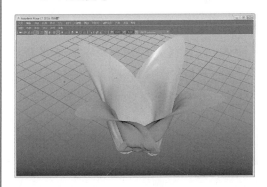

图 9-143　阵列花瓣

13　然后，分别为不同的花瓣添加【晶格】变形器，修改它们的形状，如图 9-144 所示。

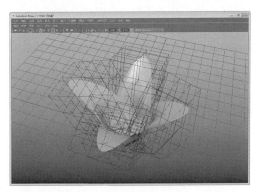

图 9-144　调整花瓣形状

14 使用相同的方法，在现有花瓣的基础上创建一个花蕊的效果，如图 9-145 所示。这一步的操作比较繁琐，希望读者能够有足够的耐心进行操作。

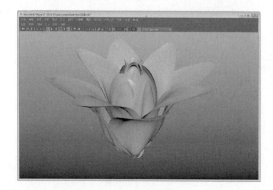

图 9-145 调整花朵效果

2. 制作花萼

1 使用 NURBS 球体工具在视图中创建一个球体，切换到【等参线】编辑环境，选择球体的一个【等参线】结构线，将其移动到如图 9-146 所示的位置，此时在该位置上会产生一条虚线。

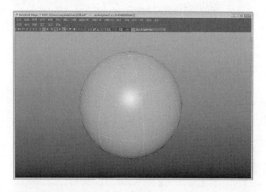

图 9-146 指定位置

2 执行【曲面】|【插入等参线】命令，创建一条 Iso 结构线。再次进入【等参线】编辑环境，选择刚才创建的 Iso 结构线，执行【曲面】|【分离】命令，将球体拆分为两个面物体，如图 9-147 所示。

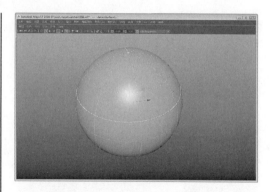

图 9-147 分离曲面

3 删除上面的半球，切换到【控制顶点】编辑环境。然后，选择如图 9-148 所示的顶点将其沿 Y 轴的正方向进行调整。

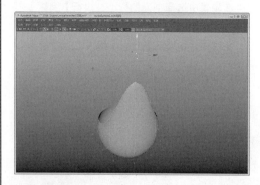

图 9-148 调整花萼

4 使用相同的方法调整其他各个顶点，创建出一个大概的花萼轮廓，如图 9-149 所示。

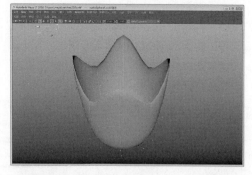

图 9-149 调整花萼形状

5 切换到【动画】模块，执行【动画变形】|【晶格】命令，添加一个晶格变形，如图 9-150 所示。

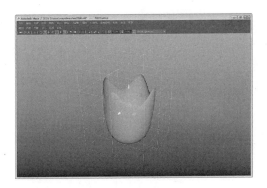

图 9-150 添加晶格变形

6 调整晶格的位置，使花萼呈现出展开的造型，并适当缩放模型，如图 9-151 所示。制作完成后，将其放置到花朵的底部完成操作。

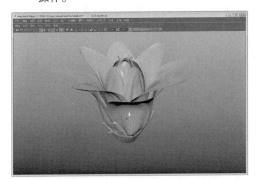

图 9-151 制作花萼

3. 制作茎和叶子

1 利用【CV 曲线工具】在视图中创建一条曲线，其形状如图 9-152 所示。绘制完成后，按 Enter 键即可完成绘制，该曲线就是茎的大致形状。

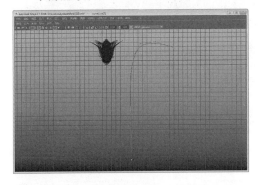

图 9-152 花茎轮廓

2 切换到【控制顶点】编辑环境，调整线条的形状，使其比例与花朵的效果相符合，如图 9-153 所示。

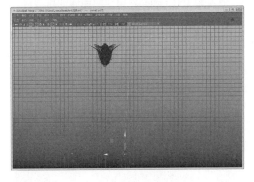

图 9-153 调整茎的形状

3 再绘制一个圆，将其调整到花茎形状的底部。然后，先选择圆，再按住 Shift 键选取花茎的形状，执行【曲面】|【挤出】命令创建出花茎，如图 9-154 所示。

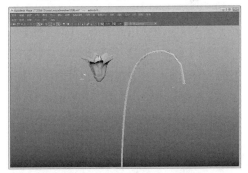

图 9-154 创建花茎

4 使用【CV 曲线工具】在【顶视图】中创建一片叶子的轮廓的一半，然后利用【特殊复制】工具镜像出另一侧的形状即可，如图 9-155 所示。

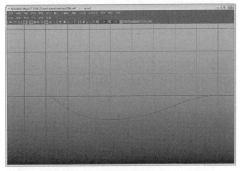

图 9-155 创建叶子轮廓

5　依次选择两条曲线，执行【曲面】|【放样】命令，在其通道盒中将【截面跨度数】的数值设置为 6。删除不用了的曲线即可完成，形状如图 9-156 所示。

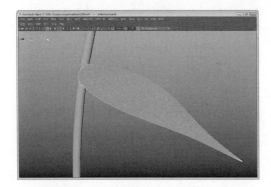

图 9-156　叶子效果

6　按 F3 键切换到【装备】模块，确认叶子处于选择状态，执行【变形】|【非线性】|【弯曲】命令，创建一个变形器，旋转变形器 Z 轴 90°，按 T 键显示出可控点，移动 3 个可控点到理想的位置，然后删除叶子的历史，此时的效果如图 9-157 所示。

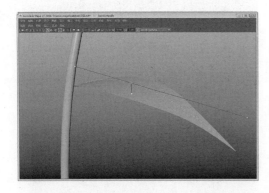

图 9-157　弯曲效果

7　此时，叶子的造型可能与物体花茎大小不一致，可以将它们的比例调整一下，将花朵和叶子放置到花茎上，效果如图 9-158 所示。

（a）

（b）

图 9-158　花朵效果

4. 制作材质

1　执行【窗口】|【材质/纹理烘焙编辑器】| Hypershade 命令，打开 Hypershade 窗口。添加一个 Phong 材质类型，并将其命名为 flower，如图 9-159 所示。

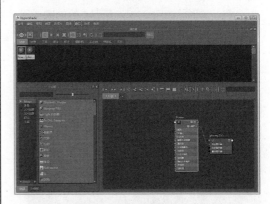

图 9-159　选择材质类型

2　在工作区域中单击该材质球，打开其节点面板。单击【颜色】右侧的按钮，在打开的对话框中选择【渐变】选项，从而创建一种渐变材质，此时的面板如图9-160所示。

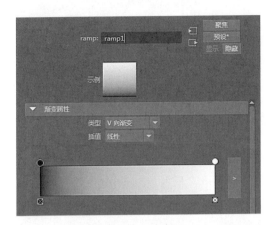

图 9-160　渐变贴图

3 单击顶部的色标，将其颜色设置为 HSV（355、0.062、1.0）；将中间色标的颜色设置为 HSV（320、0.765、1.0）；将底部的色标设置为 HSV（360、1.0、1.0）。设置完毕后，稍微调整一下色标的位置，如图9-161所示。

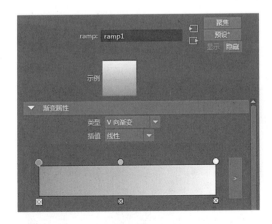

图 9-161　设置渐变颜色

4 在视图中选择花朵，然后将制作的材质赋予它。观察此时的效果，如图9-162所示。

图 9-162　花朵材质效果

5 在 Hypershade 窗口中添加一个 Phong 材质球，将其命名为 Leaf。进入该材质的编辑环境，在 Color 通道中添加一个【渐变】贴图。将顶部颜色设置为 HSV（149.50、1.0、0.489），将中间色标的颜色设置为 HSV（134.50、1.0、0.3），将底部色标的颜色设置为 HSV（152、1.0、0.128），位置如图9-163所示。

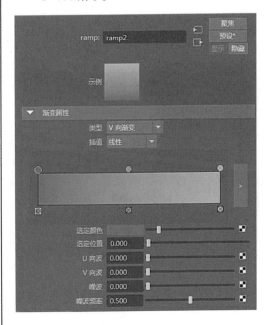

图 9-163　设置颜色渐变

6 将制作的材质赋予花茎物体，快速查看透视图，效果如图9-164所示。

图 9-164 花茎效果

7 此时的花茎虽然已经有了颜色，但是效果还是不好，可以考虑为其添加贴图来增加效果。单击【环境色】右侧的按钮，在打开的对话框中选择【分形】选项。保持其默认参数不变，观察此时的效果，如图 9-165 所示。

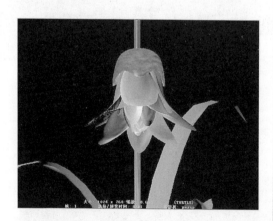

图 9-165 分形效果

8 然后，将凹凸贴图后面设置为【分形】，并将其设置为 Bump map，这样可以在贴图表面产生凹凸的效果，如图 9-166 所示。

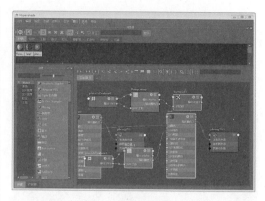

图 9-166 设置关联

9 设置完毕后，快速查看透视图观察效果，如图 9-167 所示。

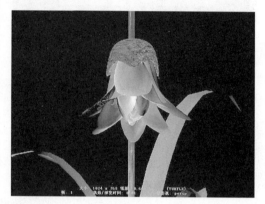

图 9-167 凹凸贴图

10 新添加一个 Phong 材质球，进入其编辑环境，在【颜色】通道中添加一个【渐变】贴图，并按照图 9-168 所示的参数进行设置。

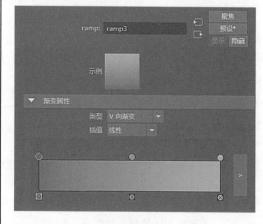

图 9-168 设置渐变

11 在【环境色】通道中添加一个【分形】贴图，从而使材质的表面产生一定的噪波，此时的 Hypershade 窗口如图 9-169 所示。

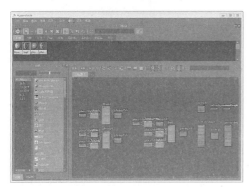

图 9-169 添加分形

12 将制作的材质赋予叶子造型，完成花的材质的制作，如图 9-170 所示。

图 9-170 花朵效果

13 最后，将本书配套资料中的"环境.mb"文件导入进来，作为整个场景的环境，并调整花朵在场景中的比例，最终效果如图 9-171 所示。

图 9-171 导入环境后的效果